国家出版基金资助项目

现代数学中的著名定理纵横谈丛书

丛书主编　王梓坤

RAMANUJAN IDENTITY

Ramanujan恒等式

刘培杰数学工作室　编

HITP
哈爾濱工業大學出版社
HARBIN INSTITUTE OF TECHNOLOGY PRESS

内 容 简 介

本书从一道美国数学邀请赛试题的解法谈起，详细介绍了拉马努金恒等式及其相关知识. 全书共分 3 编，分别为：引言、拉马努金恒等式、拉马努金在中国.

本书适合数学专业的本科生和研究生以及数学爱好者阅读和收藏.

图书在版编目(CIP)数据

Ramanujan 恒等式/刘培杰数学工作室编. —哈尔滨：哈尔滨工业大学出版社，2021. 1
(现代数学中的著名定理纵横谈丛书)
ISBN 978-7-5603-8968-4

Ⅰ. ①R… Ⅱ. ①刘… Ⅲ. ①恒等式 Ⅳ. ①O1

中国版本图书馆 CIP 数据核字(2020)第 139057 号

策划编辑 刘培杰 张永芹
责任编辑 张永芹 钱辰琛
封面设计 孙茵艾
出版发行 哈尔滨工业大学出版社
社　　址 哈尔滨市南岗区复华四道街 10 号 邮编 150006
传　　真 0451-86414749
网　　址 http://hitpress.hit.edu.cn
印　　刷 黑龙江艺德印刷有限责任公司
开　　本 787 mm×960 mm 1/16 印张 18.25 字数 197 千字
版　　次 2021 年 1 月第 1 版 2021 年 1 月第 1 次印刷
书　　号 ISBN 978-7-5603-8968-4
定　　价 88.00 元

印度著名数学家拉马努金

（Ramanujan，1887—1920）

⊙代序

读书的乐趣

你最喜爱什么——书籍.

你经常去哪里——书店.

你最大的乐趣是什么——读书.

这是友人提出的问题和我的回答.真的,我这一辈子算是和书籍,特别是好书结下了不解之缘.有人说,读书要费那么大的劲,又发不了财,读它做什么?我却至今不悔,不仅不悔,反而情趣越来越浓.想当年,我也曾爱打球,也曾爱下棋,对操琴也有兴趣,还登台伴奏过.但后来却都一一断交,“终身不复鼓琴”.那原因便是怕花费时间,玩物丧志,误了我的大事——求学.这当然过激了一些.剩下来唯有读书一事,自幼至今,无日少废,谓之书痴也可,谓之书橱也可,管它呢,人各有志,不可相强.我的一生大志,便是教书,而当教师,不多读书是不行的.

读好书是一种乐趣,一种情操;一种向全世界古往今来的伟人和名人求教的方法，一种和他们展开讨论的方式；一封出席各种活动、体验各种生活、结识各种人物的邀请信；一张迈进科学宫殿和未知世界的入场券；一股改造自己、丰富自己的强大力量.书籍是全人类有史以来共同创造的财富，是永不枯竭的智慧的源泉.失意时读书，可以使人重整旗鼓；得意时读书，可以使人头脑清醒；疑难时读书，可以得到解答或启示；年轻人读书，可明奋进之道；年老人读书，能知健神之理.浩浩乎！洋洋乎！如临大海，或波涛汹涌，或清风微拂，取之不尽，用之不竭.吾于读书，无疑义矣，三日不读，则头脑麻木，心摇摇无主.

潜能需要激发

我和书籍结缘，开始于一次非常偶然的机会.大概是八九岁吧，家里穷得揭不开锅，我每天从早到晚都要去田园里帮工.一天，偶然从旧木柜阴湿的角落里，找到一本蜡光纸的小书，自然很破了.屋内光线暗淡，又是黄昏时分，只好拿到大门外去看.封面已经脱落，扉页上写的是《薛仁贵征东》.管它呢，且往下看.第一回的标题已忘记，只是那首开卷诗不知为什么至今仍记忆犹新：

日出遥遥一点红，飘飘四海影无踪.

三岁孩童千两价，保主跨海去征东.

第一句指山东，二、三两句分别点出薛仁贵(雪、人贵).那时识字很少，半看半猜，居然引起了我极大的兴趣，同时也教我认识了许多生字.这是我有生以来独立看的第一本书.尝到甜头以后，我便千方百计去找书，向小朋友借，到亲友家找，居然断断续续看了《薛丁山征西》《彭公案》《二度梅》等，樊梨花便成了我心中的女英雄.我真入迷了.从此,放牛也罢,车水也罢,我总要带一本书,还练出了边走田间小路边读书的本领,读得津津有味,不知人间别有他事.

当我们安静下来回想往事时,往往会发现一些偶然的小事却影响了自己的一生.如果不是找到那本《薛仁贵征东》,我的好学心也许激发不起来.我这一生,也许会走另一条路.人的潜能,好比一座汽油库,星星之火,可以使它雷声隆隆、光照天地;但若少了这粒火星,它便会成为一潭死水,永归沉寂.

抄,总抄得起

好不容易上了中学,做完功课还有点时间,便常光顾图书馆.好书借了实在舍不得还,但买不到也买不起,便下决心动手抄书.抄,总抄得起.我抄过林语堂写的《高级英文法》,抄过英文的《英文典大全》,还抄过《孙子兵法》,这本书实在爱得狠了,竟一口气抄了两份.人们虽知抄书之苦,未知抄书之益,抄完毫末俱见,一览无余,胜读十遍.

始于精于一,返于精于博

关于康有为的教学法,他的弟子梁启超说:"康先生之教,专标专精、涉猎二条,无专精则不能成,无涉猎则不能通也."可见康有为强烈要求学生把专精和广博(即"涉猎")相结合.

在先后次序上,我认为要从精于一开始.首先应集中精力学好专业,并在专业的科研中做出成绩,然后逐步扩大领域,力求多方面的精.年轻时,我曾精读杜布(J. L. Doob)的《随机过程论》,哈尔莫斯(P. R. Halmos)的《测度论》等世界数学名著,使我终身受益.简言之,即"始于精于一,返于精于博".正如中国革命一样，必须先有一块根据地，站稳后再开创几块，最后连成一片.

丰富我文采，澡雪我精神

辛苦了一周，人相当疲劳了，每到星期六，我便到旧书店走走，这已成为生活中的一部分，多年如此. 一次，偶然看到一套《纲鉴易知录》，编者之一便是选编《古文观止》的吴楚材. 这部书提纲挈领地讲中国历史，上自盘古氏，直到明末，记事简明，文字古雅，又富于故事性，便把这部书从头到尾读了一遍. 从此启发了我读史书的兴趣.

我爱读中国的古典小说，例如《三国演义》和《东周列国志》. 我常对人说，这两部书简直是世界上政治阴谋诡计大全. 即以近年来极时髦的人质问题（伊朗人质、劫机人质等），这些书中早就有了，秦始皇的父亲便是受害者，堪称"人质之父".

《庄子》超尘绝俗，不屑于名利. 其中"秋水""解牛"诸篇，诚绝唱也.《论语》束身严谨，勇于面世，"己所不欲，勿施于人"，有长者之风. 司马迁的《报任少卿书》，读之我心两伤，既伤少卿，又伤司马；我不知道少卿是否收到这封信，希望有人做点研究. 我也爱读鲁迅的杂文，果戈理、梅里美的小说. 我非常敬重文天祥、秋瑾的人品，常记他们的诗句："人生自古谁无死，留取丹心照汗青""休言女子非英物，夜夜龙泉壁上鸣". 唐诗、宋词、《西厢记》《牡丹亭》，丰富我文采，澡雪我精神，其中精粹，实是人间神品.

读了邓拓的《燕山夜话》，既叹服其广博，也使我动了写《科学发现纵横谈》的心. 不料这本小册子竟给我招来了上千封鼓励信. 以后人们便写出了许许多多的“纵横谈”.

从学生时代起,我就喜读方法论方面的论著.我想,做什么事情都要讲究方法,追求效率、效果和效益,方法好能事半而功倍.我很留心一些著名科学家、文学家写的心得体会和经验.我曾惊讶为什么巴尔扎克在51年短短的一生中能写出上百本书,并从他的传记中去寻找答案.文史哲和科学的海洋无边无际,先哲们的明智之光沐浴着人们的心灵,我衷心感谢他们的恩惠.

读书的另一面

以上我谈了读书的好处,现在要回过头来说说事情的另一面.

读书要选择.世上有各种各样的书:有的不值一看,有的只值看20分钟,有的可看5年,有的可保存一辈子,有的将永远不朽.即使是不朽的超级名著,由于我们的精力与时间有限,也必须加以选择.决不要看坏书,对一般书,要学会速读.

读书要多思考.应该想想,作者说得对吗?完全吗?适合今天的情况吗?从书本中迅速获得效果的好办法是有的放矢地读书,带着问题去读,或偏重某一方面去读.这时我们的思维处于主动寻找的地位,就像猎人追找猎物一样主动,很快就能找到答案,或者发现书中的问题.

有的书浏览即止,有的要读出声来,有的要心头记住,有的要笔头记录.对重要的专业书或名著,要勤做笔记,“不动笔墨不读书”.动脑加动手,手脑并用,既可加深理解,又可避忘备查,特别是自己的灵感,更要及时抓住.清代章学诚在《文史通义》中说:“札记之功必不可少,如不札记,则无穷妙绪如雨珠落大海矣.”

许多大事业、大作品,都是长期积累和短期突击相结合的产物.涓涓不息,将成江河;无此涓涓,何来江河?

爱好读书是许多伟人的共同特性,不仅学者专家如此,一些大政治家、大军事家也如此.曹操、康熙、拿破仑、毛泽东都是手不释卷,嗜书如命的人.他们的巨大成就与毕生刻苦自学密切相关.

王梓坤

目录

第一编
引　言

为什么要在中国重提拉马努金?

在中兴事件中,国人最为震惊的是:原来中国是这么的缺乏核心技术.以至于有人用"举国山寨"来描述,原因就是缺乏原创.技术的原创源自于基础科学理论的原创,而数学作为所有自然科学的基础,自然是原创缺乏的重灾区.那么纵观中外数学家哪一位原创性最强呢?英国著名数学家哈代(Hardy)曾说过:如果就原创性给数学家打分的话,拉马努金(Ramanujan)得100分,希尔伯特(Hilbert)得70分(还有说80分的),他自己大概只能得30分(还有说25分的).

如果是这样,您说是不是最应该在中国介绍拉马努金的贡献呢?

最近笔者读了一篇季理真教授对杨振宁先生的一次访谈录,其中有一段与拉马努力金有关:

季理真：因为我上次和 Borel 在香港组织学术活动时，一个夏天我待了两个月，Selberg 有一个学生①在香港请他去，我们每天早上都在一起吃饭、聊天，后来他告诉我两件事情我记得很清楚. 第一，他觉得他不是一位专业的数学家，他说他是业余的，随便玩玩的，他觉得他没有正儿八经地学过数学.

杨振宁：你说的是谁?

季理真：Alte Selberg. 他认为自己不是专业的数学家，是位业余的，因为他没有正儿八经地学过数学，是自己看看的. 因为以前他爸爸②的书房里有一些拉马努金的书，他就拿来看，他的两个哥哥也读数学，也是数学家.

杨振宁：是吗?

季理真：对，是他自己随便看看的. 我拿这话问 Borel，Borel 笑笑说，如果 Selberg 认为自己不是数学家，那其他人怎么办?

杨振宁：你懂不懂他那个素数定理的初等证明?

季理真：我不知道，我只是听说过.

杨振宁：他成名就是因为那个.

季理真：对，他还因此拿了菲尔兹奖.

---

① 曾启文.

② Alte Selberg 的父亲 Ole Michael Selberg 是一位数学家. 他有四个儿子，1910 年出生的双胞胎 Sigmund Selberg 和 Arne Selberg 分别是数学家和工程师，1906 年和 1917 年出生的 Henrik Selberg 和 Atle Selberg 也是数学家.

> 杨振宁：对，可是你并没去研究它？
>
> 季理真：没有.就是因为那个原因，他才和Paul Erdös吵架了，两个人有矛盾了.然后Selberg后面的数学做得挺奇妙的，因为他开始很窄，开始大部分时间只是研究zeta函数，然后是素数定理的初等证明，后来他研究李群中的离散群、Selberg迹公式，还有Selberg猜想(Selberg's hypothesis)，你看G.A.Marugulis和David Kazhdan的工作都与那个有关.所以他的变化很妙，一开始很窄，后来一下子变得很宽.
>
> (摘自《杨振宁的科学世界：数学与物理的交融》，季理真，林开亮主编，高等教育出版社，2018.)

印度的经济总量远低于中国，那么我们还有什么是需要向其学习的吗？我们这一代人对印度的了解是从电影上，从当年的《流浪者》，到近年的《摔跤吧！爸爸》，总之我们将其总结为：印度电影又唱又跳.其实在中印两个大国的竞赛中，真正完胜我们的是印度本土的精英教育.

国人与印度人交集最大的地方似乎是在美国的硅谷，所以不妨就从硅谷说起.

印度裔在硅谷已经成为不容小觑的力量，曾经硅谷是“IC”并重，即“Indian＋Chinese”，现在“I”所占比重越来越大了，而且是从做技术到做管理的全面铺开.其实不仅仅在硅谷，中国的软件行业也是如此，尤其针对欧美的软件外包业，印度裔高管的比例越来越高，而且越来越多的中国公司,从给美国做外包,转为给印度做转手二包.

究其原因,大家普遍认为,印度裔在英语方面的先天优势是最重要的因素.但同样英语化程度很高的菲律宾,输出最多的却多是“菲佣”.那么印度人在全球IT业高歌猛进的背后,有没有更深层次的原因呢?郑林允老师2018年4月10日在微信公众号“博雅小学堂”上发表的下面这篇文章,似乎能启发我们的思考.

> 经常听到有人感叹硅谷的高科技公司都被印度人“占领”了,具体到什么程度了呢?一份研究报告显示:在硅谷的三分之一的工程师是印度裔,硅谷高科技公司里7%的CEO是印度人;印度人创建的工程和科技公司比英国人、华人和日本人所创建的总和还多.
>
> 噢,对不起,这还只是一份十年前(2008年)的报告.
>
> 当今,三大硅谷IT公司:苹果、谷歌、微软,后两个公司的CEO都是印度裔.除了谷歌与微软,摩托罗拉、诺基亚、软银、Adobe、SanDisk、百事可乐、联合利华、万事达卡、标准普尔……这些知名国际巨头的CEO都已经被印度人拿下.
>
> 即使在整体商业领域:全美500强企业中,外籍CEO有75位,其中排名第一的是印度裔(籍)10位,排名第二的是英国裔(籍)9位.另有来自包括加拿大、澳大利亚、巴西、

土耳其等在内的其他国家的人士.中国香港华裔(籍)和中国台湾华裔(籍)分别有1位,中国大陆华裔(籍)0人.

从1999～2012年,虽然印度雇员只占硅谷整体雇员人数的6%,但印度人在硅谷创建的公司占全硅谷的比例从7%飙升到了15.5%!

而且不同于华人硅谷高管往往本科甚至更早前就来到美国的情况(陈士俊8岁开始,李开复11岁开始接受美国教育),印度裔的硅谷高管几乎全部是本科甚至念完研究生才来的美国.

表1中最著名的要算是印度理工学院(IIT)了,据说是世界上第一难考的大学.2015年世界最难考的大学排行,印度理工学院居榜首,报考450 000人,录取13 000人,录取率约为3%.

表1

公司	头衔	名字	本科院校	校史
微软	CEO	Satya Nadella	Manipal Institute of Technology	印度,1957
Hotmail	创办者	Sabeer Bhatia	Birla Institute of Technology and Science, Pilani	印度,1964
Adobe	CEO	Shantanu Narayen	Osmania University	印度,1918
SlideShare	联合创始人和CEO	Rashmi Sinha	Allahabad University	印度,1887

续表1

公司	头衔	名字	本科院校	校史
太阳微系统	CEO	Vinod Khosla (JAVA 发明者)	IIT Delhi	印度,1961
思科	CEO	Padmasree Warrior	IIT Delhi	印度,1961
谷歌	CEO	Sundar Pichai	IIT Delhi	印度,1961
谷歌	荣誉工程师	Amit Singhal	IIT Roorkee (BS, 1989)	印度,1989

下面我们来看清华大学、北京大学的高考录取率(表2).

表2　2016年清华大学、北京大学各省录取率汇总表

排名	省份	清华大学、北京大学录取总人数	北京大学录取人数	清华大学录取人数	高考总人数/万人	清华大学、北京大学录取率/%
1	北京市	553	257	296	6.12	0.903 594 771
2	上海市	209	122	87	5.1	0.409 803 922
3	天津市	146	70	76	6	0.243 333 333
4	浙江省	344	203	141	30.74	0.111 906 311
5	福建省	202	102	100	18.93	0.106 708 928
6	吉林省	155	69	86	14.8	0.104 729 73
7	青海省	45	21	24	4.46	0.100 896 861
8	宁夏	69	38	31	6.91	0.099 855 282
9	辽宁省	212	70	142	21.82	0.097 158 57
10	湖北省	341	194	147	36.15	0.094 329 184
11	西藏	22	11	11	2.39	0.092 050 209

续表2

排名	省份	清华大学、北京大学录取总人数	北京大学录取人数	清华大学录取人数	高考总人数/万人	清华大学、北京大学录取率/%
12	江苏省	315	155	160	36.04	0.087 402 886
13	重庆市	216	116	100	24.89	0.086 781 84
14	新疆	130	70	60	16.61	0.078 266 105
15	黑龙江省	151	86	68	19.7	0.076 649 746
16	湖南省	300	159	141	40.16	0.074 701 195
17	陕西省	238	126	112	32.8	0.072 560 976
18	海南省	42	17	25	6.04	0.069 536 424
19	河北省	281	151	130	42.31	0.066 414 559
20	内蒙古	128	38	90	20.11	0.063 649 925
21	山西省	214	114	100	34.23	0.062 518 259
22	四川省	310	150	160	51.14	0.060 617 912
23	江西省	207	112	95	36.06	0.057 404 326
24	河南省	426	216	210	82	0.051 951 22
25	广西	155	80	75	33	0.046 969 697
26	安徽省	250	139	111	54.6	0.045 787 546
27	山东省	307	147	160	71	0.043 239 437
28	广东省	280	149	131	73.3	0.038 199 181
29	甘肃省	106	36	70	29.2	0.036 301 37
30	云南省	97	38	59	28.11	0.034 507 293
31	贵州省	122	56	66	37.38	0.032 629 045

（来源 http://tieba.baidu.com/p/5626109813.）

好吧，你说清华大学、北京大学的数据是全国高考录取率，但印度理工学院是自主招生考试，那么我们来比较清华大学、北京大学的自主招生：

(1) 初审关.2015 年申请清华大学、北京大学自主招生的有 2 万多人，最后通过清华大学、北京大学初审的为 2 446 人，通过率不到 10%，非高中名校的更是凤毛麟角.

(2) 复审关. 通过初审后，再经过复赛的筛选，又有 50% 以上的考生出局，最终 1 099 人取得了两校自主招生降分资格，通过率为 44.9%，其中报考北京大学 1 900 人，711 人通过自主招生考试，通过率为 37.4%，报考清华大学546人，最终388人通过自主招生考试，通过率为 71.1%.

(3) 高考关. 尽管取得了名校的自主招生降分资格，但还得同高考做一锤子买卖，如果你的高考成绩加上降分，仍不能达到名校投档线，也会无缘名校.

温馨提示，竞赛是很费时间和精力的，在竞赛上花的时间和精力越多，在高考上花的时间就会越少，因此一部分竞赛生有偏科现象也就顺理成章. 从 2015 年清华大学、北京大学来看，最终录取人数为778人，有321人倒在了高考关上. 整体而言，两校相对初审录取率为 31.8%，其中，北京大学录取 487 人，录取率为 25.3%，清华大学录取 297 人，录取率为 54.4%.

(因为(1) 中显示初审通过的为 2 446 人，通过率不到 10%，所以估计申请自主招生的人数应该在 25 000 ～ 28 000 人. 最后录取

778人,录取率约为2.8%～3.1%.)

从这个数据来看,印度理工学院和清华大学、北京大学相比并没有明显更难考.而且我们不要忘了,能去参加清华大学、北京大学自主招生考试的学生已经是各省精英中的精英了,和印度理工学院这种45万人可以参加的报考门槛相比,要已经精挑细选得多了!

另外,在教育拨款上:

即使用最夸张的算法,印度理工学院是每个学生每年30万卢比,折合约2.9万元人民币.

而清华大学2017年的教育经费拨款约30亿元、科研经费拨款约50亿元,全校学生约3.6万人.如果算总拨款的话是平均一个学生约22.2万元!即使只算教育拨款也高达约8.3万元.可以说从任何角度都碾压印度理工学院.

下面来看看中国自主招生网上这些高校中哪所高校的教育经费最多(表3).

表3

序号	大学	教育经费拨款/亿	科研经费拨款/亿	教育事业收入/亿	经费总计/亿
1	清华大学	29.9	50.79	12.2	92.89
2	浙江大学	23.04	41.23	7.7	71.97
3	北京大学	27.78	27.24	9.5	64.52

(来源http://www.sohu.com/a/164475124_334498.)

换句话说,清华大学的录取往最宽泛里面算也不比印度理工学院容易,清华大学每个学

> 生的教育资源用最严格的方法算也比印度理工学院最宽泛的算法高得多.结果是,“留美预备学堂”在美国被人家全线碾压.这不得不让人深思啊!

那么拉马努金的数学思维真的就那么异于常人吗?

其实这个问题直接阅读本书就可以得到肯定的答案,但考虑到高深的理论背景等问题可能会使许多业余人士无法快速地领略到拉马努金思维之奇,在此我们先举几个初等的例子.

在一个微信公众号中笔者见到这样一道求值问题:

题目 1 已知$\frac{a}{x}+\frac{b}{y}=3$,$\frac{a}{x^2}+\frac{b}{y^2}=7$,$\frac{a}{x^3}+\frac{b}{y^3}=16$,$\frac{a}{x^4}+\frac{b}{y^4}=42$,求$\frac{a}{x^5}+\frac{b}{y^5}$的值.

一位普通数学老师的解法如下:

解 令$m=\frac{1}{x}$,$n=\frac{1}{y}$(m,n不为 0),原题变为

$$\begin{cases} am+bn=3 & (1) \\ am^2+bn^2=7 & (2) \\ am^3+bn^3=16 & (3) \\ am^4+bn^4=42 & (4) \end{cases}$$

求 am^5+bn^5 的值.

式(3)·m 可得

$$am^4+bn^3m=16m \tag{5}$$

式(3)·n 可得

$$am^3n+bn^4=16n \tag{6}$$

式(5)+(6)可得

$$am^4+bn^4+am^3n+bn^3m=16(m+n)$$

将式(4)代入,即

$$42+mn(am^2+bn^2)=16(m+n)$$

将式(2)代入可得

$$42+7mn=16(m+n)$$

即

$$m+n=\frac{42+7mn}{16} \tag{7}$$

式(2)·m 可得

$$am^3+bn^2m=7m \tag{8}$$

式(2)·n 可得

$$am^2n+bn^3=7n \tag{9}$$

式(8)+(9)可得

$$am^3+bn^3+am^2n+bn^2m=7(m+n)$$

$$(am^3+bn^3)+mn(am+bn)=7(m+n)$$

将式(1)(3)代入可得

$$16+3mn=7(m+n)$$

即

$$m+n=\frac{16+3mn}{7} \tag{10}$$

由式(7)和(10)可得

$$m+n=\frac{42+7mn}{16}=\frac{16+3mn}{7} \tag{11}$$

解方程(11)

$$m+n=\frac{42+7mn}{16}=\frac{16+3mn}{7}=\frac{26+4mn}{9}=\frac{10+mn}{2} \tag{12}$$

$$\frac{16+3mn}{7}=\frac{10+mn}{2}$$

$$2(16+3mn)=7(10+mn)$$
$$32+6mn=70+7mn$$

故

$$mn=-38$$

代入式(12)可得

$$m+n=-14$$

式(4)·m 可得

$$am^5+bn^4m=42m \tag{13}$$

式(4)·n 可得

$$am^4n+bn^5=42n \tag{14}$$

式(13)+(14)可得

$$am^5+bn^5+am^4n+bn^4m=42(m+n)$$

即

$$\begin{aligned}am^5+bn^5&=42(m+n)-mn(am^3+bn^3)\\&=42(m+n)-16mn\end{aligned} \tag{15}$$

由于

$$m+n=-14$$
$$mn=-38$$

代入式(15)可得

$$\begin{aligned}am^5+bn^5&=42\times(-14)-16\times(-38)\\&=-588+608\\&=20\end{aligned}$$

因此,$\dfrac{a}{x^5}+\dfrac{b}{y^5}$ 的值为 20.

但对于数学奥林匹克选手来讲,这其实是一道成题的变形,而且也有不错的巧妙解法.

题目 2 (1990 年美国数学邀请赛试题)设 $a,b,x,y\in\mathbf{R}$,满足方程组

$$\begin{cases}ax+by=3\\ax^2+by^2=7\\ax^3+by^3=16\\ax^4+by^4=42\end{cases}\tag{1}$$

求 ax^5+by^5 的值.

该题解法所用知识不超过初中范围.

解法 1 由

$$\begin{aligned}&ax^3+by^3\\&=(ax^2+by^2)(x+y)-(ax+by)xy\end{aligned}$$

得

$$16=7(x+y)-3xy\tag{2}$$

由

$$\begin{aligned}&ax^4+by^4\\&=(ax^3+by^3)(x+y)-(ax^2+by^2)xy\end{aligned}$$

得

$$42=16(x+y)-7xy\tag{3}$$

由式(2)(3)解得

$$x+y=-14,xy=-38$$

故

$$\begin{aligned}&ax^5+by^5\\&=(ax^4+by^4)(x+y)-(ax^3+by^3)xy\\&=42\times(-14)-16\times(-38)\\&=20\end{aligned}$$

解法 2 此题可以用递推数列的观点来处理. 二阶线性递推数列的通项为

$$a_n=ax^n+by^n$$

反过来,$\{ax^n+by^n\}$ 是二阶递推数列,递推关系为

$$a_{n+1}=ca_n+da_{n-1}$$

其中,$c=x+y,d=-xy$.

于是

$$\begin{cases}16=7c+3d\\42=16c+7d\\a_5=42c+16d\end{cases}$$

将其视为一个关于 $1,c,d$ 的三元方程组

$$\begin{cases}16-7c-3d=0\\42-16c-7d=0\\a_5-42c-16d=0\end{cases}\tag{4}$$

将$(1,c,d)$视为方程组(4)的非零解,则其系数行列式为0,即

$$\begin{vmatrix}16 & -7 & -3\\42 & -16 & -7\\a_5 & -42 & -16\end{vmatrix}=0$$

解得 $a_5=20$.

这固然是一个巧妙的解法,但有学生会问是否有直接的方法来解答此题,即可以将 a,b,x,y 从方程组(1)中解出来,再代回 ax^5+by^5 中去.当然,这对于普通人来说是一个复杂的过程,但对于印度数学家拉马努金,则显得轻而易举.

拉马努金提出并解决了下面的问题.

题目3 解下面的10阶方程组

$$x+y+z+u+v=2$$

$$px+qy+rz+su+tv=3$$

$$p^2x+q^2y+r^2z+s^2u+t^2v=16$$

$$p^3x+q^3y+r^3z+s^3u+t^3v=31$$

$$p^4x+q^4y+r^4z+s^4u+t^4v=103$$

$$p^5x+q^5y+r^5z+s^5u+t^5v=235$$
$$p^6x+q^6y+r^6z+s^6u+t^6v=674$$
$$p^7x+q^7y+r^7z+s^7u+t^7v=1\ 669$$
$$p^8x+q^8y+r^8z+s^8u+t^8v=4\ 526$$
$$p^9x+q^9y+r^9z+s^9u+t^9v=11\ 595$$

解　拉马努金首先考虑了一般方程组

$$x_1+x_2+\cdots+x_n=a_1$$
$$x_1y_1+x_2y_2+\cdots+x_ny_n=a_2$$
$$x_1y_1^2+x_2y_2^2+\cdots+x_ny_n^2=a_3$$
$$\vdots$$
$$x_1y_1^{2n-1}+x_2y_2^{2n-1}+\cdots+x_ny_n^{2n-1}=a_{2n}$$

令 $F(\theta)=\frac{x_1}{1-\theta y_1}+\frac{x_2}{1-\theta y_2}+\cdots+\frac{x_n}{1-\theta y_n}$.

但 $\frac{x_i}{1-\theta y_i}=x_i(1+\theta y_i+\theta^2y_i^2+\theta^3y_i^3+\cdots)(i=1,2,\cdots,n)$，故

$$\begin{aligned}F(\theta)&=\sum_{i=1}^{n}x_i\cdot\sum_{k=0}^{\infty}(\theta y_i)^k\\&=\sum_{k=0}^{\infty}(\sum_{i=1}^{n}x_iy_i^k)\theta^k=\sum_{k=0}^{\infty}a_{k+1}\theta^k\end{aligned}$$

把它化为有公分母的分式，求

$$F(\theta)=\frac{A_1+A_2\theta+A_3\theta^2+\cdots+A_n\theta^{n-1}}{1+B_1\theta+B_2\theta^2+\cdots+B_n\theta^n}$$

则

$$\sum_{k=0}^{\infty}a_{k+1}\theta^k\cdot\sum_{s=0}^{n}B_s\theta^s=\sum_{t=1}^{n}A_t\theta^{t-1}\quad(B_0=1)$$

故

$$A_t=\sum_{k=0}^{t-1}a_{k+1}B_{t-1-k}\quad(t=1,2,\cdots,n)$$

$$0=\sum_{s=0}^{n}B_s a_{n+t-s}\quad (t=1,2,\cdots,n)$$

因为 $a_1,a_2,\cdots,a_n,a_{n+1},\cdots,a_{2n}$ 是已知的，所以可从后n个方程先求出$B_1,B_2,\cdots,B_n$，然后代入前n个方程求出 $A_1,A_2,\cdots,A_n$，知道了 $A_i,B_i(i=1,2,\cdots,n)$，就能作出有理函数 $F(\theta)$，再把它展开成部分分式. 于是，得到

$$F(\theta)=\frac{p_1}{1-q_1\theta}+\frac{p_2}{1-q_2\theta}+\cdots+\frac{p_n}{1-q_n\theta}$$

显然，$x_i=p_i,y_i=q_i(i=1,2,\cdots,n)$.

这就是一般方程组的解.

对于所考虑的情况有

$$F(\theta)=\frac{2+\theta+3\theta^2+2\theta^3+\theta^4}{1-\theta-5\theta^2+\theta^3+3\theta^4-\theta^5}$$

展开成部分分式后得到以下未知数的值

$$x=-\frac{3}{5},p=-1$$

$$y=\frac{18+\sqrt{5}}{10},q=\frac{3+\sqrt{5}}{2}$$

$$z=\frac{18-\sqrt{5}}{10},r=\frac{3-\sqrt{5}}{2}$$

$$u=-\frac{8+\sqrt{5}}{2\sqrt{5}},s=\frac{\sqrt{5}-1}{2}$$

$$v=\frac{8-\sqrt{5}}{2\sqrt{5}},t=-\frac{\sqrt{5}+1}{2}$$

读者可以将此方法应用到题目 2 上去. 由此我们似乎看到了普通人与数学天才的差距!

对于我们普通人来讲，解答下面这个 6 阶的题目就到极限了.

题目 4　解关于 x,y,z,p,q,r 的方程组

$$\begin{cases}x+y+z=a\\px+qy+rz=b\\p^2x+q^2y+r^2z=c\\p^3x+q^3y+r^3z=d\\p^4x+q^4y+r^4z=e\\p^5x+q^5y+r^5z=f\end{cases}$$

其中 $a=2,b=3,c=4,d=6,e=12,f=32$.

解　设数列 $\{a_n\}$ 满足 $a_{n+3}=sa_{n+2}+ta_{n+1}+ua_n$ 且 $a_0=2,a_1=3,a_2=4,a_3=6,a_4=12,a_5=32$,则应有

$$\begin{cases}6=4s+3t+2u\\12=6s+4t+3u\\32=12s+6t+4u\end{cases}$$

解得 $s=5,t=-6,u=2$,于是

$$a_{n+3}=5a_{n+2}-6a_{n+1}+2a_n$$

令

$$v^3=5v^2-6v+2$$

解得

$$v_1=1,v_2=2-\sqrt{2},v_3=2+\sqrt{2}$$

则由特征方程的理论知 a_n 的通项必能写成

$$a_n=\lambda_1v_1^n+\lambda_2v_2^n+\lambda_3v_3^n$$

于是应有

$$\begin{cases}2=\lambda_1+\lambda_2+\lambda_3\\3=\lambda_1v_1+\lambda_2v_2+\lambda_3v_3\\4=\lambda_1v_1^2+\lambda_2v_2^2+\lambda_3v_3^2\end{cases}$$

解得

$$\lambda_1=4,\lambda_2=-1-\frac{3}{2\sqrt{2}},\lambda_3=-1+\frac{3}{2\sqrt{2}}$$

于是,我们得到

$$\begin{cases}\lambda_1+\lambda_2+\lambda_3=2\\ \lambda_1v_1+\lambda_2v_2+\lambda_3v_3=3\\ \lambda_1v_1^2+\lambda_2v_2^2+\lambda_3v_3^2=4\\ \lambda_1v_1^3+\lambda_2v_2^3+\lambda_3v_3^3=6\\ \lambda_1v_1^4+\lambda_2v_2^4+\lambda_3v_3^4=12\\ \lambda_1v_1^5+\lambda_2v_2^5+\lambda_3v_3^5=32\end{cases}$$

与原方程组对比,可知原方程组的解至少有如下的

$$(x,y,z,p,q,r)=(\lambda_i,\lambda_j,\lambda_k,v_i,v_j,v_k)$$

其中 i,j,k 为 1,2,3 的任意排列,共六组,又因为原方程组是六元六次方程组,既然有此六组解,它们就是全部解.

拉马努金的这种逆用等比数列求和公式的思考方法,我们也可以模仿,如下面的题目:

题目5 (2010年浙江大学自主招生试题)有小于1的正数 $x_1,x_2,\cdots,x_n$,且 $x_1+x_2+\cdots+x_n=1$,求证

$$\frac{1}{x_1-x_1^3}+\frac{1}{x_2-x_2^3}+\cdots+\frac{1}{x_n-x_n^3}>4$$

证明 利用新方法我们可以将其加强,逆用无穷递缩等比数列求和公式

$$\sum_{n=0}^{\infty}a_1q^n=\frac{a_1}{1-q}\quad(|q|<1)\tag{1}$$

将 $\frac{1}{x_i-x_i^3}$ 改写成 $\frac{\frac{1}{x_i}}{1-x_i^2}$,注意到 $\sum_{i=1}^{n}x_i=1$,且 $x_i\in\mathbf{R}_+(i=1,\cdots,n)$,所以 $|x_i^2|<1$,故可以运用公式(1),有

$$\frac{\frac{1}{x_i}}{1-x_i^2}=\frac{1}{x_i}[1+x_i^2+(x_i^2)^2+\cdots]$$

$$=\frac{1}{x_i}+x_i+x_i^3+\cdots$$

两边取“$\sum$”得

$$\sum_{i=1}^{n}\frac{1}{x_i-x_i^3}=\sum_{i=1}^{n}\frac{1}{x_i}+\sum_{i=1}^{n}x_i+\sum_{i=1}^{n}x_i^3+\cdots$$

由调和平均值与算术平均值定理得

$$\frac{n}{\sum\limits_{i=1}^{n}\frac{1}{x_i}}\leqslant\frac{\sum\limits_{i=1}^{n}x_i}{n}$$

得

$$\sum_{i=1}^{n}\frac{1}{x_i}\geqslant n^2\ \frac{1}{\sum\limits_{i=1}^{n}x_i}$$

注意到$\sum\limits_{i=1}^{n}x_i=1$，故得$\sum\limits_{i=1}^{n}\frac{1}{x_i}\geqslant n^2$，再由幂平均不等式得

$$\sum_{i=1}^{n}x_i^2\geqslant 3(\sum_{i=1}^{n}\frac{x_i}{n})^3=\frac{1}{n^2}$$

故

$$\text{不等式左边}\geqslant n^2+1+\frac{1}{n^2}+\frac{1}{n^4}+\cdots$$

$$\geqslant n^2+\frac{1}{1-\frac{1}{n^2}}$$

$$=n^2+\frac{n^2}{n^2-1}$$

$$=n^2+1+\frac{1}{n^2-1}$$

故当 $n\geqslant 2$ 时，原不等式的右边可加强到 5.

可以说自主招生试题就是简单的奥赛题，所以它的解题方法完全可以用于解奥赛试题，如 1963 年莫斯科数学竞赛试题：

题目 6 若 $a,b,c\in(0,1)$ 且 $a+b+c=1$，则

$$\frac{a}{b+c}+\frac{b}{c+a}+\frac{c}{a+b}\geqslant\frac{3}{2}$$

证明 不等式左边的三个分式分别是某个收敛的几何级数的和，利用平均值不等式，有

$$\begin{aligned}&\frac{a}{b+c}+\frac{b}{c+a}+\frac{c}{a+b}\\&=\frac{a}{1-a}+\frac{b}{1-b}+\frac{c}{1-c}\\&=\sum_{n=1}^{\infty}a^n+\sum_{n=1}^{\infty}b^n+\sum_{n=1}^{\infty}c^n\\&=3\cdot\sum_{n=1}^{\infty}\frac{a^n+b^n+c^n}{3}\\&\geqslant3\cdot\sum_{n=1}^{\infty}\left(\frac{a+b+c}{3}\right)^n\\&=3\cdot\sum_{n=1}^{\infty}\left(\frac{1}{3}\right)^n\\&=\frac{3}{2}\end{aligned}$$

此不等式称为内斯比特(Nesbitt)不等式，它可被推广为：

设 $0\leqslant a_i<1,i=1,2,\cdots,n$，令 $\sum\limits_{i=1}^{n}a_i=A$，则

$$\sum_{i=1}^{n}\frac{a_i}{1-a_i}\geqslant\frac{n^A}{n-A}$$

等号仅当所有的 a_i 相等时成立.

取 $n=3,A=1$，即为题目 6. 此推广完全可以用新

方法证明.可以说凡属此类不等式均可尝试用此方法来证明.再比如,题目6的另一个来源:

1998年9月的 *Crux Mathematicorum with Mathematical Mayhem* 杂志上法国 Louis Pasteur 大学的 Mohammed Aassila 教授提出了一个不等式:

若 $a,b,c\in\mathbf{R}_+$,则有

$$\frac{1}{a(1+b)}+\frac{1}{b(1+c)}+\frac{1}{c(1+a)}\geqslant\frac{3}{1+abc}$$

后来被我国读者田彦武推广为:

设 a_1,a_2,a_3,λ,μ 均为正数,$n\in\mathbf{N},n\geqslant 2$,则

$$\frac{a_1}{\lambda a_2+\mu a_3}+\frac{a_2}{\lambda a_3+\mu a_1}+\frac{a_3}{\lambda a_1+\mu a_2}\geqslant\frac{3^{2-n}(a_1+a_2+a_3)^{n-1}}{\lambda+\mu}$$

当取 $\lambda=\mu=1$,再增设条件 $a+b+c=2s$ 时即得1987年第26届IMO备选题:

$a,b,c\in\mathbf{R}_+$,且 $a+b+c=2s$,求证

$$\frac{a^n}{b+c}+\frac{b^n}{c+a}+\frac{c^n}{a+b}\geqslant\left(\frac{2}{3}\right)^{n-2}s^{n-1}\quad(n\in\mathbf{N},n>1)$$

也可用此方法证,当取 $n=1,s=\frac{1}{2}$ 时,即为题目6.

题目7　(第19届莫斯科数学奥林匹克试题)设任意实数 x,y 满足 $|x|<1,|y|<1$,求证

$$\frac{1}{1-x^2}+\frac{1}{1-y^2}\geqslant\frac{2}{1-xy}$$

题目8　(1984年巴尔干地区数学竞赛试题)设 $a_1,a_2,\cdots,a_n>0(n\geqslant 2)$,且 $a_1+a_2+\cdots+a_n=1$.求证

$$\frac{a_1}{2-a_1}+\frac{a_2}{2-a_2}+\cdots+\frac{a_n}{2-a_n}\geqslant\frac{n}{2n-1}$$

题目 9 （第 36 届 IMO 试题）设 a,b,c 为正实数，且满足 $abc=1$，试证

$$\frac{1}{a^3(b+c)}+\frac{1}{b^3(c+a)}+\frac{1}{c^3(a+b)}\geqslant\frac{3}{2}$$

题目 10 （2003 年全国高中数学联赛试题）已知 $x,y\in(-2,2)$，且 $xy=-1$，求函数 $u=\frac{4}{4-x^2}+\frac{9}{9-x^2}$ 的最小值.

上述题目 7 ～ 10，利用前面介绍的新方法均可以获证.

下面再举几个与高考试题相关的例子，因为中国是个应试大国.

题目 11 设数列 $\{a_n\}$ 满足 $a_{n+1}=a_n^2-na_n+1$ $(n\in\mathbf{N}_+)$，当 $a_1\geqslant 3,n\in\mathbf{N}_+$ 时，证明：

(1)$a_n\geqslant n+2$；

(2)(2002 年高考全国卷理科第 22 题第(2) 小题)

$$\frac{1}{1+a_1}+\frac{1}{1+a_2}+\cdots+\frac{1}{1+a_n}\leqslant\frac{1}{2}$$

证明 （1）用数学归纳法可证，这里略去.

（2）下面证明

$$\frac{1}{1+a_1}+\frac{1}{1+a_2}+\cdots+\frac{1}{1+a_n}\leqslant\frac{1}{2}$$

逆用无穷递缩等比数列各项和的公式，得

$$\frac{1}{2}=\frac{\frac{1}{4}}{1-\frac{1}{2}}=\frac{1}{2^2}+\frac{1}{2^3}+\cdots+\frac{1}{2^{n+1}}+\cdots$$

所以只需证明

$$\frac{1}{1+a_n}\leqslant\frac{1}{2^{n+1}}$$

即

$$1+a_n \geqslant 2^{n+1}$$

由

$$\begin{aligned} a_{n+1} &= a_n^2 - na_n + 1 \\ &= a_n(a_n - n) + 1 \\ &\geqslant 2a_n + 1 (\text{用结论}(1)) \end{aligned}$$

得

$$a_{n+1} + 1 \geqslant 2(1 + a_n)$$

所以

$$\begin{aligned} 1 + a_{n+1} &\geqslant 2(1 + a_n) \\ &\geqslant 2^2(1 + a_{n-1}) \\ &\geqslant 2^3(1 + a_{n-2}) \geqslant \cdots \\ &\geqslant 2^n(1 + a_1) \geqslant 2^{n+2} \end{aligned}$$

即

$$1 + a_n \geqslant 2^{n+1} \quad (n=1\text{ 时也成立})$$

所以要证的结论成立.

题目 12　(2006 年高考天津卷理科第 21 题)已知数列$\{x_n\}$,$\{y_n\}$满足$x_1=x_2=1$,$y_1=y_2=2$,$\frac{x_{n+1}}{x_n}=\lambda\cdot\frac{x_n}{x_{n-1}}$,$\frac{y_{n+1}}{y_n}\geqslant\lambda\cdot\frac{y_n}{y_{n-1}}$($n=2,3,\cdots$,常数$\lambda\neq0$).

(1) 若x_1,x_3,x_5成等比数列,求λ的值;

(2) 当$\lambda>0$时,证明

$$\frac{x_{n+1}}{y_{n+1}} \leqslant \frac{x_n}{y_n} \quad (n\in\mathbf{N}_+)$$

(3) 当$\lambda>0$时,证明

$$\frac{x_1-y_1}{x_2-y_2}+\frac{x_2-y_2}{x_3-y_3}+\cdots+\frac{x_n-y_n}{x_{n+1}-y_{n+1}} < \frac{\lambda}{\lambda-1} \quad (n\in\mathbf{N}_+)$$

解 (1)$\lambda=\pm 1$(过程略).

(2) 略.

(3) 逆用无穷递缩等比数列各项和的公式,得

$$\frac{\lambda}{\lambda-1}=\frac{1}{1-\frac{1}{\lambda}}=1+\frac{1}{\lambda}+\frac{1}{\lambda^2}+\cdots+\frac{1}{\lambda^{n-1}}+\cdots$$

所以只需证明

$$\frac{x_n-y_n}{x_{n+1}-y_{n+1}}\leqslant\frac{1}{\lambda^{n-1}}$$

在(2) 中已证得

$$\frac{x_{n+1}}{x_n}=\lambda^{n-1}\quad(n\in\mathbf{N}_+)$$

所以只需证明

$$\frac{x_n-y_n}{x_{n+1}-y_{n+1}}\leqslant\frac{x_n}{x_{n+1}}\quad(n\in\mathbf{N}_+)$$

运用(2) 的结论及数学归纳法可证得

$$y_n>x_n\geqslant 1\quad(n\in\mathbf{N}_+)$$

所以只需证明

$$x_{n+1}(x_n-y_n)\geqslant x_n(x_{n+1}-y_{n+1})$$

$$x_{n+1}y_n\leqslant x_ny_{n+1},\frac{x_{n+1}}{y_{n+1}}\leqslant\frac{x_n}{y_n}\quad(n\in\mathbf{N}_+)$$

而这正是(2) 的结论,所以结论(3) 成立.

不等式的发现与建立比证明不等式要难,许多方法只能用于证明已有的不等式,而这里我们所提到的新方法却可以用于发现新不等式.

Vasile Cirtoaje 曾陈述了以下结果:对于所有满足

$$a=\sqrt{\frac{a_1^2+a_2^2+\cdots+a_k^2}{k}}\geqslant\frac{\sqrt{3}}{3}$$

的小于 1 的非负实数 $a_1,a_2,\cdots,a_k$,有

$$\frac{a_1}{1-a_1^2}+\frac{a_2}{1-a_2^2}+\cdots+\frac{a_k}{1-a_k^2}\geqslant\frac{ka}{1-a^2}\qquad(1)$$

这里我们对其给出一种延伸.注意,利用式(1)以及在二次平均和算术平均之间的不等式,我们得到

$$\left(\frac{a_1}{1-a_1^2}\right)^2+\left(\frac{a_2}{1-a_2^2}\right)^2+\cdots+\left(\frac{a_k}{1-a_k^2}\right)^2$$
$$\geqslant\frac{\left(\frac{a_1}{1-a_1^2}+\frac{a_2}{1-a_2^2}+\cdots+\frac{a_k}{1-a_k^2}\right)^2}{k}$$
$$\geqslant\frac{ka^2}{(1-a^2)^2}$$

因此,由于式(1),对所有 $a_1,a_2,\cdots,a_k\in(0,1)$,在条件 $a\geqslant\frac{\sqrt{3}}{3}$ 下,不等式

$$\left(\frac{a_1}{1-a_1^2}\right)^2+\left(\frac{a_2}{1-a_2^2}\right)^2+\cdots+\left(\frac{a_k}{1-a_k^2}\right)^2\geqslant\frac{ka^2}{(1-a^2)^2}\qquad(2)$$

成立.下面用我们的方法来证明,如果没有条件 $a\geqslant\frac{\sqrt{3}}{3}$,不等式(2)也成立.此时,由

$$\sum_{n=1}^{\infty}nx^n=\frac{x}{(1-x)^2}\quad(0<x<1)\qquad(3)$$

我们有

$$\left(\frac{a_1}{1-a_1^2}\right)^2+\left(\frac{a_2}{1-a_2^2}\right)^2+\cdots+\left(\frac{a_k}{1-a_k^2}\right)^2$$
$$=\sum_{n=1}^{\infty}na_1^{2n}+\sum_{n=1}^{\infty}na_2^{2n}+\cdots+\sum_{n=1}^{\infty}na_k^{2n}$$
$$=k\sum_{n=1}^{\infty}n\cdot\frac{a_1^{2n}+a_2^{2n}+\cdots+a_k^{2n}}{k}$$
$$\geqslant k\cdot\sum_{n=1}^{\infty}n\left(\frac{a_1^2+a_2^2+\cdots+a_k^2}{k}\right)^n$$

$$=k\cdot\sum_{n=1}^{\infty}na^{2n}$$
$$=k\cdot\frac{a^2}{(1-a^2)^2}$$

如下所述，通过这种方法我们能发现一些新不等式. 考虑熟知的不等式

$$a^2+b^2+c^2\geqslant ab+bc+ca \tag{4}$$

它对于所有的 $a,b,c\in\mathbf{R}$ 都成立. 但是我们取 $a,b,c\in(-1,1)$，对每个 $n\in\mathbf{N}$，有

$$a^{2n}+b^{2n}+c^{2n}\geqslant(ab)^n+(bc)^n+(ca)^n \tag{5}$$

由加法得

$$\sum_{n=0}^{\infty}a^{2n}+\sum_{n=0}^{\infty}b^{2n}+\sum_{n=0}^{\infty}c^{2n}$$
$$\geqslant\sum_{n=0}^{\infty}(ab)^n+\sum_{n=0}^{\infty}(bc)^n+\sum_{n=0}^{\infty}(ca)^n$$

我们就得到以下漂亮的不等式：对 $a,b,c\in(-1,1)$，有

$$\frac{1}{1-a^2}+\frac{1}{1-b^2}+\frac{1}{1-c^2}$$
$$\geqslant\frac{1}{1-ab}+\frac{1}{1-bc}+\frac{1}{1-ca}$$

此外，如果在式(5) 两边同乘以 n，并求和，那么由式(3)，我们即得

$$\left(\frac{a}{1-a^2}\right)^2+\left(\frac{b}{1-b^2}\right)^2+\left(\frac{c}{1-c^2}\right)^2$$
$$\geqslant\frac{ab}{(1-ab)^2}+\frac{bc}{(1-bc)^2}+\frac{ca}{(1-ca)^2}$$

应用不等式(4) 两次，有

$$a^{4n}+b^{4n}+c^{4n}$$
$$\geqslant(a^2bc)^n+(ab^2c)^n+(abc^2)^n$$

关于 n 用上述求和法,我们得到

$$\frac{1}{1-a^2}+\frac{1}{1-b^2}+\frac{1}{1-c^2}$$
$$\geqslant \frac{1}{(1-a^2bc)^2}+\frac{1}{(1-ab^2c)^2}+\frac{1}{(1-abc^2)^2}$$

关于 n 再用上述求和法,我们就得到

$$\left(\frac{a^2}{1-a^4}\right)^2+\left(\frac{b^2}{1-b^4}\right)^2+\left(\frac{c^2}{1-c^4}\right)^2$$
$$\geqslant abc\left[\frac{a}{(1-a^2bc)^2}+\frac{b}{(1-ab^2c)^2}+\frac{c}{(1-abc^2)^2}\right]$$

Vasile Cirtoaje 曾对所有的 $x,y,z\in\mathbf{R}$ 证明了

$$17(x^3+y^3+z^3)+45xyz\geqslant 32(x^2y+y^2z+z^2x)$$

如果我们考虑 $x,y,z\in(-1,1)$ 及 $n\in\mathbf{N}$,然后将所有的 n 相加,得以下不等式

$$\sum_{n=0}^{\infty}17(x^{3n}+y^{3n}+z^{3n})+45(xyz)^n$$
$$\geqslant \sum_{n=0}^{\infty}32[(x^2y)^n+(y^2z)^n+(z^2x)^n]$$

于是,我们就得到下述有趣的不等式

$$\frac{17}{1-x^3}+\frac{17}{1-y^3}+\frac{17}{1-z^3}+\frac{45}{1-xyz}$$
$$\geqslant \frac{32}{1-x^2y}+\frac{32}{1-y^2z}+\frac{32}{1-z^2x}$$

我们的方法也适用于得到一些与凸性相关的新结果. Walter Janous 曾证明了

$$(z^n-x^n)f(y)\geqslant (z^n-y^n)f(x)+(y^n-x^n)f(z) \tag{6}$$

其中 $f:[0,\infty)\to\mathbf{R}$ 是任意的递增凹函数,$0<x\leqslant y\leqslant z$,且 n 是正整数.

对于 $n=0,1,2,\cdots$ 及 $0<x\leqslant y\leqslant z<1$,把诸不

等式(6)相加,我们得到

$$\left(\frac{1}{1-z}-\frac{1}{1-x}\right)f(y)$$

$$\geqslant\left(\frac{1}{1-z}-\frac{1}{1-y}\right)f(x)+\left(\frac{1}{1-y}-\frac{1}{1-x}\right)f(z)$$

两边同乘以$(1-x)(1-y)(1-z)$,我们得到有趣的不等式

$$(z-x)(1-y)f(y)$$

$$\geqslant(z-y)(1-x)f(x)+(y-x)(1-z)f(z)$$

这就证明了由$g(x)=(1-x)f(x)$给出的函数$g:(0,1)\to\mathbf{R}$也是凹的.

最后,用赫尔德(Hölder)不等式导出两个据我们所知是新的不等式.

定理 对于$a,b\in(0,1)$及满足$p^{-1}+q^{-1}=1$的$p,q>0$,我们有

$$\frac{q}{1-a^p}+\frac{p}{1-b^q}\geqslant\frac{pq}{1-ab}$$

和

$$\frac{a^p}{p(1-a^p)^2}+\frac{b^p}{p(1-a^p)^2}\geqslant\frac{ab}{(1-ab)^2}$$

证明 我们用赫尔德不等式

$$\frac{a^p}{p}+\frac{b^q}{q}\geqslant ab$$

有

$$\frac{1}{p}\cdot\frac{1}{1-a^p}+\frac{1}{q}\cdot\frac{1}{1-b^q}$$

$$=\frac{1}{p}\cdot\sum_{n=0}^{\infty}(a^p)^n+\frac{1}{q}\cdot\sum_{n=0}^{\infty}(b^q)^n$$

$$=\sum_{n=0}^{\infty}\left(\frac{(a^n)^p}{p}+\frac{(b^n)^q}{q}\right)$$

$$\geqslant \sum_{n=0}^{\infty}(ab)^n$$

$$=\frac{1}{1-ab}$$

对第 2 个不等式，我们有

$$\frac{1}{p}\cdot\frac{a^p}{(1-a^p)^2}+\frac{1}{q}\cdot\frac{b^p}{(1-b^q)^2}$$

$$=\frac{1}{p}\cdot\sum_{n=1}^{\infty}n(a^p)^n+\frac{1}{q}\cdot\sum_{n=0}^{\infty}n(b^q)^n$$

$$=\sum_{n=1}^{\infty}n\left(\frac{(a^n)^p}{p}+\frac{(b^n)^q}{q}\right)$$

$$\geqslant \sum_{n=1}^{\infty}n(ab)^n$$

$$=\frac{ab}{(1-ab)^2}$$

下面我们再来介绍拉马努金的另一个初等数学杰作.

下面这个结论是拉马努金最先得到的，后人重新给出了证明.

题目 13　求证

$$\sqrt[3]{\cos\frac{2\pi}{9}}+\sqrt[3]{\cos\frac{4\pi}{9}}+\sqrt[3]{\cos\frac{8\pi}{9}}=\sqrt[3]{\frac{3}{2}(\sqrt[3]{9}-2)}$$

证明　设

$$a=\sqrt[3]{\cos\frac{2\pi}{9}},b=\sqrt[3]{\cos\frac{4\pi}{9}},c=\sqrt[3]{\cos\frac{8\pi}{9}}$$

易知：当 $\theta=\frac{2}{9}\pi,\frac{4}{9}\pi$ 和 $\frac{8}{9}\pi$ 时，均有

$$\cos 3\theta=-\frac{1}{2}$$

即

$$4\cos^3\theta - 3\cos\theta + \frac{1}{2} = 0$$

故 a^3, b^3, c^3 是方程 $4t^3 - 3t + \frac{1}{2} = 0$ 的三个不相等实根.由根与系数的关系得

$$\begin{cases} \sum a^3 = 0 \\ \sum a^3 b^3 = -\frac{3}{4} \\ abc = -\frac{1}{2} \end{cases} \tag{1}$$

又易知

$$(\sum x)^3 \equiv \sum x^3 + 3(\sum x)(\sum xy) - 3xyz \tag{2}$$

在式(2)中令 $x = a, y = b, z = c$,并利用式(1)可得

$$t^3 = 3ts + \frac{3}{2} \tag{3}$$

其中

$$t = \sum a, s = \sum ab$$

在式(2)中再令 $x = ab, y = bc, z = ca$,并利用式(1)可得

$$s^3 = -\frac{3}{2}st - \frac{3}{2} \tag{4}$$

由式(3)(4)消去 s 得

$$54t^3(2t^3 + 3) + (2t^3 - 3)^3 = 0$$

$$\Rightarrow 8(t^3 + 3)^3 - 243 = 0$$

解得

$$t = \sqrt[3]{\frac{3}{2}(\sqrt[3]{9} - 2)}$$

即

$$\sqrt[3]{\cos\frac{2\pi}{9}}+\sqrt[3]{\cos\frac{4\pi}{9}}+\sqrt[3]{\cos\frac{8\pi}{9}}$$

$$=\sqrt[3]{\frac{3}{2}(\sqrt[3]{9}-2)}$$

注　顺便还可以得到

$$\sqrt[3]{\cos\frac{2\pi}{9}\cos\frac{4\pi}{9}}+\sqrt[3]{\cos\frac{4\pi}{9}\cos\frac{8\pi}{9}}+\sqrt[3]{\cos\frac{8\pi}{9}\cos\frac{2\pi}{9}}$$

$$=\sqrt[3]{\frac{3}{4}(1-\sqrt[3]{9})}$$

只需由式(3)+2·(4),即得

$$t^3+2s^3=-\frac{3}{2}$$

$$\Rightarrow s=\sqrt[3]{\frac{3}{4}(1-\sqrt[3]{9})}$$

中国联通研究院院长张云勇教授在 2017 年 11 月 8 日提出了一个类似的问题.

题目 14　求证

$$\cos\frac{6\pi}{7}=\frac{-1-2\sqrt{7}\cos\left(\frac{1}{3}\arccos\left(-\frac{\sqrt{7}}{14}\right)\right)}{6}$$

$$\cos\frac{4\pi}{7}$$

$$=\frac{-1+\sqrt{7}\left[\cos\left(\frac{1}{3}\arccos\left(-\frac{\sqrt{7}}{14}\right)\right)-\sqrt{3}\sin\left(\frac{1}{3}\arccos\left(-\frac{\sqrt{7}}{14}\right)\right)\right]}{6}$$

$$\cos\frac{2\pi}{7}$$

$$=\frac{-1+\sqrt{7}\left[\cos\left(\frac{1}{3}\arccos\left(-\frac{\sqrt{7}}{14}\right)\right)+\sqrt{3}\sin\left(\frac{1}{3}\arccos\left(-\frac{\sqrt{7}}{14}\right)\right)\right]}{6}$$

证法 1(张云勇)　因为

$$\cos\frac{2\pi}{7}+\cos\frac{4\pi}{7}+\cos\frac{6\pi}{7}=-\frac{1}{2}$$

$$\cos\frac{2\pi}{7}\cos\frac{4\pi}{7}+\cos\frac{2\pi}{7}\cos\frac{6\pi}{7}+\cos\frac{4\pi}{7}\cos\frac{6\pi}{7}=-\frac{1}{2}$$

$$\cos\frac{2\pi}{7}\cos\frac{4\pi}{7}\cos\frac{6\pi}{7}=\frac{1}{8}$$

所以 $\cos\frac{2\pi}{7},\cos\frac{4\pi}{7},\cos\frac{6\pi}{7}$ 为三次方程 $8x^3+4x^2-4x-1=0$ 的三个根,其中 $a=8,b=4,c=-4,d=-1$. 故由盛金公式可知

$$A=b^2-3ac=112,B=bc-9ad=56$$

$$C=c^2-3bd=28$$

进而

$$\Delta=B^2-4AC=56^2-4\times 112\times 28=-3\times 56^2<0$$

于是

$$T=\frac{2Ab-3aB}{2A\sqrt{A}}=-\frac{\sqrt{7}}{14}$$

因而

$$\theta=\arccos\left(-\frac{\sqrt{7}}{14}\right)$$

因此

$$x_1=\frac{-b-2\sqrt{A}\cos\frac{\theta}{3}}{3a}$$

$$= \frac{-1-2\sqrt{7}\cos\left(\frac{1}{3}\arccos\left(-\frac{\sqrt{7}}{14}\right)\right)}{6}$$

$$x_{2,3} = \frac{-b+\sqrt{A}\left(\cos\frac{\theta}{3}\pm\sqrt{3}\sin\frac{\theta}{3}\right)}{3a}$$

$$= \frac{-1+\sqrt{7}\left[\cos\left(\frac{1}{3}\arccos\left(-\frac{\sqrt{7}}{14}\right)\right)\pm\sqrt{3}\sin\left(\frac{1}{3}\arccos\left(-\frac{\sqrt{7}}{14}\right)\right)\right]}{6}$$

得证.

证法 2(邓朝发)　先记

$$A = \cos\frac{2\pi}{7}+\cos\frac{4\pi}{7}+\cos\frac{6\pi}{7}$$

$$B = \cos\frac{2\pi}{7}\cos\frac{4\pi}{7}\cos\frac{6\pi}{7}$$

$$C = \cos\frac{2\pi}{7}\cos\frac{4\pi}{7}+\cos\frac{6\pi}{7}\cos\frac{4\pi}{7}+\cos\frac{2\pi}{7}\cos\frac{6\pi}{7}$$

(1) 首先考虑 $A=\cos\frac{2\pi}{7}+\cos\frac{4\pi}{7}+\cos\frac{6\pi}{7}$. 容易知

$$2\sin\frac{2\pi}{7}\cdot A = 2\sin\frac{2\pi}{7}\left(\cos\frac{2\pi}{7}+\cos\frac{4\pi}{7}+\cos\frac{6\pi}{7}\right)$$

则

$$2\sin\frac{2\pi}{7}\cdot A$$

$$=\sin\frac{4\pi}{7}+\sin\frac{6\pi}{7}-\sin\frac{2\pi}{7}+\sin\frac{8\pi}{7}-\sin\frac{4\pi}{7}$$

故

$$A = -\frac{1}{2}$$

(2) 其次考虑 $B=\cos\frac{2\pi}{7}\cos\frac{4\pi}{7}\cos\frac{6\pi}{7}$. 不难知

$$
\begin{aligned}
B &= \cos\frac{2\pi}{7}\cos\frac{4\pi}{7}\cos\frac{6\pi}{7} \\
&= -\cos\frac{\pi}{7}\cos\frac{2\pi}{7}\cos\frac{4\pi}{7} \\
&= -\frac{2\sin\frac{\pi}{7}\cos\frac{\pi}{7}\cos\frac{2\pi}{7}\cos\frac{4\pi}{7}}{2\sin\frac{\pi}{7}} \\
&= -\frac{\sin\frac{8\pi}{7}}{2^3\sin\frac{\pi}{7}} = \frac{1}{8}
\end{aligned}
$$

（3）最后考虑

$$
C = \cos\frac{2\pi}{7}\cos\frac{4\pi}{7} + \cos\frac{6\pi}{7}\cos\frac{4\pi}{7} + \cos\frac{2\pi}{7}\cos\frac{6\pi}{7}
$$

不难发现

$$
C = \frac{A^2 - \cos^2\frac{2\pi}{7} - \cos^2\frac{4\pi}{7} - \cos^2\frac{6\pi}{7}}{2}
$$

考虑到

$$
\begin{aligned}
&\cos^2\frac{2\pi}{7} + \cos^2\frac{4\pi}{7} + \cos^2\frac{6\pi}{7} \\
&= \frac{3 + \cos\frac{4\pi}{7} + \cos\frac{8\pi}{7} + \cos\frac{12\pi}{7}}{2} \\
&= \frac{3 + \cos\frac{4\pi}{7} + \cos\frac{6\pi}{7} + \cos\frac{2\pi}{7}}{2} \\
&= \frac{5}{4}
\end{aligned}
$$

从而 $C = -\frac{1}{2}$.

记$\left(2\cos\frac{2\pi}{7},2\cos\frac{4\pi}{7},2\cos\frac{6\pi}{7}\right)\rightarrow(x_1,x_2,x_3)$.

综上所述,可知x_1,x_2,x_3是一元三次方程$x^3+x^2-2x-1=0$的三个不同的根.

(4) 为了最终解决上述方程,下面介绍盛金公式,此处作为一个引理:

一般地,对于一元三次方程$ax^3+bx^2+cx+d=0$,记

$$\begin{cases}A=b^2-3ac\\B=bc-9ad\\C=c^2-3bd\end{cases}$$

则当$\Delta=B^2-4AC<0$时,此方程必有三个不同的实根,且它们是

$$x_1=\frac{-b-2\sqrt{A}\cos\frac{\theta}{3}}{3a}$$

$$x_{2,3}=\frac{-b+\sqrt{A}\left(\cos\frac{\theta}{3}\pm\sqrt{3}\sin\frac{\theta}{3}\right)}{3a}$$

其中$\theta=\arccos T,T=\frac{2Ab-3aB}{2\sqrt{A^3}}(A>0,-1<T<1)$.

按照以上公式:对于方程$x^3+x^2-2x-1=0$,有

$$a=1,b=1,c=-2,d=-1$$

从而

$$\begin{cases}A=7\\B=7\\C=7\end{cases}$$

且

$$T=-\frac{\sqrt{7}}{14}$$

故

$$x_1=\frac{-1-2\sqrt{7}\cos\left(\arccos\left(-\frac{\sqrt{7}}{14}\right)\right)}{3}$$

$$x_{2,3}=\frac{-1+\sqrt{7}\left[\cos\left(\arccos\left(-\frac{\sqrt{7}}{14}\right)\right)\pm\sqrt{3}\sin\left(\arccos\left(-\frac{\sqrt{7}}{14}\right)\right)\right]}{3}$$

又

$$\cos\frac{2\pi}{7}>0>\cos\frac{4\pi}{7}>\cos\frac{6\pi}{7}$$

从而

$$\cos\frac{6\pi}{7}=\frac{-1-2\sqrt{7}\cos\left(\arccos\left(-\frac{\sqrt{7}}{14}\right)\right)}{6}$$

$$\cos\frac{4\pi}{7}=\frac{-1+\sqrt{7}\left[\cos\left(\arccos\left(-\frac{\sqrt{7}}{14}\right)\right)-\sqrt{3}\sin\left(\arccos\left(-\frac{\sqrt{7}}{14}\right)\right)\right]}{6}$$

$$\cos\frac{2\pi}{7}=\frac{-1+\sqrt{7}\left[\cos\left(\arccos\left(-\frac{\sqrt{7}}{14}\right)\right)+\sqrt{3}\sin\left(\arccos\left(-\frac{\sqrt{7}}{14}\right)\right)\right]}{6}$$

证毕！

对于 $\cos\frac{2\pi}{7},\cos\frac{4\pi}{7},\cos\frac{6\pi}{7}$ 这三个值,人们又编出类似于拉马努金恒等式的题目.

题目 15 求 $\sqrt[3]{\cos\frac{2\pi}{7}}+\sqrt[3]{\cos\frac{4\pi}{7}}+\sqrt[3]{\cos\frac{6\pi}{7}}$ 的值.

解 令 $\sqrt[3]{\cos\frac{2\pi}{7}}=a,\sqrt[3]{\cos\frac{4\pi}{7}}=b,\sqrt[3]{\cos\frac{6\pi}{7}}=c.$

记 $\omega=\mathrm{e}^{\frac{2\pi \mathrm{i}}{7}}$,则 $\omega\neq 1,\omega^7=1$.

由

$$\begin{aligned}0&=\frac{1-\omega^7}{1-\omega}\\&=1+\omega+\omega^2+\omega^3+\omega^4+\omega^5+\omega^6\\&=1+2\left(\cos\frac{2\pi}{7}+\cos\frac{4\pi}{7}+\cos\frac{6\pi}{7}\right)\end{aligned}$$

可知

$$\cos\frac{2\pi}{7}+\cos\frac{4\pi}{7}+\cos\frac{6\pi}{7}=-\frac{1}{2}$$

故

$$a^3+b^3+c^3=-\frac{1}{2}$$

$$\begin{aligned}&a^3b^3+b^3c^3+c^3a^3\\=&\cos\frac{2\pi}{7}\cos\frac{4\pi}{7}+\cos\frac{4\pi}{7}\cos\frac{6\pi}{7}+\cos\frac{6\pi}{7}\cos\frac{2\pi}{7}\\=&\frac{1}{2}\left(\cos\frac{2\pi}{7}+\cos\frac{6\pi}{7}+\cos\frac{2\pi}{7}+\cos\frac{10\pi}{7}+\cos\frac{4\pi}{7}+\cos\frac{8\pi}{7}\right)\\=&-\frac{1}{2}\end{aligned}$$

$$a^3b^3c^3=\cos\frac{2\pi}{7}\cdot\cos\frac{4\pi}{7}\cdot\cos\frac{8\pi}{7}$$

$$=\frac{\sin\frac{16\pi}{7}}{8\sin\frac{2\pi}{7}}=\frac{1}{8}$$

可知

$$abc=\frac{1}{2}$$

令 $u=a+b+c, v=ab+bc+ca$.

注意到

$$\begin{aligned}-2&=a^3+b^3+c^3-3abc\\&=(a+b+c)[(a+b+c)^2-3(ab+bc+ca)]\\&=u^3-3uv\end{aligned}$$

故

$$v=\frac{u^3+2}{3u}$$

可推出

$$\begin{aligned}-\frac{5}{4}&=(ab)^3+(bc)^3+(ca)^3-3ab\cdot bc\cdot ca\\&=(ab+bc+ca)[(ab+bc+ca)^2-3abc(a+b+c)]\\&=v\left(v^2-\frac{3}{2}u\right)\end{aligned}$$

$$4v^3-6uv+5=0$$

$$4\left(\frac{u^3+2}{3u}\right)^3-6u\left(\frac{u^3+2}{3u}\right)+5=0$$

$$4(u^3+2)^3-2\times27u^3(u^3+2)+135u^3=0$$

令 $u^3=t$，则

$$4(t+2)^3-54t(t+2)+135t=0$$

$$4t^3-30t^2+75t+32=0$$

$$8t^3-60t^2+150t+64=0$$

$$(2t-5)^3=-189=-7\times 3^3$$

可知

$$t=\frac{5-3\sqrt[3]{7}}{2}$$

因此

$$u=\sqrt[3]{\frac{5-3\sqrt[3]{7}}{2}}$$

另一个恒等式可以参考阳友雄写的一篇博文“印度天才数学家拉马努金(拉马努金恒等式)”.

2013 年 11 月 4 日恒大赛前发布的第一张海报主题为“11 月 9 日我们共同解答,冠军终归这里”,用两个恒等式代表恒大与首尔第二回合比分,其中代表恒大的比分叫拉马努金恒等式,代表首尔的是欧拉(Euler) 公式,寓意为比分是 3∶0.

拉马努金恒等式是以印度数学家拉马努金命名的,这位生于 19 世纪的天才一生沉迷于数学研究,在椭圆函数、超几何函数、发散级数、堆垒数上都有杰出贡献.哈代认为比希尔伯特天分还高的数学家要不是身体不好英年早逝(数学家大都犯这个毛病),拉马努金的成就远不止这些.拉马努金是亚洲第一位英国皇家学会外籍院士,印度第一位剑桥大学三一学院院士.

如果说《美丽心灵》中的纳什是百年一出的天才,那么拉马努金就是千年才出一个的数学天才,他是20世纪最传奇的数学家之一,他独立发现了近3 900个数学公式和命题,虽然他几乎没受过正规的高等数学教育,却能凭直觉写出不平凡的定理和公式,且往往被证明是对的,他留给世人的笔记引发了后来的大量研究.拉马努金的数学笔记启发了好几个菲尔兹(Fields)奖获得者一生的研究成就,比利时数学家德利涅(V. Deligne)于1973年证明了拉马努金1916年提出的一个猜想,便因此获得了1978年的菲尔兹奖(数学领域中的最高奖项).

拉马努金最厉害的地方在于他能从无数学基础构造了数学系统,早年被哈代忽视就是因为这位把自己的"成果"——早已经证明过的定理寄给他被他当成是在开玩笑.数学领域最厉害的不是会做题,而是会用以前没见过的方法做题.

1920年4月26日印度数学奇才拉马努金去世,享年33岁,剑桥大学的大数学家哈代(华罗庚的老师)听到这一消息时失声痛哭,他在三一学院追悼会上说"拉马努金的去世,是我生命中最不可承受之痛".

印度人在纪念拉马努金时,把他和圣雄甘地(M. Gandhi)、诗人泰戈尔(R. Tagore)等人一道称作"印度之子",千禧年时,《时代周刊》选出了100位20世纪最具影响力的人物,唯一入选的哲学家便是维特根斯坦(Wittgenstein),而拉马努金则被称赞为

一千年来印度最伟大的数学家.

拉马努金曾说“如果一个公式不能代表神的旨意,那么对他来说就分文不值.”像拉马努金这样的天才,也许正是上帝送给人类的礼物,生年有数,而知识无涯,真理永恒,而正因如此,才要燃烧一生去捕捉永恒的浮光掠影.

欧拉公式则是数学中最令人着迷的一个公式,它将数学中最重要的几个数联系到了一起,两个超越数(自然对数的底 e,圆周率 π),两个单位(虚数的单位 i 和自然数的单位 1),以及数学里常见的 0.数学家们评价它是“上帝创造的公式”.

下面对前文提到的海报进行一点解读

$$
\begin{aligned}
3 &= \sqrt{1+2\times 4} \\
&= \sqrt{1+2\sqrt{1+3\times 5}} \\
&= \sqrt{1+2\sqrt{1+3\sqrt{1+4\times 6}}} \\
&= \sqrt{1+2\sqrt{1+3\sqrt{1+4\sqrt{1+5\times 7}}}} \\
&= \sqrt{1+2\sqrt{1+3\sqrt{1+4\sqrt{1+5\sqrt{1+6\times 8}}}}} \\
&= \cdots
\end{aligned}
$$

其本质就是反复利用平方差公式把一个数展开成一个开方

$$n=\sqrt{1+(n-1)(n+1)}$$

$$n+1=\sqrt{1+n(n+2)}$$

$$n+2=\sqrt{1+(n+1)(n+3)}$$

拉马努金恒等式

$$\sqrt{1+x\sqrt{1+(x+1)\sqrt{1+(x+2)\sqrt{1+(x+3)\sqrt{1+\cdots}}}}}$$
$$=x+1$$

当 $x\geqslant -1$ 时,反复利用

$$(x+n)=\sqrt{1+(x+n-1)(x+n+1)}$$

可得

$$x+1$$
$$=\sqrt{1+x(x+2)}$$
$$=\sqrt{1+x\sqrt{1+(x+1)(x+3)}}$$
$$=\sqrt{1+x\sqrt{1+(x+1)\sqrt{1+(x+2)(x+4)}}}$$
$$=\sqrt{1+x\sqrt{1+(x+1)\sqrt{1+(x+2)\sqrt{1+(x+3)(x+5)}}}}$$
$$=\sqrt{1+x\sqrt{1+(x+1)\sqrt{1+(x+2)\sqrt{1+(x+3)\sqrt{1+\cdots}}}}}$$

在上式中令 $x=2$,即得

$$\sqrt{1+2\sqrt{1+3\sqrt{1+4\sqrt{1+\cdots}}}}=2+1=3$$

这篇博文从科普的角度来看很精彩,但因其中对花絮介绍过多,反而对我们所关注的主题拉马努金恒等式着墨不多.幸好几乎同时在网络上还流传着一部《kuing 网络习题集》,其中有详细介绍.

在网上搜索了一下,链接http://zhidao.baidu.com/question/399527225.htm 里有这样的一个证明

$$3=\sqrt{1+8}$$

$$=\sqrt{1+2\sqrt{1+3\times 5}}$$

$$=\sqrt{1+2\sqrt{1+3\sqrt{1+4\times 6}}}$$

$$=\sqrt{1+2\sqrt{1+3\sqrt{1+4\sqrt{1+5\times 7}}}}$$

$$=\cdots$$

依此类推,得到拉马努金恒等式.

看上去这个证明好像没什么问题,而且挺有型,不过仔细想想,还是觉得有点……不知怎么说,总觉得还差点东西,主要就是最后的那个数的问题.

总之还是不太放心这个证明,决定还是动手证一下.既然也知道结果了,而且又是层层根号,不如就来个"无敌有理化"吧!

记

$$a_1=1$$

$$a_2=\sqrt{1+2}$$

$$a_3=\sqrt{1+2\sqrt{1+3}}$$

$$a_4=\sqrt{1+2\sqrt{1+3\sqrt{1+4}}}$$

$$\vdots$$

$$a_n=\sqrt{1+2\sqrt{1+3\sqrt{1+4\sqrt{1+\cdots+(n-2)\sqrt{1+(n-1)\sqrt{1+n}}}}}}$$

则原题就是求$\lim\limits_{n\to\infty} a_n$.

为有理化作准备,再记

$$b_1=a_n$$

$$b_2=\sqrt{1+3\sqrt{1+4\sqrt{1+\cdots+(n-2)\sqrt{1+(n-1)\sqrt{1+n}}}}}$$

$$b_3=\sqrt{1+4\sqrt{1+\cdots+(n-2)\sqrt{1+(n-1)\sqrt{1+n}}}}$$

$$\vdots$$

$$b_{n-2}=\sqrt{1+(n-1)\sqrt{1+n}}$$

$$b_{n-1}=\sqrt{1+n}$$

那么对于任意满足$1\leqslant k\leqslant n-2$的正整数$k$，有

$$\begin{aligned}b_k^2-(k+2)^2&=1+(k+1)b_{k+1}-(k+2)^2\\&=(k+1)[b_{k+1}-(k+3)]\\&=(k+1)\cdot\frac{b_{k+1}^2-(k+3)^2}{b_{k+1}+k+3}\end{aligned}$$

于是

$$\begin{aligned}a_n-3&=\frac{b_1^2-3^2}{b_1+3}\\&=2\cdot\frac{b_2^2-4^2}{(b_1+3)(b_2+4)}\\&=2\cdot 3\cdot\frac{b_3^2-5^2}{(b_1+3)(b_2+4)(b_3+5)}\\&=\cdots\\&=(n-1)!\cdot\frac{b_{n-1}^2-(n+1)^2}{(b_1+3)(b_2+4)(b_3+5)\cdots(b_{n-1}+n+1)}\\&=\frac{-(n+1)!}{(b_1+3)(b_2+4)(b_3+5)\cdots(b_{n-1}+n+1)}\end{aligned}$$

因为各b_i都大于1，所以

$$\begin{aligned}|a_n-3|&=\frac{(n+1)!}{(b_1+3)(b_2+4)(b_3+5)\cdots(b_{n-1}+n+1)}\\&<\frac{(n+1)!}{(1+3)(1+4)(1+5)\cdots(1+n+1)}\\&=\frac{6}{n+2}\end{aligned}$$

这样，当 $n \to \infty$ 时，就自然有

$$\lim_{n\to\infty} a_n = 3$$

注　中间的过程其实就是不断地有理化，将所有的根号去掉，只不过很不方便表达，所以才引入那些 b_i. 这种证法至少有一个好处，就是得到了一个不等式

$$3 > a_n > 3 - \frac{6}{n+2}$$

其实在初等数学领域叫拉马努金恒等式的式子有很多，有些可能你并不熟知，但一旦你了解了之后，对你解题来讲无疑等于掌握了一件秘密武器，比如下面这类题目：

题目 16　(2012 年世界数学团体锦标赛(少年组团体赛)试题)已知 $x+y+z=3, x^2+y^2+z^2=7, x^3+y^3+z^3=12$，求 x,y,z 的值.

解　构造数列 $d_n = x^n + y^n + z^n (n \in \mathbf{N})$，则

$$d_0 = 3, d_1 = 3, d_2 = 7, d_3 = 12$$

不难求得

$$xy + yz + zx = 1$$

故

$$\begin{aligned} d_{n+3} &= (x+y+z)d_{n+2} - (xy+yz+zx)d_{n+1} + xyzd_n \\ &= 3d_{n+2} - d_{n+1} + xyzd_n \end{aligned}$$

因而

$$d_3 = 3d_2 - d_1 + xyzd_0$$

即

$$12 = 3 \times 7 - 3 + 3xyz$$

因此

$$xyz=-2$$

题目 17 (2013 年世界数学团体锦标赛(少年组团体赛)试题)已知 $a+b+c=0,a^2+b^2+c^2=3$,求 $a^4+b^4+c^4$ 的值.

解 构造数列 $d_n=a^n+b^n+c^n$,则

$$d_1=0,d_2=3$$

不难求得

$$ab+bc+ca=-\frac{3}{2}$$

当 a,b,c 互不相等时

$$d_{n+3}=(a+b+c)d_{n+2}-(ab+bc+ca)d_{n+1}+abcd_n$$

取 $n=1$,则

$$a^4+b^4+c^4=d_4=\frac{3}{2}d_2+abcd_1$$

$$=\frac{3}{2}\times 3+0=\frac{9}{2}$$

按照这个思路,读者还可以考虑如下 2011 年世界数学团体锦标赛(少年组团体赛)试题:

题目 18 已知 $x,y,z\in\mathbf{R}$,且 $x+y=x^3+y^3=x^5+y^5=t$,求 t 的可能值.

题目 19 求满足下列关系式的两两不同的自然数 p,q,r,p_1,q_1,r_1:$p^2+q^2+r^2=p_1^2+q_1^2+r_1^2$ 且 $p^4+q^4+r^4=p_1^4+q_1^4+r_1^4$.

解 先建立三个引理.

引理 1 设多项式 x^3+px+q 的根是 x_1,x_2,x_3,对于 $n=1,2,\cdots,10$,计算 $s_n=x_1^n+x_2^n+x_3^n$.

解 等式 $x_i^{n+3}+px_i^{n+1}+qx_i^n=0$ 表明递推关系 $s_{n+3}+ps_{n+1}+qs_n=0$ 成立.同样显然有 $s_0=3$ 与 $s_1=0$.

此外，$s_{-1}=\frac{1}{x_1}+\frac{1}{x_2}+\frac{1}{x_3}=\frac{x_2x_3+x_1x_3+x_1x_2}{x_1x_2x_3}=-\frac{p}{q}$. 现在可以利用已知的值 s_{-1},s_0,s_1 与递推关系计算 s_n. 结果得到 $s_2=-2p$，$s_3=-3q$，$s_4=2p^2$，$s_5=5pq$，$s_6=-2p^3+3q^2$，$s_7=-7p^2q$，$s_8=2p^4-8pq^2$，$s_9=9p^3q-3q^3$，$s_{10}=-2p^5+15p^2q^2$.

引理 2　设 $x_1=b+c+d$，$x_2=-(a+b+c)$，$x_3=a-d$，$y_1=a+c+d$，$y_2=-(a+b+d)$，$y_3=b-c$. 再设 $t^3+p_1t+q_1$ 的根是 x_1,x_2,x_3，$t^3+p_2t+q_2$ 的根是 y_1,y_2,y_3. 证明：当且仅当 $ad=bc$ 时，$p_1=p_2$.

证明　显然有

$$\begin{aligned}p_1&=x_1x_2+(x_1+x_2)x_3\\&=x_1x_2-x_3^2\\&=-(b+c+d)(a+b+c)-(d-a)^2\end{aligned}$$

且

$$p_2=-(a+c+d)(a+b+d)-(b-c)^2$$

因此

$$p_1-p_2=3(ad-bc)$$

引理 3　设 $f_{2n}=(b+c+d)^{2n}+(a+b+c)^{2n}+(a-d)^{2n}-(a+c+d)^{2n}-(a+b+d)^{2n}-(b-c)^{2n}$，并且 $ad=bc$. 证明：$f_2=f_4=0$ 且 $64f_6f_{10}=45f_8^2$（拉马努金恒等式）.

证明　正如引理 2 的条件那样，我们来确定数 x_1,x_2,x_3,y_1,y_2,y_3 与多项式 $t^3+p_1t+q_1$ 及 $t^3+p_2t+q_2$. 根据这个问题，因为 $ad=bc$，所以 $p_1=p_2$. 设 $p_1=p_2=p$.

令 $s_n=x_1^n+x_2^n+x_3^n$，$s'_n=y_1^n+y_2^n+y_3^n$，这时

$f_{2n}=s_{2n}-s'_{2n}$. 在引理 1 中，我们已对 $n\leqslant 10$ 的 s_n 得出表达式. 利用这些表达式，数 s_2 与 s_4 只依赖于 p，因此 $f_2=f_4=0$. 于是，$f_6=3(q_1^2-q_2^2)$，$f_8=8p(q_2^2-q_1^2)$ 且 $f_{10}=15p^2(q_1^2-q_2^2)$. 因此

$$64f_6f_{10}=45(8p(q_1^2-q_2^2))^2=45f_8^2$$

回到题目 19，利用引理 3 的拉马努金恒等式 $f_2=f_4=0$，设 $a=1,b=2,c=3,d=6$ 得到所要求的数组：11，6，5 与 10，9，1.

对于拉马努金的其他结论大多涉及高等数学了，也举两个简单的例子：

题目 20 求

$$\frac{2}{3^3-3}+2\left(\frac{2}{6^3-6}+\frac{2}{9^3-9}+\frac{2}{12^3-12}\right)+$$
$$3\left(\frac{2}{15^3-15}+\cdots+\frac{2}{39^3-39}\right)+$$
$$4\left(\frac{2}{42^3-42}+\cdots+\frac{2}{120^3-120}\right)+\cdots$$

解 本题其实是拉马努金定义的某个奇形怪状的函数的特例.

单项的裂项方法

$$\begin{aligned}\frac{2}{(3m)^3-3m}&=\frac{1}{3m-1}+\frac{1}{3m+1}-\frac{2}{3m}\\&=\frac{1}{3m-1}+\frac{1}{3m}+\frac{1}{3m+1}-\frac{1}{m}\end{aligned}$$

一个括号的整理结果

$$n\left(\frac{2}{\left(3\times\frac{3^{n-1}+1}{2}\right)^3-3\times\frac{3^{n-1}+1}{2}}+\cdots+\right.$$
$$\left.\frac{2}{\left(3\times\frac{3^n-1}{2}\right)^3-3\times\frac{3^n-1}{2}}\right)$$

$$=\left(n\sum_{k=\frac{3^n+1}{2}}^{\frac{3^{n+1}-1}{2}}\frac{1}{k}\right)-\left(n\sum_{k=\frac{3^{n-1}+1}{2}}^{\frac{3^n-1}{2}}\frac{1}{k}\right)$$

整个算式的整理结果

$$\lim_{n\to\infty}\left[\left(n\sum_{k=\frac{3^n+1}{2}}^{\frac{3^{n+1}-1}{2}}\frac{1}{k}\right)-\left(\sum_{k=1}^{\frac{3^n-1}{2}}\frac{1}{k}\right)\right]$$

$$=\lim_{n\to\infty}\left(n\ln 3-c+\ln\frac{3^n-1}{2}\right)$$

$$=\ln 2-c$$

其中 c 是欧拉常数.

题目 21　求证:关于 z 的无穷级数 $\sum_{n=-\infty}^{+\infty}q^{n^2}z^n$ 是如下三个无穷乘积的乘积,即

$$(1-q^2)(1-q^4)(1-q^6)(1-q^8)\cdots$$

$$(1+zq)(1+zq^3)(1+zq^5)(1+zq^7)\cdots$$

$$\left(1+\frac{q}{z}\right)\left(1+\frac{q^3}{z}\right)\left(1+\frac{q^5}{z}\right)\left(1+\frac{q^7}{z}\right)\cdots$$

其中 $|q|<1$.

证明　这是雅可比(Jacobi)三重积的一个特例,也是加法数论中的一个重要等式.我们仍然不必关注其敛散性.在《哈代数论》第 19 章第 5 节中,欧拉用引入第二参数的方法证明了这类等式.这个三重积等式本来就是两个参数,所以也能用类似的方法处理.此处不想引入 q 序列的通用表达符号,写出乘积前几项再来个省略号显得直观些.

设 $f(z)=\sum_{n=-\infty}^{+\infty}q^{n^2}z^n$,三重积

$$g(z)=\sum_{n=-\infty}^{+\infty}a_n(q)z^n$$

由于

$$q^{(n+1)^2}z^{n+1}=q^{n^2}z^n\cdot q^{2n+1}\cdot z=q^{n^2}(zq^2)^n zq$$

有

$$f(z)=zqf(zq^2)$$

显然 $g(z)$ 也有此性质,则

$$\sum_{n=-\infty}^{+\infty}a_n(q)z^n=\sum_{n=-\infty}^{+\infty}q^{2n+1}a_n(q)z^{n+1}$$

$$\Rightarrow a_{n+1}(q)=q^{2n+1}a_n(q)$$

所以 $a_0(q)f(z)=g(z)$. 为了证明 $f(z)=g(z)$,我们只需证明 $a_0(q)=1$.

将 $z=-q,-qe^{\frac{2\pi i}{3}},-qe^{\frac{4\pi i}{3}}$ 代入 $a_0(q)f(z)=g(z)$,得到

$$a_0(q)\sum_{n=-\infty}^{+\infty}(-1)^nq^{n^2+n}=0$$

$$a_0(q)\sum_{n=-\infty}^{+\infty}(-1)^nq^{n^2+n}e^{\frac{2n\pi i}{3}}$$
$$=(1-e^{\frac{4\pi i}{3}})(1-q^6)(1-q^{12})(1-q^{18})\cdots$$

$$a_0(q)\sum_{n=-\infty}^{+\infty}(-1)^nq^{n^2+n}e^{\frac{4n\pi i}{3}}$$
$$=(1-e^{\frac{2\pi i}{3}})(1-q^6)(1-q^{12})(1-q^{18})\cdots$$

关于拉马努金恒等式,Michael D. Hirschhorn 曾写过一篇评论,题为“拉马努金的‘最漂亮的恒等式’”.

在拉马努金提出的大约 4 000 个恒等式中,哈代选出一个,称其为拉马努金的“最漂亮的恒等式”. 下面将展示并证明这个恒等式.

遵从欧拉,我们把一个正整数 n 的分拆定义为 n 表示为正整数之和的形式,这些正

整数的次序在和式中是不重要的. 4 的分拆即为 $4=3+1=2+2=2+1+1=1+1+1+1$. 把 n 的分拆的数目表示为 $p(n)$，这样，$p(4)=5$. 为方便起见，我们定义 $p(0)=1$.

欧拉证明了：分拆母函数

$$p(q)=\sum_{n\geqslant 0}p(n)q^n$$
$$=1+q+2q^2+3q^3+5q^4+\cdots$$

满足

$$p(q)=\frac{1}{(q;q)_\infty}$$

其中

$$(a;q)_\infty=\prod_{n\geqslant 0}(1-aq^n)$$

他亦证明了

$$(q;q)_\infty=1-q-q^2+q^5+q^7-q^{12}-q^{15}+\cdots$$

右边级数中，交错地具有系数 -1 和 1 的项都成对出现. 这些项的幂，1，2，5，7，12，15，…，通称为五边形数，并且欧拉的上述展开式被称为五边形数定理. 生成五边形数的最简单的方法如下.

考虑三角形数 1，1+2，1+2+3，继续下去，即有

1，3，6，10，15，21，28，36，45，55，66，78，…

其中每 3 个相邻的数中，都有两个数可以被 3 整除. 如果用 3 除这些被 3 整除的数，我们就得到了五边形数！

1881 年富兰克林(F. Franklin) 对欧拉五边形数定理给出了一个漂亮的组合证明，

哈代和赖特(Wright)重新得到了这个证明.

欧拉五边形数定理是雅可比三重积恒等式

$$\begin{aligned}&(a^{-1}q;q^3)_\infty(aq^2;q^3)_\infty(q^3;q^3)_\infty\\&=1-a^{-1}q-aq^2+a^{-2}q^5+\\&\quad a^2q^7-a^{-3}q^{12}-a^3q^{15}+\cdots\end{aligned}$$

当 $a=1$ 时的特殊形式.后文的补充中给出了三重积恒等式的一个证明.此外,这里所提到的也是重要的,即拉马努金发现了三重积恒等式的一个奇妙而强有力的推广.

言归正传:我们有“分拆母函数是级数 $1-q-q^2+q^5+q^7-\cdots$ 的倒数”,这蕴含着

$$p(0)=1$$

$$p(1)-p(0)=0$$

$$p(2)-p(1)-p(0)=0$$

$$p(3)-p(2)-p(1)=0$$

并且,更一般地,对 $n>0$,有

$$p(n)-p(n-1)-p(n-2)+p(n-5)+p(n-7)-\cdots=0$$

这里,我们认出了正、负号与数字 1,2,5,7,… 的模式.对每一个 n,等式左侧的和都只有有限项,因为所有自变量为负的项都为 0.

哈代和拉马努金在剑桥的同事麦克马洪(P. MacMahon)利用上述递推关系计算了 $n\leqslant 200$ 时的 $p(n)$,幸运地列出了以五个为一组的 $p(n)$ 的值

1	7	42	176	627	1 958	…
1	11	56	231	792	2 436	…
2	15	77	297	1 002	3 010	…
3	22	101	385	1 255	3 718	…
5	30	135	490	1 575	4 565	…

拉马努金注意到每组底部的数均可被5整除，即$5\mid p(5n+4)$.他还注意到$7\mid p(7n+5)$，$11\mid p(11n+6)$，并且，基于麦克马洪的列表所提供的很少量的证据，拉马努金提出了一个十分普遍的猜想，这个猜想是基本正确的.1967年阿特金(Oliver Atkin)完成了这个猜想的证明.

拉马努金所做的远多于证明了$5\mid p(5n+4)$.我们可以写出$p(5n+4)$的母函数

$$\sum_{n\geqslant 0} p(5n+4)q^n$$
$$=5+30q+135q^2+490q^3+1\,575q^4+4\,565q^5+\cdots$$

拉马努金断言，此级数可以写成一个纯粹的乘积

$$\sum_{n\geqslant 0} p(5n+4)q^n=5\,\frac{(q^5;q^5)_\infty^5}{(q;q)_\infty^6} \tag{1}$$

哈代评价式(1)："很难再找到比'罗杰斯(Rogers)－拉马努金'恒等式更漂亮的公式了，但在这之中拉马努金的地位逊于罗杰斯.如果要我从拉马努金的全部成果中选出一个公式，我会同意麦克马洪的选择而选式(1)."因而，我们把式(1)叫作"拉马努金的'最漂亮的恒等式'".

简单地说，式(1) 说明，如果 $\frac{1}{(q;q)_\infty}=\sum_{n\geqslant 0}p(n)q^n$，那么

$$\sum_{n\geqslant 0}p(5n+4)q^n=5\frac{(q^5;q^5)_\infty^5}{(q;q)_\infty^6}$$

注意，此公式不要求对 $p(n)$ 做出组合解释，这个表述可被视为纯代数的.

我们的目的是对精彩的恒等式(1) 概述一个证明.

我们用 $\omega(\omega\neq 1)$ 表示 1 的一个 5 次根，则我们可以写为

$$\begin{aligned}&\frac{1}{(q;q)_\infty}\\&=\frac{(\omega q;\omega q)_\infty(\omega^2q;\omega^2q)_\infty(\omega^3q;\omega^3q)_\infty(\omega^4q;\omega^4q)_\infty}{(q;q)_\infty(\omega q;\omega q)_\infty(\omega^2q;\omega^2q)_\infty(\omega^3q;\omega^3q)_\infty(\omega^4q;\omega^4q)_\infty}\end{aligned} \tag{2}$$

式(2) 右端的分母为

$$\begin{aligned}&\prod_{n\geqslant 1}(1-q^n)(1-\omega^nq^n)(1-\omega^{2n}q^{2n})\cdot\\&(1-\omega^{3n}q^{3n})(1-\omega^{4n}q^{4n})\\&=\prod_{5\mid n}(1-q^n)^5\cdot\prod_{5\nmid n}(1-q^n)(1-\omega q^n)\cdot\\&(1-\omega^2q^n)(1-\omega^3q^n)(1-\omega^4q^n)\\&=\prod_{n\geqslant 1}(1-q^{5n})^5\cdot\prod_{5\nmid n}(1-q^{5n})\\&=\prod_{n\geqslant 1}(1-q^{5n})^5\cdot\frac{\prod_{n\geqslant 1}(1-q^{5n})}{\prod_{5\nmid n}(1-q^{5n})}\\&=\frac{(q^5;q^5)_\infty^6}{(q^{25};q^{25})_\infty}\end{aligned}$$

而式(2)变为

$$\frac{1}{(q;q)_\infty}=\frac{(\omega q;\omega q)_\infty(\omega^2 q;\omega^2 q)_\infty(\omega^3 q;\omega^3 q)_\infty(\omega^4 q;\omega^4 q)_\infty}{\dfrac{(q^5;q^5)_\infty^6}{(q^{25};q^{25})_\infty}} \tag{3}$$

现在我们来处理式(3)右端的分子. 五边形数模5同余于0,1或者2,因而我们可以写为

$$\begin{aligned}(q;q)_\infty=&(1+q^5-q^{15}-q^{35}-q^{40}-\cdots)-\\&q(1-q^{25}-q^{50}+\cdots)-\\&q^2(1-q^5+q^{10}-q^{20}-q^{55}+\cdots)\end{aligned}$$

拉马努金只是叙述了“可以证明”

$$\begin{aligned}&(q;q)_\infty\\=&\frac{(q^{10};q^{25})_\infty(q^{15};q^{25})_\infty(q^{25};q^{25})_\infty}{(q^5;q^{25})_\infty(q^{20};q^{25})_\infty}-\\&q(q^{25};q^{25})_\infty-\\&q^2\frac{(q^5;q^{25})_\infty(q^{20};q^{25})_\infty(q^{25};q^{25})_\infty}{(q^{10};q^{25})_\infty(q^{15};q^{25})_\infty}\end{aligned} \tag{4}$$

哈代将此看作拉马努金对式(1)证明的一个漏洞,并指出“拉马努金从未给出完整的证明”.

下面是式(4)的一个简单证明. 三重积恒等式可以写成

$$(a^{-1};q)_\infty(aq;q)_\infty(q;q)_\infty=\sum_{n=-\infty}^{+\infty}(-1)^n a^n q^{\frac{n^2+n}{2}}$$

或者

$$(1-a^{-1})(a^{-1}q;q)_\infty(aq;q)_\infty(q;q)_\infty$$

$$=\sum_{n\geqslant 0}(-1)^n(a^n-a^{-n-1})q^{\frac{n^2+n}{2}}$$

如果我们假设 $a\neq 1$，并对上述等式除以 $1-a^{-1}$，那么就得到

$$(a^{-1}q;q)_\infty(aq;q)_\infty(q;q)_\infty$$

$$=\sum_{n\geqslant 0}(-1)^n\left(\frac{a^n-a^{-n-1}}{1-a^{-1}}\right)q^{\frac{n^2+n}{2}}$$

$$=\sum_{n\geqslant 0}(-1)^n\left(\frac{a^{n+\frac{1}{2}}-a^{-n-\frac{1}{2}}}{a^{\frac{1}{2}}-a^{-\frac{1}{2}}}\right)q^{\frac{n^2+n}{2}}$$

如果我们现在令 $a=\mathrm{e}^{2i\theta}$，那么就得到

$$\prod_{n\geqslant 1}(1-2\cos 2\theta q^n+q^{2n})(1-q^n)$$

$$=\sum_{n\geqslant 0}(-1)^n\frac{\sin(2n+1)\theta}{\sin\theta}q^{\frac{n^2+n}{2}}$$

特别地，若 $\theta=\frac{2\pi}{5}$，则

$$\prod_{n\geqslant 1}(1+\alpha q^n+q^{2n})(1-q^n)$$

$$=(q^{10};q^{25})_\infty(q^{15};q^{25})_\infty(q^{25};q^{25})_\infty-\beta q(q^5;q^{25})_\infty(q^{20};q^{25})_\infty(q^{25};q^{25})_\infty \tag{5}$$

而当 $\theta=\frac{\pi}{5}$ 时，有

$$\prod_{n\geqslant 1}(1+\beta q^n+q^{2n})(1-q^n)$$

$$=(q^{10};q^{25})_\infty(q^{15};q^{25})_\infty(q^{25};q^{25})_\infty-\alpha q(q^5;q^{25})_\infty(q^{20};q^{25})_\infty(q^{25};q^{25})_\infty \tag{6}$$

其中 $\alpha=\frac{1+\sqrt{5}}{2}$，$\beta=\frac{1-\sqrt{5}}{2}$，并且我们已经用三重积恒等式对出现的级数求和.

当我们作替换 $\theta=\frac{2\pi}{5}$ 时，经过上述解释知：由三重积恒等式，和式中 $n\equiv 0(\bmod 5)$ 或 $n\equiv -1(\bmod 5)$ 的项为

$$\sum_{m\geqslant 0}(-1)^{5m}\frac{\sin(10m+1)\frac{2\pi}{5}}{\sin\frac{2\pi}{5}}q^{\frac{25m^2+5m}{2}}+$$

$$\sum_{m\geqslant 1}(-1)^{5m-1}\frac{\sin(10m-1)\frac{2\pi}{5}}{\sin\frac{2\pi}{5}}q^{\frac{(5m-1)^2+(5m-1)}{2}}$$

$$=\sum_{m\geqslant 0}(-1)^m q^{\frac{25m^2+5m}{2}}+\sum_{m\geqslant 1}(-1)^m q^{\frac{25m^2-5m}{2}}$$

$$=\sum_{m=-\infty}^{+\infty}(-1)^m q^{\frac{25m^2+5m}{2}}$$

$$=(q^{10};q^{25})_\infty(q^{15};q^{25})_\infty(q^{25};q^{25})_\infty$$

用相同的方法，我们可以对相应于 $n\equiv 1(\bmod 5)$ 与 $n\equiv -2(\bmod 5)$ 的项求和，而相应于 $n\equiv 2(\bmod 5)$ 的项为 0. 这样，我们就得到式(5). 我们可以类似地处理式(6).

若将式(5)与(6)相乘，我们得到

$$\begin{aligned}&(q;q)_\infty(q^5;q^5)_\infty\\&=(q^{10};q^{25})_\infty^2(q^{15};q^{25})_\infty^2(q^{25};q^{25})_\infty^2-\\&\quad q(q^5;q^5)_\infty(q^{25};q^{25})_\infty-\\&\quad q^2(q^5;q^{25})_\infty^2(q^{20};q^{25})_\infty^2(q^{25};q^{25})_\infty^2\end{aligned}$$

并且，如果我们现在除以 $(q^5;q^5)_\infty$，那么就得到拉马努金的结果(4).

现在我们来完成式(1)的证明. 如果我们记

$$a=\frac{(q^{10};q^{25})_\infty(q^{15};q^{25})_\infty}{(q^5;q^{25})_\infty(q^{20};q^{25})_\infty}$$

以及

$$b=\frac{(q^5;q^{25})_\infty(q^{20};q^{25})_\infty}{(q^{10};q^{25})_\infty(q^{15};q^{25})_\infty}=a^{-1}$$

则式(4)变为

$$(q;q)_\infty=(q^{25};q^{25})_\infty(a-q-q^2b)$$

而式(3)右端的分子为

$$\begin{aligned}&(\omega q;\omega q)_\infty(\omega^2q;\omega^2q)_\infty(\omega^3q;\omega^3q)_\infty(\omega^4q;\omega^4q)_\infty\\=&(q^{25};q^{25})_\infty^4(a-\omega q-\omega^2q^2b)\cdot\\&(a-\omega^2q-\omega^4q^2b)\cdot\\&(a-\omega^3q-\omega^6q^2b)(a-\omega^4q-\omega^8q^2b)\\=&(q^{25};q^{25})_\infty^4\cdot\{[a^4-q^5(2ab^2+b)]+\\&q[a^3+q^5(ab^3+b^2)]+\\&q^2[(a^3b+a^2)-q^5b^3]+\\&q^3[(2a^2b+a)+q^5b^4]+\\&q^4(a^2b^2+3ab+1)\}\\=&(q^{25};q^{25})_\infty^4\cdot[(a^4-3q^5b)+q(a^3+2q^5b^2)+\\&q^2(2a^2-q^5b^3)+q^3(3a+q^5b^4)+5q^4]\end{aligned}$$

所以式(3)变为

$$\begin{aligned}&\sum_{n\geqslant 0}p(n)q^n\\=&\frac{(q^{25};q^{25})_\infty^5}{(q^5;q^5)_\infty^6}\cdot[(a^4-3q^5b)+q(a^3+2q^5b^2)+\\&q^2(2a^2-q^5b^3)+q^3(3a+q^5b^4)+5q^4]\end{aligned}$$

如果我们取出那些幂为4(mod 5)的项,那么就得到

$$\sum_{n\geqslant 0}p(5n+4)q^{5n+4}=5q^4\frac{(q^{25};q^{25})_\infty^5}{(q^5;q^5)_\infty^6}$$

或者

$$\sum_{n\geqslant 0} p(5n+4)q^n = 5\,\frac{(q^5;q^5)_\infty^5}{(q;q)_\infty^6}$$

这就是式(1).

补充(三重积恒等式)　我们有

$$(-aq;q^2)_\infty=(1+aq)(-aq^3;q^2)_\infty$$

如果我们记

$$(-aq;q^2)_\infty=\sum_{k\geqslant 0}a^k c_k(q)$$

那么 $c_0(q)=1$,且

$$\sum_{k\geqslant 0}a^k c_k(q)=(1+aq)\sum_{k\geqslant 0}a^k q^{2k}c_k(q)$$

由此即得,对 $k\geqslant 1$,有

$$c_k(q)=q^{2k}c_k(q)+q^{2k-1}c_{k-1}(q)$$

或

$$c_k(q)=\frac{q^{2k-1}}{1-q^{2k}}c_{k-1}(q)$$

因此,若我们记

$$(a;q)_k=(1-a)(1-aq)\cdots(1-aq^{k-1})$$

当 $k\geqslant 1$ 时,$(a;q)_0=1$,则

$$c_k(q)=\frac{q^{k^2}}{(q^2;q^2)_k}$$

以及

$$(-aq;q^2)_\infty=\sum_{k\geqslant 0}\frac{a^k q^{k^2}}{(q^2;q^2)_k}$$

这是欧拉的一个恒等式.

现在,证明

$$(-a^{-1}q;q^2)_n(-aq;q^2)_\infty=\sum_{k=-n}^{\infty}\frac{a^k q^{k^2}}{(q^2;q^2)_{k+n}}$$

就是利用一个简单的归纳法即可.如果我们

现在令 $n\to\infty$,就得到

$$(-a^{-1}q;q^2)_\infty(-aq;q^2)_\infty=\sum_{k=-\infty}^{+\infty}\frac{a^kq^{k^2}}{(q^2;q^2)_\infty}$$

或

$$(-a^{-1}q;q^2)_\infty(-aq;q^2)_\infty(q^2;q^2)_\infty$$
$$=\sum_{k=-\infty}^{+\infty}a^kq^{k^2}$$

此即三重积恒等式.注意,三重积分别在替换 $(a,q)\to(-aq^{\frac{1}{2}},q^{\frac{3}{2}})$ 和 $(a,q)\to(-aq^{\frac{1}{2}},q^{\frac{1}{2}})$ 下可写为等价形式

$$(a^{-1}q;q^3)_\infty(aq^2;q^3)_\infty(q^3;q^3)_\infty$$
$$=\sum_{k=-\infty}^{+\infty}(-1)^ka^kq^{\frac{3k^2+k}{2}}$$

和

$$(a^{-1};q)_\infty(aq;q)_\infty(q;q)_\infty$$
$$=\sum_{k=-\infty}^{+\infty}(-1)^ka^kq^{\frac{k^2+k}{2}}$$

关于拉马努金的成果,还有一本《斯里尼瓦瑟·拉马努金论文集》,由 G. H. Hardy,P. V. Seshu Aiyar 主编,剑桥大学出版社出版,1927 年,共 391 页.

李特伍德(Littlewood) 曾写过一个书评:

拉马努金没有受过大学教育,在无助的条件下在印度做研究,一直做到他二十七岁的时候.他在十六岁时偶然得到一本卡尔(Carr) 的 *Synopsis of Pure Mathematics*(《纯粹数学概要》),它的不朽,相信作者自己几乎做

梦也不曾想到，就是这本书突然唤醒了他的全部活力．要想对这本书做出经得起掂量的判断，研究其内容是不可或缺的．该书对积分学的纯形式方面做了非常完整的叙述，例如，包括帕塞瓦(Parseval)公式、傅里叶(Fourier)累次积分和另外一些"反演公式"，还有一系列只有专家才能认得的公式，这些公式一般都描述成"若$\alpha\beta=\pi^2$，则$f(\alpha)=f(\beta)$"这样的形式．其中还有一节是讲如何把幂级数转换成连分数．拉马努金还以某种方式获得了有关椭圆函数理论的形式方面相当完整的知识(不是在卡尔的书中)．内容不清楚，但是，这个内容和那些能在，比如克里斯托尔(Chrystal)的《代数学》中找到的东西合在一起看来就是他在分析和数论方面的全部装备．至少可以肯定的是，他对当前使用发散级数的工作方法一无所知，不知道二次剩余，也不知道在素数分布方面的工作(他可能知道欧拉公式$\prod(1-p^{-s})^{-1}=\sum n^{-s}$，但不知道有关$\zeta$函数的任何叙述)．尤其是，他对柯西(Cauchy)定理和复变函数论完全无知．(这可能似乎很难与他在椭圆函数方面有完备的知识这一点统一起来．解释这一点的充分的，而且也是必要的理由可能就是，他读过格林希尔(Greenhill)的那本古怪而又很独特的《椭圆函数》教科书．)

他在印度时期发表的著作不能代表他最好的思想，这些思想他很可能没能向编辑们解释清楚而无法使他们满意. 然而在 1914 年初,一封由拉马努金写给哈代的信确切无误地证明了他的能力,并因此被带到了三一学院,他在那里健康地工作了三年(然而有一些独特的工作是在他生病的两年里做的).

我不打算在这里来详细地讨论那些完全是属于拉马努金个人的工作. 如果暂且不论他与哈代合作的一篇著名的文章,那么他那些肯定对数学有实质意义的原创性的贡献,我认为,相对于公众对他的生活和数学生涯的传奇,对他的不寻常的心理,尤其是对这样一个人如果在更幸运的环境下将会成为一个怎样伟大的数学家的迷人问题等所感到的兴趣而言,肯定是第二位的. 当然,我这样说的时候我用的是尽可能最高的标准,没有别的更适合表达我的意思.

拉马努金的伟大天赋是在"形式计算"上,他经营的是"公式". 为了讲清楚这是什么意思,下面来举两个例子(第二个是随便举的,第一个则是极其漂亮的一个例子)

$$p(4)+p(9)x+p(14)x^2+\cdots$$
$$=5\,\frac{\{(1-x^5)(1-x^{10})(1-x^{15})\cdots\}^5}{\{(1-x)(1-x^2)(1-x^3)\cdots\}^6}$$

其中 $p(n)$ 是 n 的分拆的个数

$$\int_0^{\infty}\frac{\cos \pi x}{\{\Gamma(\alpha+x)\Gamma(\alpha-x)\}^2}\mathrm{d}x$$
$$=\frac{1}{4\Gamma(2\alpha-1)\{\Gamma(\alpha)\}^2}\quad\left(\alpha>\frac{1}{2}\right)$$

但是公式全盛之日已经过去了. 如果我们还

要采取最高的观点来评价，那么看来无人能够发现彻底崭新的类型，尽管拉马努金在他对分拆数的级数所做的研究中非常接近了它．再举一些在柯西定理和椭圆函数论范围内的例子也不足挂齿，并且，如果不那么严格讲，某种普遍的理论主导了所有其余的领域．要是在一百多年以前他的影响力也许会扩展到一个广阔的范围．大量的发现改变了一般的数学氛围，并且有深远的影响，而我们不会倾向把重新发现看得太重，不论这些发现看来是多么独立地做出的．对此我们要给予多大的宽容？要是在 100 或 50 年以前拉马努金会成为一个多伟大的数学家？如果他能在恰当的时候与欧拉接触又会发生什么事？缺乏教育会起多大的作用？这到底是不是公式，还是他只是沿着卡尔书本的方向来发展？——毕竟他后来很好地学会了去做新的东西，而且对一个印度人来说是在他的成熟年龄的时候．这就是拉马努金向我们提出的问题，现在(有了《斯里尼瓦瑟·拉马努金论文集》)人们就有了材料来对这些问题做出判断了．在《斯里尼瓦瑟·拉马努金论文集》中能得到的最有价值的证据就是那些书信以及那些未加证明直接提出来的结果表；实际上它们表明，他所写的笔记能给我们带来有关真正拉马努金的实质的一个更加确切的描绘，我们非常期待进一步出版这些笔记的计划能最终得以实现．

卡尔的书十分清楚地为拉马努金指明了一般的方向，又同时给了他后来所做的许多最精巧的研究的胚芽.但是即使从这些部分的衍生结果人们就能深刻地感受到他那异乎寻常的广博、丰富多彩和强大的能力.除了经典数论以外，几乎没有一个存在公式的领域他没有去充实过，也没有一个这样的领域他没有揭开过意想不到的可能前景.他所获得的结果的美丽和独一无二，完全不可思议.它们是不是奇妙无比，比我们专门为奇妙而挑选出来的东西还要更奇妙？它的寓意似乎是说，我们的期望总是不够高.总而言之，读者总是会不断地感受到惊喜的震撼.如果他随便拿一个没有证明的结果坐下来研究，并且最终能够给出证明，他就会发现，在其最底层某一"点"有一个奇怪的或者说意料不到的纠结.沃森(Watson)教授和普里斯(Preece)先生已经开始了研究所有这些未被证明的命题的宏伟工作，他们所获得的一些证明已经发表在《伦敦数学会杂志》上，这些证明强有力地认可了认为对拉马努金的笔记做全面的分析肯定是很有价值的这样的观点.

然而，毋庸置疑的是，他的那些显示出最惊人的原创性和有着最深刻的洞察力的结果是有关素数分布的结果.这里的问题原来根本不是要求公式的，它们所关切的这样一类问题的近似式，比如像素数的个数的近似公式问题，或者将小于某一大数 x 的数表示成

两个平方和的整数个数的近似公式．此外，确定误差的阶也是这个理论的一个主要部分．这个课题有着巧妙的函数论的一面．拉马努金在这里要遭受挫折是不可避免的，而他的方法肯定会把他引入歧途．他预见了近似公式，但是对误差阶的预测就大错了．这些问题耗尽了分析的最后的资源，要花一百年以上的时间来解决，而且在1890年以前根本还没有解决；拉马努金不可能取得完全的成功．他所成就的就是觉悟到对这些问题的研究至少可以从形式方面起步，并且达到这样一点，使得其主要结论成为是可信的．他所获得的公式价值一点也不在于其表面，他的成就，作为一个整体来看，是极为非凡的．

如果说卡尔的书给了他方向，那么至少对他的方法则毫无影响，它们的最重要的部分完全是原创的．他以类比的方式发挥他的直观，有时是以很遥远的东西作类比，从一些特定的数值例子经由经验归纳可以将类比延伸到一个遥远到令人惊讶的领域．由于不知道柯西定理，他自然很多时候都是用变换和反转二重积分的顺序来处理．这些都是他的最重要的“武器”，看来还是一种高度巧妙的、用发散级数和积分来作变换的技术．（尽管这种方法当然是已经知道了的，但他的发现看来肯定是独立的．）他并没有对他的运算做严密的逻辑验证．他对严密性不感兴趣，这种东西在超出本科阶段的分析中并不是头等重要的东西，只要真正想做，任何一个有资格的专业人士都能提供. 证明的确切含义今天已为人们如此熟知，根本不在话下了，而他却可能一无所知. 如果在某个地方出现了一段推理，证据和直观完全混合在一起就会使他确信结论的正确性，他也就不再往前看了. 只要稍稍看一看他的特质就可以断定，他从未曾与柯西定理失之交臂. 如果用柯西定理，那么他能更快、更方便地得到他的某些结果，但是他自己的方法也能使他所研究的领域同样广泛，也能使他可靠地理解所探索的领域 .

最后，要来谈一谈他与哈代合作的一篇论分析的文章(《斯里尼瓦瑟・拉马努金论文集》，第 276 ~ 309 页). n 的分析数 $p(n)$ 随 n 很快地增长，比如

$$p(200)=397\ 299\ 909\ 388$$

两位作者证明，$p(n)$ 是最接近下式的整数

$$\frac{1}{2\sqrt{2}}\sum_{q=1}^{\upsilon}\sqrt{q}A_q(n)\psi_q(n) \tag{1}$$

其中 $A_q(n)=\sum\omega_{p,q}\mathrm{e}^{\frac{-2np\pi\mathrm{i}}{q}}$，求和是对小于 q 且不能除尽 q 的 p 来作的，$\omega_{p,q}$ 是 1 的某个 $24q$ 次根，υ 是$\sqrt{n}$ 的阶，还有

$$\psi_q(n)=\frac{\mathrm{d}}{\mathrm{d}n}\left(\exp\left\{\frac{C\sqrt{n-\frac{1}{24}}}{q}\right\}\right)$$

$$C=\pi\sqrt{\frac{2}{3}}$$

对 $n=100$，我们可以取 $\upsilon=4$. 对 $n=200$，可以

取 $\upsilon=5$. 级数(1)的前五项就预测了 $p(200)$ 的正确值. 我们可以总是取 $\upsilon=\alpha\sqrt{n}$(或者干脆取其整数部分),其中 α 为任意常数,而且要假设 n 超过一个只依赖于 α 的值 $n_0(\alpha)$.

读者用不着被告知就知道这是一个非常惊人的定理,而且他还会确信无疑得出这个结果的方法包含了一个新的重要的原理,并且已经发现它在其他领域非常有用. 这个定理的故事是一个传奇.(为了做到公正,我不得不稍稍违反一点有关合作的规则. 因此我要讲一下经过哈代教授确认并允许袒露的一些事实.)式(1)中的第一项是 $p(n)$ 的一个很好的近似,这是拉马努金在印度时就做出过的猜测之一,确立这一点不太难. 在这个阶段,$n-\frac{1}{24}$ 是由单纯的 n 来代表的——这个差别不大. 真正的研究就是从这点来下手的. 进展中的下一步,这还不是很大的一步,就是将式(1)当成一个"渐近"级数来处理,从它里面取出一个数目确定的项数(比如 $\upsilon=4$),其误差就是下一项的量级. 但是就是从这里到最终拉马努金都坚持认为还有比这已经确立了的结果更多的正确的东西:"必定还有一个误差为 $O(1)$ 的公式". 他的最重要的贡献就在这里. 它既是绝对重要的,也是极为非凡的. 于是对它做了一个严格的数值检测,由此引导出了有关 $p(100)$ 和 $p(200)$ 的惊人的结果. 于是就把 υ 看成 n 的一个函数,这可是一大步,它牵涉到新的而又深刻的函数论方法,这显然不是拉马努金自己能够发现得到的.完整的定理就是这样冒出来的.但是最后困难的解决,如果没有来自拉马努金的另一个贡献,就有可能无法完成,这一回可是绝对独特的.似乎它的解析难度还不够大,这个定理还被包围在几乎是难以攻克的纯粹形式一类的防线的后面.函数 $\psi_q(n)$ 是一种不可分割的单元,在许多等价的渐近形式中准确地选到正确的那个是关键.除非在一开始就做到了这一点,而且 $-\frac{1}{24}$(更不用说 $\frac{d}{\mathrm{d}n}$)是形式直觉天才的非凡一笔,否则这完整的结果绝不可能进入我们的眼帘.实际上这已经触摸到了真正的神秘.只要我们知道有一个误差为 $O(1)$ 的公式存在,我们就可能被迫一步一步慢慢地达到 $\psi_q(n)$ 的正确形式.但是为什么拉马努金能如此肯定地认为有这样一个形式存在呢?理论上的眼光,这可以作为一种解释,这几乎难以达到可信的级别.可是仍然难以看出是获得了哪些数值的例子才可能启发他想到这样强的结果.除非是 $\psi_q(n)$ 的形式已经知道了,否则,数值的证据不会给出任何建议.我们至少就难逃做这样的结论:这个正确形式的发现来自灵光一闪.为这个定理我们要感谢两个天赋十分不同的人之间的非常幸运的合作,他们每一个人都在其中做出了各自最好的、最独特的和最幸运的工作.拉马

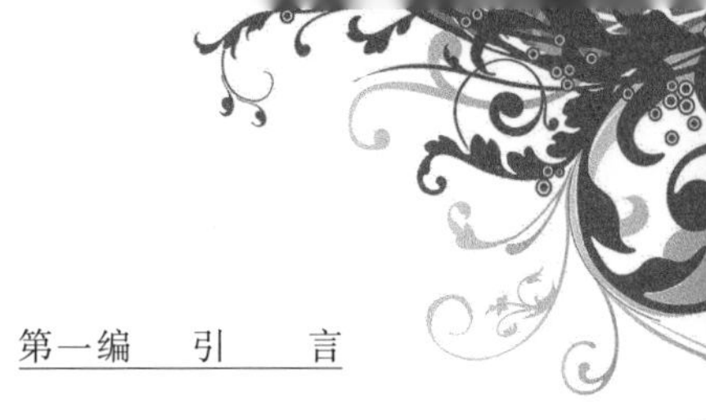

> 努金的天赋是值得得到这样一个机会的眷顾的.
>
> 《斯里尼瓦瑟·拉马努金论文集》包含由 P. V. Seshu Aiyar 所写的传记和由哈代教授所写的讣告. 它们生动地描绘了拉马努金的有趣而又有吸引力的个性. 数学编辑们做了最值得称道的工作. 它一点也不事张扬,读者在恰当的时候会得到他所想知道的东西,比他可能想到的更多的思想和传记性的研究也都融入了其中.

在国内人们喜欢将华罗庚与拉马努金相提并论.

华罗庚是 20 世纪最富传奇性的数学家之一. 将他与另一位自学成才的印度天才数学家拉马努金相比较,正如 P. 贝特曼(P. Bateman) 所说,"两人主要都是自学成才的,都得益于在哈代领导之下,在英国从事过一段时间的研究工作 …… 他们之间又有截然不同之处. 首先,拉马努金并没有全部完成由一个自学天才到一个成熟的、训练有素的数学家的转变,他在某种程度上保留了数学的原始性,甚至保留了一定程度的猜谜性质. 然而华罗庚在其早期数学生涯中,就已是居主流地位的数学家了. 其次,拉马努金与哈代的接触更直接,更有决定性意义 …… 虽然华罗庚在英国工作时得益甚大,但他与哈代在数学方面的接触显然不是这样特别集中的".

《拉马努金笔记》的主编伯恩特(Berndt) 教授是数论界的名人, 他是 *International Journal of Number Theory* 的主编,他已发表了 174 篇学术论文以及 9 本书，他还编辑了 11 本书.

提起华罗庚，伯恩特教授说当年 Springer 出版社派专人来找 H. 哈伯斯坦(H. Halberstam)教授讨论《华罗庚论文选集》出版事宜时，哈伯斯坦提到伯恩特在研究拉马努金(印度传奇数学家，被哈代发现并邀请到剑桥，但 33 岁就英年早逝，留下了数本谜一样的数学笔记，包含大量新奇的公式却无证明)遗留的笔记，Springer 出版社的人员遂对此表现出极大的兴趣，之后便动员伯恩特教授在 Springer 出版社出版其关于拉马努金笔记的系列书籍. 拉马努金今天能名扬天下，无疑是因为哈代当年发现他，并在其去世后极力宣扬他，近十年来拉马努金的影响如日中天，伯恩特出版《拉马努金笔记》更是将拉马努金的声望推向高潮.

据伯恩特所述[①]：

> 关于拉马努金的方法有种种猜测. 对于拉马努金数学的许多部分，的确很难猜出他是怎么想的. 而对于另外一些部分，虽然我们也许不知道准确的细节，但还是可以把握住拉马努金许多论证的本质的. 需要强调的是，无疑拉马努金也是和其他数学家一样思考的，只不过他比我们大多数人更具洞察力. 虽然拉马努金还有我们中的一些人，可以将意想不到的发现归结于神奇的灵感，比如说是来自于直觉，娜玛卡尔(Namagiri)女神的启

① 摘编自《中国数学会通讯》，2011 年第 3 期，拉马努金的笔记本，贾朝华译.

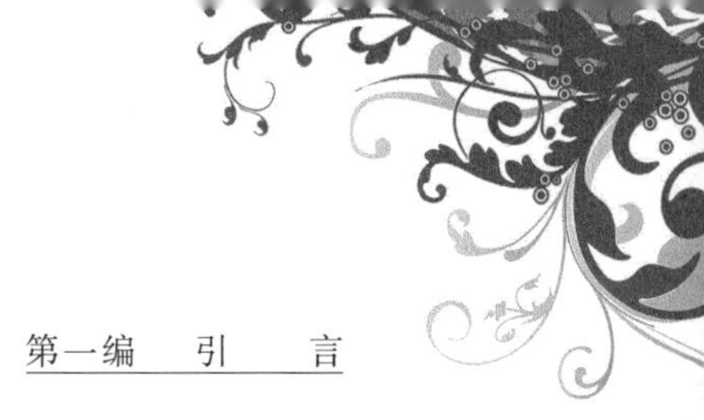

示或者其他神秘的方式,但这都无助于我们理解拉马努金的发现.

因为拉马努金的笔记本只是自己用的,所以我们可以想见其中会包含一些错误.当然,确有一些偶然的笔误.然而,令人惊奇的是,里面很少有严重的错误.因为拉马努金只受过一点点正规训练,所以他的证明在很多情况下肯定是不严格的.尽管如此,拉马努金还是敏锐地意识到,什么时候他的不严格思考会产生正确的结果,以及什么时候不能.拉马努金的大多数错误来自于他关于解析数论的结论,在这里他的不严格方法使他误入歧途.特别地,拉马努金以为他的逼近和渐近展开要比事实上的精确很多.这些不足在*Ramanujan's Notebooks*:*Part IV*中详细谈到.对于第一次阅读笔记本的人,要给一点提醒,因为容易断定其中很多公式是不对的.拉马努金常常是以非常规的方式来记录这些结果,但经过适当的说明之后,我们会发现拉马努金几乎总是对的.

虽然拉马努金在数学界主要是以数论学家闻名,但在笔记本中只有一小部分题材用于数论.其中大部分内容属于经典分析,许多结果属于分析与数论的交叉领域,例如,几百条关于θ函数和模方程的定理.打开笔记本,人们的目光很可能会落在某个无穷级数上.无穷级数肯定是拉马努金的最爱,也许只有欧拉才具有拉马努金那样处理无穷级数的才华.

接下来,我们简短地讲述一些拉马努金在他的笔记本中研究过的课题.当然,这里无法完整地描述拉马努金对于这些领域的重要贡献,甚至有些课题根本没有提及.有兴趣的读者,可进一步参阅专著 *Ramanujan's Notebooks*: *Part I* ~ *Part V*,那里面有详尽的历史和丰富的参考文献.

1. 初等数学

拉马努金的很多发现是只要学过高中代数的人就能懂的,在第二本和第三本笔记里有许多很好的题材.熟悉出租车牌号 1729 的故事的人,会容易联想到拉马努金喜欢发现关于等幂和的公式.例如,如果 $a+b+c=0$,那么

$$2(ab+ac+bc)^4$$
$$=a^4(b-c)^4+b^4(c-a)^4+c^4(a-b)^4$$

事实上,拉马努金还记录了关于 $2(ab+bc+ac)^{2n}(n=1,2,3,4)$ 的类似公式,并且写下"等等",这表明他是知道发现这类公式的一般过程的.

拉马努金最著名的公式之一是下面的多项式恒等式.令

$$F_{2m}(a,b,c,d)$$
$$=(a+b+c)^{2m}+(b+c+d)^{2m}-(c+d+a)^{2m}-(d+a+b)^{2m}+(a-d)^{2m}-(b-c)^{2m}$$

则

$$64F_6(a,b,c,d)F_{10}(a,b,c,d)$$

$$=45F_8^2(a,b,c,d)$$

这个公式的最初证明是由巴尔加瓦(Bhargava)和笔者给出的.

你是否知道

$$2\sin\frac{\pi}{18}=\sqrt{2-\sqrt{2+\sqrt{2+\sqrt{2-\cdots}}}}$$

这里符号序列$-,+,+,\cdots$以3为周期,或者知道

$$(\cos 40^\circ)^{\frac{1}{3}}+(\cos 80^\circ)^{\frac{1}{3}}-(\cos 20^\circ)^{\frac{1}{3}}$$

$$=\sqrt[3]{\frac{3}{2}(\sqrt[3]{9}-2)}$$

拉马努金喜欢叙述这类有趣的公式,而在大多数情形中,它们只是拉马努金建立的一般性定理的特例.

2. 数论

我们只引用笔记本中的一个数论定理.

定理1　令a,b,A和B为正整数,它们满足条件

$$(a,b)=1=(A,B)\quad(ab\neq \text{平方数})$$

假设每个满足$p\equiv B(\mathrm{mod}\ A)$且$(p,2ab)=1$的素数$p$可以表示为$ax^2-by^2$(这里$x,y$为整数),则每个满足$q\equiv -B(\mathrm{mod}\ A)$且$(q,2ab)=1$的素数$q$可以表示为$bX^2-aY^2$(这里$X,Y$为整数).

拉马努金关于θ函数和模方程的许多定理在数论中有应用.我们还注意到,哈代-拉马努金"圆法"在笔记本中也能找到先兆.拉马努金试图(不严格地)利用生成函数若

干奇异点的作用来获得一个渐近公式，而如何利用函数在奇异点附近的性质正是“圆法”的关键所在.

3. 无穷级数

我们先来看格罗斯沃尔德(Grosswald)在20世纪70年代证明的一个公式.令$\zeta(s)$表示黎曼(Riemann)ζ函数，n为任意非零整数.

如果$\alpha,\beta>0,\alpha\beta=\pi^2$，那么

$$\alpha^{-n}\left[\frac{1}{2}\zeta(2n+1)+\sum_{k=1}^{\infty}\frac{k^{-2n-1}}{e^{2\alpha k}-1}\right]$$
$$=(-\beta)^{-n}\left[\frac{1}{2}\zeta(2n+1)+\sum_{k=1}^{\infty}\frac{k^{-2n-1}}{e^{2\beta k}-1}\right]-$$
$$2^{2n}\sum_{k=0}^{n+1}(-1)^k\frac{B_{2k}}{(2k)!}\cdot$$
$$\frac{B_{2n+2-2k}}{(2n+2-2k)!}\alpha^{n+1-k}\beta^k \tag{1}$$

其中B_j表示第j个伯努利(Bernoulli)数.

令人感到不可思议的是，拉马努金在他的笔记本中叙述了一个比式(1)更一般的结果.如果令n为奇的正整数，并取$\alpha=\beta=\pi$，那么式(1)简化为

$$\zeta(2n+1)$$
$$=2^{2n}\pi^{2n+1}\sum_{k=0}^{n+1}(-1)^{k+1}\frac{B_{2k}}{(2k)!}\cdot\frac{B_{2n+2-2k}}{(2n+2-2k)!}-$$
$$2\sum_{k=1}^{\infty}\frac{k^{-2n-1}}{e^{2\pi k}-1}$$

这个公式是由勒赫(Lerch)于1901年首次发现的.这里$\zeta(2n+1)$等于一个有理数乘上π^{2n+1}再减去一个迅速收敛的级数，也就是

说$\frac{\zeta(2n+1)}{\pi^{2n+1}}$“几乎是”有理的.

黎曼关于$\zeta(s)$函数方程的证明之一用到了θ函数的转换公式，这个转换公式容易通过泊松(Poisson)求和公式来达到，拉马努金也发现了这一点. 值得注意的是，拉马努金进一步发现了一个转换公式：

令$n,\alpha,\beta>0,\alpha\beta=2\pi$，则

$$\alpha\sum_{k=0}^{\infty}\mathrm{e}^{-n\mathrm{e}^{k\alpha}}=\alpha\left(\frac{1}{2}+\sum_{k=1}^{\infty}\frac{(-1)^{k-1}n^{k}}{k!\ (\mathrm{e}^{k\alpha}-1)}\right)-\gamma-\log n+2\sum_{k=1}^{\infty}\varphi(k\beta)$$

这里γ表示欧拉常数，而

$$\varphi(\beta)=\frac{1}{\beta}\mathrm{Im}(n^{-\mathrm{i}\beta}\Gamma(\mathrm{i}\beta+1))$$

这也可以通过泊松求和公式来证明，但证明过程要比θ函数转换公式精细复杂得多.

我们再给出一个例子. 设$n,\alpha,\beta>0$，$\alpha\beta=2\pi$，对于适当的一类函数φ，令

$$\psi(n)=\int_{0}^{\infty}\varphi(x)\cos(nx)\mathrm{d}x$$

拉马努金在笔记本中宣称，有

$$\frac{\alpha}{2}\sum_{n=1}^{\infty}\frac{\mu(n)\psi\left(\frac{\alpha}{n}\right)}{n}=\sum_{n=1}^{\infty}\frac{\mu(n)\psi\left(\frac{\beta}{n}\right)}{n}$$

其中$\mu(n)$为麦比乌斯(Möbius)函数. 这个公式是关于泊松求和公式的“麦比乌斯类似”，但它是错的！我们可以通过加上一个关于复零点的级数将它修正.

在以上3个例子中，读者可以注意到，它

们关于 α 和 β 有一种对称性. 实际上,拉马努金得到了很多这样的公式. 他对于无穷级数有数以百计的精彩发现,其中包括计算出了很多无穷级数的精确值,得到了很多漂亮的部分分式展开式,发现了若干与阿贝尔一普拉纳(Abel-Plana)求和公式相似的公式.

4. 积分

虽然拉马努金在无穷级数上下的功夫比在积分上多得多,但是笔记本中也有一些积分冠以他的名字,或者在目前的研究中仍有价值. 我们来看一个例子. 对于 $n>0$,令 $v=u^n-u^{n-1}$,我们定义

$$\varphi(n)=\int_0^1 \frac{\log u}{v}\mathrm{d}v$$

则有

$$\varphi(n)+\varphi\left(\frac{1}{n}\right)=\frac{\pi^2}{6} \tag{2}$$

这个公式被笔者和 R.J. 埃凡思(R.J. Evans)证明与推广. 式(2)与二重对数 $\mathrm{Li}_2(s)$ 的互反定理有关系,这里 s 为复数

$$\mathrm{Li}_2(s)=-\int_0^s \frac{\log(1-u)}{u}\mathrm{d}u \tag{3}$$

其中 $\log w$ 取主值. 拉马努金研究过二重对数、三重对数和一些类似于二重对数的函数.

拉马努金最喜欢和最有影响的积分定理之一是他的"主定理",这个定理有很多应用. "主定理"即

$$\int_0^\infty x^{n-1}\sum_{k=0}^\infty \frac{\varphi(k)(-x)^k}{k!}\mathrm{d}x=\Gamma(n)\varphi(-n)$$

当然,这里要加一定的有效性条件.

5. 渐近展开和逼近

虽然拉马努金在数论中的渐近公式是众所周知的,特别是他关于分拆函数 $p(n)$ 的渐近级数(出现在他与哈代的合作论文中),但他在分析中的渐近方法和定理却未被认识.原因很清楚,就是因为他的漂亮的渐近公式,无论是一般的还是具体的,都在他的笔记本中隐藏了很多年.我们来看两个具体例子.

首先,令 $a,p>0$. 当 $p\to\infty$ 时,有

$$\sum_{n=0}^{\infty}\frac{(a+n)^{n-1}}{(2p+a+n)^{n+1}}$$

$$\sim\frac{1}{2ap}-\mathrm{e}^{-2p}\sum_{n=0}^{\infty}\frac{(-1)^n P_{2n}(p)}{(a+p)^{2n+1}}$$

这里 $P_{2n}(p)(n\geqslant 0)$ 是 p 的 $n-1$ 次多项式.特别地

$$P_0(p)=\frac{1}{2p}$$

$$P_2(p)=\frac{1}{6}$$

$$P_4(p)=\frac{1}{30}+\frac{p}{6}$$

$$P_6(p)=\frac{1}{42}+\frac{p}{6}+\frac{5p^2}{18}$$

其次,当 $t\to 0^+$ 时,有

$$2\sum_{n=0}^{\infty}(-1)^n\left(\frac{1-t}{1+t}\right)^{n(n+1)}$$

$$\sim 1+t+t^2+2t^3+5t^4+17t^5+\cdots$$

6. Γ 函数与相关函数

虽然拉马努金对于Γ函数理论本身并无

贡献，但在他的工作中函数随处可见. 他的含有Γ函数的积分在关于正交多项式的最新研究中发挥着重要作用，他的关于Γ函数和B函数的 q - 类似出现在 R. A. 阿斯基(R. A. Askey)、J. 威尔逊(J. Wilson) 等许多人关于 q - 正交多项式的工作中. 在他的笔记中，拉马努金研究了若干关于Γ函数的迷人的类似性质，推导了与Γ函数相似的一些性质，诸如高斯(Gauss) 乘积公式、斯特林(Stirling) 公式和库默尔(Kummer) 公式.

7. 超几何函数

我们先前提到过，拉马努金不仅重新发现了关于超几何级数大部分主要的经典定理，而且还发现了许多新的结果. 首先，他发现了超几何级数许多优美的乘积公式；其次，他还发现了超几何级数某种部分和的一些漂亮公式；最后，也许是最重要的，拉马努金发现了超几何函数的各种渐近展开. 我们给出一个例子.

定理 2 令 $a=c+d$，而 $c,d>0$. 再令

$$ {}_2F_1(u_1,u_2;w;x)=\sum_{n=0}^{\infty}\frac{(u_1)_n(u_2)_n}{(w)_n}\cdot\frac{x^n}{n!} \tag{4} $$

其中 $(u)_n=u(u+1)\cdots(u+n-1)$，则当 a,c 和 $d\to\infty$ 时，有

$$ {}_2F_1\left(a,1;c;\frac{c}{a}\right) \sim c\left(\frac{a^a\Gamma(c)\Gamma(d)}{2\Gamma(a)c^cd^d}+B_1\frac{a}{cd}+B_2\left(\frac{a}{cd}\right)^2+B_3\left(\frac{a}{cd}\right)^3+\cdots\right) $$

这里 $B_k(k\geqslant 1)$ 是可以有效计算的多项式，其自变量为 $x=\frac{d}{a}$，次数为 $2k-1$. 此外

$$B_1=\frac{2}{3}(x+1)$$

$$B_2=-\frac{4}{135}(x+1)(x-2)\left(x-\frac{1}{2}\right)$$

$$B_3=\frac{8}{2\ 835}(x+1)(x-2)\cdot\left(x-\frac{1}{2}\right)(x^2-x+1)$$

$$B_4=\frac{16}{8\ 505}(x+1)(x-2)\cdot\left(x-\frac{1}{2}\right)(x^2-x+1)^2$$

8. q - 级数

令

$$(a;q)_n=\prod_{k=0}^{n-1}(1-aq^k)\quad(n\geqslant 0)$$

$$(a;q)_\infty=\lim_{n\to\infty}(a;q)_n\quad(|q|<1)$$

拉马努金在印度时就发现了罗杰斯—拉马努金恒等式. 他到达英国后才证明了这些恒等式，而在此之前他得到了关于其中第1个恒等式

$$\sum_{n=0}^{\infty}\frac{q^{n^2}}{(q;q)_n}=\frac{1}{(q;q^5)_\infty(q^4;q^5)_\infty}\tag{5}$$

有效性的一些依据. 例如，当 $q\to 1^-$ 时，式(5)两端都渐近地等于

$$\exp\left(\frac{\pi^2}{15(1-q)}\right)$$

在第三本笔记和"遗失的笔记本"里，拉马努金对于比式(5)中更一般的 q - 级数给出了渐近公式.

定理3 令 $a>0$，$|q|<1$，b 为正整数，c 为整数，用 z 记 $az^{2b}+z=1$ 的正根，则当 $q_1\to 1^-$ 时，有

$$\sum_{n=0}^{\infty}\frac{a^n q^{bn^2+cn}}{(q;q)_n}$$

$$\sim \exp\Big(-\frac{1}{\log q}(\mathrm{Li}_2(az^{2b})+b\log^2 z)+ c\log z-\frac{1}{2}\log(z+2b(1-z))\Big)$$

其中 $\mathrm{Li}_2(s)$ 如式(3)中定义.

除了罗杰斯—拉马努金恒等式之外，拉马努金的 ${}_1\psi_1$ 求和无疑也是他在 q - 级数理论中最著名的结果.

9. 连分数

罗杰斯—拉马努金连分数是指形如

$$\cfrac{q^{\frac{1}{5}}}{1+\cfrac{q}{1+\cfrac{q^2}{1+\cfrac{q^3}{1+\cdots}}}}$$

的分数，我们将它简记为

$$R(q)=\frac{q^{\frac{1}{5}}}{1+}\,\frac{q}{1+}\,\frac{q^2}{1+}\,\frac{q^3}{1+\cdots} \qquad (6)$$

拉马努金证明了

$$R(q)=q^{\frac{1}{5}}\frac{(q;q^5)_\infty(q^4;q^5)_\infty}{(q^2;q^5)_\infty(q^3;q^5)_\infty}\quad(|q|<1)$$

这是他仅有的发表出来的关于连分数的结

果.然而在他的笔记本中,关于连分数却有大约 200 个结果.在我们看来,在数学的历史上,对于确定各种函数的连分数以及找出连分数的精确表达形式,没有人拥有像拉马努金那样的技巧.

在给哈代的前两封信中,拉马努金告知了 $R(\mathrm{e}^{-2\pi})$,$R(-\mathrm{e}^{-\pi})$ 和 $R(\mathrm{e}^{-\frac{2\pi}{\sqrt{5}}})$ 的值.其他一些值可在他的第一本笔记和"遗失的笔记本"中找到.

例如,拉马努金给出

$$R(\mathrm{e}^{-8\pi})=\sqrt{c^2+1}-c$$

其中

$$2c=1+\frac{a+b}{a-b}\sqrt{5}$$

$$a=3+\sqrt{2}-\sqrt{5}$$

$$b=(20)^{\frac{1}{4}}$$

拉马努金还发现了 Γ 函数乘积的连分数表示,我们引用其中之一.

定理 4　设 x,m 和 n 为复数.如果 m 和 n 中有一个为整数,或者 $\mathrm{Re}(x)>0$,则有

$$\left\{\Gamma\left(\frac{1}{2}(x+m+n+1)\right)\Gamma\left(\frac{1}{2}(x-m-n+1)\right)-\Gamma\left(\frac{1}{2}(x+m-n+1)\right)\Gamma\left(\frac{1}{2}(x-m+n+1)\right)\right\}\div\left\{\Gamma\left(\frac{1}{2}(x+m+n+1)\right)\Gamma\left(\frac{1}{2}(x-m-n+1)\right)+\Gamma\left(\frac{1}{2}(x+m-n+1)\right)\Gamma\left(\frac{1}{2}(x-m+n+1)\right)\right\}$$

$$=\frac{mn}{x+}\ \frac{(m^2-1^2)(n^2-1^2)}{3x+}\ \frac{(m^2-2^2)(n^2-2^2)}{5x+\cdots}$$

许多有趣的连分数都是这些函数乘积的连分数的极限情形．例如，L. W. 布龙克尔(L. W. Brouncker) 关于 π 的连分数

$$\pi=\frac{4}{1+}\ \frac{1^2}{2+}\ \frac{3^2}{2+}\ \frac{5^2}{2+\cdots}$$

以及 R. 阿佩里(R. Apéry) 在关于 $\zeta(3)$ 无理性的著名工作中所用到的连分数

$$\zeta(3)=1+\frac{1}{2\cdot 2+}\ \frac{1^3}{1+}\ \frac{1^3}{6\cdot 2+}\ \frac{2^3}{1+}\ \frac{2^3}{10\cdot 2+\cdots}$$

10. 函数与模方程

拉马努金关于 θ 函数理论的研究看来没有受到任何其他作者的影响．他的一般 θ 函数

$$f(a,b)=\sum_{n=-\infty}^{+\infty}a^{\frac{n(n+1)}{2}}b^{\frac{n(n-1)}{2}}\quad(|ab|<1)\tag{7}$$

是一般经典 θ 函数的另一种表示．对于拉马努金来讲，这种表示更有用，由它可直接得出对称性 $f(a,b)=f(b,a)$．拉马努金关于式(7) 的 3 个最重要的特例分别为

$$\varphi(q)=f(q,q)=\sum_{n=-\infty}^{+\infty}q^{n^2}$$

$$\psi(q)=\frac{1}{2}f(1,q)=\sum_{n=0}^{\infty}q^{\frac{n(n+1)}{2}}$$

$$f(-q)=f(-q,-q^2)=\sum_{n=-\infty}^{+\infty}(-1)^n q^{\frac{3n(n-1)}{2}}$$

$$=(q;q)_{\infty}=q^{-\frac{1}{24}}\eta(z)$$

其中 $q=\exp(2\pi iz)$，$\mathrm{Im}(z)>0$，$\eta(z)$ 表示戴德金(Dedekind) η 函数.

拉马努金推导出大量的 θ 函数恒等式，其中许多是经典的，但也有不少是原创的.例如，对于 $|q|<1$，有

$$\frac{\psi^3(q)}{\psi(q^3)}=1+3\sum_{n=0}^{\infty}\left(\frac{q^{6n+1}}{1-q^{6n+1}}-\frac{q^{6n+5}}{1-q^{6n+5}}\right)$$

拉马努金的最漂亮和有用的 θ 函数恒等式，当属他关于戴德金 η 函数的 23 个恒等式.我们仅举一例，令

$$P=\frac{f^2(-q)}{q^{\frac{1}{6}}f^2(-q^3)}$$

$$Q=\frac{f^2(-q^2)}{q^{\frac{1}{3}}f^2(-q^6)}$$

则有

$$PQ+\frac{9}{PQ}=\left(\frac{Q}{P}\right)^3+\left(\frac{P}{Q}\right)^3$$

积分

$$K=K(k)=\int_0^{\frac{\pi}{2}}\frac{\mathrm{d}\phi}{\sqrt{1-k^2\sin^2\phi}} \tag{8}$$

称为第一类完全椭圆积分，其中 $k(0<k<1)$ 称为模.容易证明

$$K(k)=\frac{\pi}{2}\,{}_2\mathrm{F}_1\left(\frac{1}{2},\frac{1}{2};1;k^2\right) \tag{9}$$

这里

$${}_2\mathrm{F}_1(u_1,u_2;w;x)=\sum_{n=0}^{\infty}\frac{(u_1)_n(u_2)_n}{(w)_n}\cdot\frac{x^n}{n!}$$

其中 $(u)_n=u(u+1)\cdots(u+n-1)$.

椭圆函数理论中经典而且最重要的定理之一是"反演公式",即下面的式(11).像通常在椭圆函数理论中那样,令

$$q=\exp\left(-\pi\frac{K'}{K}\right)$$

$$=\exp\left[-\pi\frac{{}_2F_1\left(\frac{1}{2},\frac{1}{2};1;1-k^2\right)}{{}_2F_1\left(\frac{1}{2},\frac{1}{2};1;k^2\right)}\right] \tag{10}$$

$$k'=\sqrt{1-k^2}$$

其中 K 由式(8)定义,$K'=K(k')$,而

$$k'=\sqrt{1-k^2}$$

称为补模.于是,有

$$\varphi^2(q)={}_2F_1\left(\frac{1}{2},\frac{1}{2};1;k^2\right) \tag{11}$$

式(11)两端的值记作 z.

拉马努金给出了式(11)的一个证明.式(11)以及 θ 函数的若干初等恒等式可用来计算函数的值,这些值用参数 q,k 和 z 表示.在第二本笔记中,拉马努金为 θ 函数的值提供了一个"目录".例如

$$\varphi(-q^2)=\sqrt{z}(1-k^2)^{\frac{1}{8}}$$

$$\psi(q^2)=\frac{1}{2}\sqrt{z}\left(\frac{k^2}{q}\right)^{\frac{1}{4}}$$

这个"目录"是拉马努金模方程的基础.

我们来给出模方程的定义.设 K,K',L 和 L' 分别为对应于模 k,k',l 和 l' 的第一类完全椭圆积分.假设对于某个正整数 n,有

$$\frac{L'}{L}=n\frac{K'}{K} \tag{12}$$

那么，n 次模方程就是蕴含在式(12)中的模 k 和 l 的一种关系．由式(10)，令

$$q'=\exp\left(-\frac{\pi L'}{L}\right)$$

则式(12)等价于

$$q^n=q'$$

众所周知，k 和 l 可以用 θ 函数表示，因此，n 次模方程也可以看作 θ 函数某些值之间的恒等式，这些值取自变量 q 和 q^n．

从某种意义上说，模方程理论是从高斯变换和兰登(Landen)提出二次模方程开始的．但通常认为，这个学科的历史始于1825年勒让德(Legendre)的三次模方程．在接下来的一百年里，更多的模方程由 E．Fielder，R．Fricke，A．G．Greenhill，C．Guetzlaff，M．Hanna，C．G．J．Jacobi，F．Klein，R．Russell，L．Schlafli，H．Schroter，H．Weber 等人得到．然而，拉马努金在他的笔记本中所记录的模方程，也许比那些前辈们加起来所得到的还要多．

我们来看模方程的几个例子．设

$$\alpha=k^2,\beta=l^2$$

勒让德的三次模方程(拉马努金也发现了)为

$$(\alpha\beta)^{\frac{1}{4}}+\{(1-\alpha)(1-\beta)\}^{\frac{1}{4}}=1$$

关于 $\alpha\beta$ 和 $(1-\alpha)(1-\beta)$ 的模方程称为无理模方程．这种方程通常是最简单并且是非常有用的．

另一种有用的模方程是施勒夫利

(Schlafli) 模方程. 令

$$P=\{16\alpha\beta(1-\alpha)(1-\beta)\}^{\frac{1}{8}}$$

$$Q=\left(\frac{\beta(1-\beta)}{\alpha(1-\alpha)}\right)^{\frac{1}{4}}$$

则有

$$Q+\frac{1}{Q}+2\sqrt{2}\left(P-\frac{1}{P}\right)=0$$

这是一个三次模方程,由施勒夫利于 1870 年首先得到,后由拉马努金重新发现. 这种方程对于类不变量的计算是非常重要的.

第三个例子是 17 次模方程

$$\frac{\varphi^{2}(q)}{\varphi^{2}(q^{17})}$$

$$=\left(\frac{\beta}{\alpha}\right)^{\frac{1}{4}}+\left(\frac{1-\beta}{1-\alpha}\right)^{\frac{1}{4}}+$$

$$\left(\frac{\beta(1-\beta)}{\alpha(1-\alpha)}\right)^{\frac{1}{4}}-$$

$$2\left(\frac{\beta(1-\beta)}{\alpha(1-\alpha)}\right)^{\frac{1}{8}}\left(1+\left(\frac{\beta}{\alpha}\right)^{\frac{1}{8}}+\left(\frac{1-\beta}{1-\alpha}\right)^{\frac{1}{8}}\right)$$

这是拉马努金发现的.

一般地,一个模方程可以表示为一个 θ 函数的恒等式,然后再去证明这个 θ 函数的恒等式. 虽然我们不知道拉马努金的方法,但他明显是利用 θ 函数基本的初等性质来做的. 对于拉马努金的很多模方程,我们还不会用拉马努金也许已经知道的工具去做,因而不得不求助于模形式理论. 虽然模形式是非常强有力的工具,但这样做在方法论上不太让人满意.

第二编
拉马努金恒等式

卡利茨反演与罗杰斯—拉马努金恒等式及五重积恒等式①

第一章

§1　引　言

设 $|q|<1$,对任意给定的复数 a,引进 q - 升阶乘符号

$$(a)_0=1$$

$$(a)_n=(a;q)_n=(1-a)(1-aq)\cdot\cdots\cdot(1-aq^{n-1}) \tag{1}$$

$$(a)_\infty=(a;q)_\infty=\prod_{n=0}^{\infty}(1-aq^n) \tag{2}$$

初文昌[1] 借助于卡利茨(Carlitz)反演及海涅(Heine)定理的极限形式建立了基本超几何级数的一个变换式,进而给出了罗杰斯—拉马努金恒

① 摘编自《数学的实践与认识》,1995 年,第 1 期.

等式的一个证明.刘治国教授1992年借助于卡利茨反演及海涅定理等技巧建立了如下变换式:

定理

$$\sum_{n=0}^{\infty}\frac{(c)_n(d)_n}{(aq/b)_n(q)_n}\left(\frac{aq}{cd}\right)^n$$
$$=\frac{(aq/c)_\infty(aq/d)_\infty}{(a)_\infty(aq/dc)_\infty}\cdot$$
$$\sum_{n=0}^{\infty}\frac{(1-aq^{2n})(a)_n(b)_n(c)_n(d)_n}{(q)_n(aq/b)_n(aq/c)_n(aq/d)_n}\left(\frac{a^2q}{bcd}\right)^n q^{n^2} \tag{3}$$

文献[1]中的变换式只是式(3)的一个特例.由式(3)可以推出罗杰斯-拉马努金恒等式、五重积恒等式及其他若干分拆恒等式.

§2 定理的证明

在基本超几何级数论中有著名的海涅变换[2]

$$\sum_{n=0}^{\infty}\frac{(a)_n(b)_n}{(q)_n(c)_n}x^n$$
$$=\frac{(b)_\infty(ax)_\infty}{(c)_\infty(x)_\infty}\sum_{n=0}^{\infty}\frac{(c/b)_n(x)_n}{(q)_n(ax)_n}b^n \tag{1}$$

海涅变换的极限形式为[2]

$$\sum_{n=0}^{\infty}\frac{(a)_n(b)_n}{(q)_n(c)_n}\left(\frac{c}{ab}\right)^n=\frac{(c/a)_\infty(c/b)_\infty}{(c)_\infty(c/ab)_\infty} \tag{2}$$

重复海涅变换有[2]

$$\sum_{n=0}^{\infty}\frac{(a)_n(b)_n}{(q)_n(c)_n}x^n$$
$$=\frac{(abx/c)_\infty}{(x)_\infty}\sum_{n=0}^{\infty}\frac{(c/a)_n(c/b)_n}{(q)_n(c)_n}\left(\frac{xab}{c}\right)^n \tag{3}$$

在式(3)两边乘以$\frac{(x)_\infty}{(abx/c)_\infty}$，然后比较两边 x^n 的系数得

$$\frac{(c/a)_n(c/b)_n}{(c)_n}\left(\frac{ab}{c}\right)^n$$

$$=\sum_{k=0}^{n}\begin{bmatrix}n\\k\end{bmatrix}\frac{(a)_k(b)_k}{(c)_k}\left(\frac{c}{ab}\right)_{n-k}\left(\frac{ab}{c}\right)^{n-k} \tag{4}$$

在式(4)中令 $b=0$ 得

$$a^n\frac{(c/a)_n}{(c)_n}q^{\binom{n}{2}}=\sum_{k=0}^{n}(-1)^k q^{\binom{n-k}{2}}\begin{bmatrix}n\\k\end{bmatrix}\frac{(a)_k}{(c)_k} \tag{5}$$

其中

$$\begin{bmatrix}n\\k\end{bmatrix}=\frac{(q)_n}{(q)_k(q)_{n-k}} \tag{6}$$

卡利茨[3]给出了著名的互反公式

$$\begin{cases}f(n)=\sum_{k=0}^{n}(-1)^k\begin{bmatrix}n\\k\end{bmatrix}q^{\binom{n-k}{2}}\phi(k,n)g(k) & (7)\\ g(n)=\sum_{k=0}^{n}(-1)^k\begin{bmatrix}n\\k\end{bmatrix}\frac{a_{k+1}+q^kb_{k+1}}{\phi(n,k+1)}f(k) & (8)\end{cases}$$

其中

$$\phi(x,n)=\prod_{k=1}^{n}(a_k+q^xb_k)$$

取 $\phi(x,n)=(aq^x)_n$，卡利茨公式变为

$$\begin{cases}f(n)=\sum_{k=0}^{n}(-1)^k\begin{bmatrix}n\\k\end{bmatrix}q^{\binom{n-k}{2}}(aq^k)_ng(k) & (9)\\ g(n)=\sum_{k=0}^{n}(-1)^k\begin{bmatrix}n\\k\end{bmatrix}(1-aq^{2k})(aq^n)_{k+1}^{-1}f(k) & (10)\end{cases}$$

在式(10)中取 $g(k)=\frac{(a)_k}{(c)_k}$，则

$$f(n)=\sum_{k=0}^{n}(-1)^k\begin{bmatrix}n\\k\end{bmatrix}q^{\binom{n-k}{2}}\ \frac{(a)_{k+n}}{(c)_k}$$

$$=(a)_n\sum_{k=0}^{n}(-1)^k\begin{bmatrix}n\\k\end{bmatrix}q^{\binom{n-k}{2}}\ \frac{(aq^n)_k}{(c)_k}$$

$$=(a)_n a^n q^{n^2+\binom{n}{2}}\ \frac{(c/aq^n)_n}{(c)_n}\quad (利用式(5))\qquad (11)$$

将式(11) 代入式(10) 得

$$\frac{(a)_n}{(c)_n}=\sum_{k=0}^{n}(-1)^k\begin{bmatrix}n\\k\end{bmatrix}\frac{(1-aq^{2k})}{(aq^n)_{k+1}}\cdot\frac{(a)_k}{(c)_k}(c/aq^k)_k a^k q^{k^2+\binom{k}{2}}\qquad (12)$$

在式(12) 中取 $c=aq/b$ 得

$$\frac{(a)_n}{(aq/b)_n}=\sum_{k=0}^{n}\begin{bmatrix}n\\k\end{bmatrix}\frac{(1-aq^{2k})}{(aq^n)_{k+1}}\cdot\frac{(a)_k(b)_k}{(aq/b)_k}\left(\frac{a}{b}\right)^k q^{k^2}\qquad (13)$$

下面用式(2) 与式(13) 来证明上一节中的定理.

证明

$$\sum_{n=0}^{\infty}\frac{(c)_n(d)_n}{(aq/b)_n(q)_n}\left(\frac{aq}{cd}\right)^n$$

$$=\sum_{n=0}^{\infty}\frac{(c)_n(d)_n}{(q)_n(a)_n}\left(\frac{aq}{cd}\right)^n\ \frac{(a)_n}{(aq/b)_n}$$

$$=\sum_{n=0}^{\infty}\frac{(c)_n(d)_n}{(q)_n(a)_n}\left(\frac{aq}{cd}\right)^n\cdot$$

$$\sum_{k=0}^{\infty}\begin{bmatrix}n\\k\end{bmatrix}\frac{(1-aq^{2k})(a)_k(b)_k}{(aq^n)_{k+1}(aq/b)_k}\left(\frac{a}{b}\right)^k q^{k^2}$$

(利用式(13))

$$=\sum_{k=0}^{\infty}\frac{(1-aq^{2k})(a)_k(b)_k}{(aq/b)_k(q)_k}\left(\frac{a}{b}\right)^k q^{k^2}\cdot$$

$$\sum_{n=k}^{\infty}\frac{(c)_n(d)_n}{(q)_{n-k}(a)_{n+k+1}}\left(\frac{aq}{cd}\right)^n$$

$$=\sum_{k=0}^{\infty}\frac{(1-aq^{2k})(a)_k(b)_k}{(aq/b)_k(q)_k}\left(\frac{a}{b}\right)^k q^{k^2}\cdot$$

$$\sum_{m=0}^{\infty}\frac{(c)_{k+m}(d)_{k+m}}{(q)_m(a)_{2k+m+1}}\left(\frac{aq}{cd}\right)^{k+m}$$

$$=\sum_{k=0}^{\infty}\frac{(1-aq^{2k})(a)_k(b)_k(c)_k(d)_k}{(q)_k(aq/b)_k(q)_{2k+1}}\left(\frac{a^2q}{bcd}\right)^k q^{k^2}\cdot$$

$$\sum_{m=0}^{\infty}\frac{(cq^k)_m(dq^k)_m}{(q)_m(aq^{2k+1})_m}\left(\frac{aq}{cd}\right)^m$$

$$=\sum_{k=0}^{\infty}\frac{1-aq^{2k}(a)_k(b)_k(c)_k(d)_k}{(q)_k(aq/b)_k(a)_{2k+1}}\left(\frac{a^2q}{bcd}\right)^k q^{k^2}\cdot$$

$$\frac{(aq^{k+1}/c)_\infty(aq^{k+1}/d)_\infty}{(aq/dc)_\infty(aq^{2k+1})_\infty}\quad\text{(利用式(2))}$$

$$=\frac{(aq/c)_\infty(aq/d)_\infty}{(a)_\infty(aq/dc)_\infty}\cdot$$

$$\sum_{k=0}^{\infty}\frac{(1-aq^{2k})(a)_k(b)_k(c)_k(d)_k}{(q)_k(aq/b)_k(aq/c)_k(aq/d)_k}\left(\frac{a^2q}{bcd}\right)^k q^{k^2}$$

定理证毕.

§3　罗杰斯 - 拉马努金恒等式与五重积恒等式

为了从 §1 中的定理推出分拆恒等式，需要雅可比三重积恒等式[2]

$$\sum_{n=-\infty}^{+\infty}q^{n^2}x^n=(q^2;q^2)_\infty(-xq;q^2)_\infty(-x^{-1}q;q^2)_\infty\quad(1)$$

在式(1)中将 q 用 q^k 代替，x 用 $\pm q^l$ 代替得

$$\sum_{n=-\infty}^{+\infty}(-1)^n q^{kn^2+ln}$$
$$=(q^{k-l};q^{2k})_\infty(q^{k+l};q^{2k})_\infty(q^{2k};q^{2k})_\infty\quad(2)$$

$$\sum_{n=-\infty}^{+\infty} q^{kn^2+ln}$$
$$=(-q^{k-l};q^{2k})_\infty(-q^{k+l};q^{2k})_\infty(q^{2k};q^{2k})_\infty \tag{3}$$

下面推导分拆恒等式.

在 §1 中的定理中令 $b,c,d\to\infty$ 得

$$\sum_{n=0}^{\infty}\frac{a^nq^{n^2}}{(q)_n}$$
$$=(a)_\infty^{-1}\sum_{n=0}^{\infty}(-1)^n\frac{(a)_n(q-aq^{2n})}{(q)_n}a^{2n}q^{\frac{n(5n-1)}{2}} \tag{4}$$

在式(4)中取 $a=1$ 得

$$\sum_{n=0}^{\infty}\frac{q^{n^2}}{(q)_n}$$
$$=(q)_\infty^{-1}\left[1+\sum_{n=1}^{\infty}(-1)^n(1+q^n)q^{\frac{n(5n-1)}{2}}\right]$$
$$=(q)_\infty^{-1}\sum_{n=-\infty}^{+\infty}(-1)^nq^{\frac{n(5n-1)}{2}}$$

由式(2)

$$\sum_{n=-\infty}^{+\infty}(-1)^nq^{\frac{n(5n-1)}{2}}$$
$$=(q^2;q^5)_\infty(q^3;q^5)_\infty(q^5;q^5)_\infty$$

所以有

$$\sum_{n=0}^{\infty}\frac{q^{n^2}}{(q)_n}=(q;q^5)_\infty^{-1}(q^4;q^5)_\infty^{-1} \tag{5}$$

在式(4)中取 $a=q$ 得

$$\sum_{n=0}^{\infty}\frac{q^{n^2+n}}{(q)_n}=(q)_\infty^{-1}\sum_{n=-\infty}^{+\infty}(-1)^nq^{\frac{n(5n+3)}{2}}$$

由式(3)

$$\sum_{n=-\infty}^{+\infty}(-1)^nq^{\frac{n(5n+3)}{2}}$$

$$=(q;q^5)_\infty(q^4;q^5)_\infty(q^5;q^5)_\infty$$

所以有

$$\sum_{n=0}^{\infty}\frac{q^{n^2+n}}{(q)_n}=(q^2;q^5)_\infty^{-1}(q^3;q^5)_\infty^{-1} \tag{6}$$

式(5)和(6)就是罗杰斯－拉马努金恒等式[2].

下面从式(4)出发推导五重积恒等式

$$\sum_{n=-m}^{\infty}\frac{a^nq^{n^2}}{(q^{m+1})_n}$$

$$=\sum_{k=0}^{\infty}\frac{a^{k-m}q^{(k-m)^2}}{(q^{m+1})_{k-m}}$$

$$=\frac{(q)_mq^{m^2}}{a^m}\sum_{k=0}^{\infty}\frac{q^{k^2}}{(q)_k}(a\mid q^{2m})^k$$

$$=\frac{(q)_mq^{m^2}}{a^m}\left(\frac{a}{q^{2m}}\right)_\infty^{-1}\sum_{k=0}^{\infty}(-1)^k\frac{(a\mid q^{2m})_k(1-aq^{2k-2m})}{(q)_k}\cdot$$

$$(a\mid q^{2m})^kq^{\frac{k(5k-1)}{2}}$$

$$=\frac{(q)_mq^{m^2}}{a^m}\left(\frac{a}{q^{2m}}\right)_\infty^{-1}\sum_{n=-m}^{\infty}(-1)^{n+m}\frac{(a\mid q^{2m})_{n+m}(1-aq^{2n})}{(q)_{n+m}}\cdot$$

$$(a\mid q^{2m})^{n+m}q^{\frac{5(n+m)^2-(n+m)}{2}}$$

$$=(-1)^m\frac{(q)_mq^{m^2}}{(q)_ma^m}\left(\frac{a}{q^{2m}}\right)^{-1}\left(\frac{a}{q^{2m}}\right)_m\left(\frac{a}{q^{2m}}\right)^{2m}q^{\frac{5m^2-m}{2}}\cdot$$

$$\sum_{n=-m}^{\infty}(-1)^n\frac{(a\mid q^m)_n(1-aq^{2n})}{(q^{m+1})_n}\left(\frac{a^2}{q^m}\right)^nq^{\frac{1\cdot(5n^2-n)}{2}}$$

$$=\frac{1}{(q/a)_m(a)_\infty}\sum_{n=-m}^{\infty}\frac{(a/q^m)_n(1-aq^{2n})}{(q^{m+1})_n}\left(\frac{a^2}{q^m}\right)^nq^{\frac{1\cdot(5n^2-n)}{2}}$$

所以得到了如下恒等式

$$\sum_{n=-m}^{\infty}\frac{a^nq^{n^2}}{(q^{m+1})_n}$$

$$=\frac{1}{(q/a)_m(a)_\infty}\sum_{n=-m}^{\infty}\frac{(a\mid q^m)_n(1-aq^{2n})}{(q^{m+1})_n}\left(\frac{a^2}{q^m}\right)^nq^{\frac{1}{2}(5n^2-n)} \tag{7}$$

在式(7)中令 $m \to +\infty$ 得

$$\sum_{n=-\infty}^{+\infty} a^n q^{n^2}$$

$$= \frac{1}{(a)_\infty (q/a)_\infty} \sum_{n=-\infty}^{+\infty} (1 - aq^{2n}) a^{3n} q^{3n^2-n}$$

$$\Rightarrow \sum_{n=-\infty}^{+\infty} (1 - aq^{2n}) a^{3n} q^{3n^2-n}$$

$$= (a)_\infty (q/a)_\infty \sum_{n=-\infty}^{+\infty} a^n q^{n^2}$$

$$= (a)_\infty (q/a)_\infty (q^2;q^2)_\infty (-aq;q^2)_\infty (-a^{-1}q;q^2)_\infty$$

(利用式(1))

$$= (a;q^2)_\infty (aq;q^2)_\infty (q/a;q^2)_\infty (q^2/a;q^2)_\infty \cdot (-aq;q^2)_\infty (-q/a;q^2)_\infty (q^2;q^2)_\infty$$

$$= (a;q^2)_\infty (aq;q^2)_\infty (-aq;q^2)_\infty (q/a;q^2)_\infty \cdot (-q/a;q^2)_\infty (q^2/a;q^2)_\infty (q^2;q^2)_\infty$$

$$= (a;q^2)_\infty (a^2q^2;q^4)_\infty (q^2/a^2;q^4)_\infty (q^2/a;q^2)_\infty (q^2;q^2)_\infty$$

在上式中将 a 用 $-a$，q 用 $q^{\frac{1}{2}}$ 代替得

$$\sum_{n=-\infty}^{+\infty} (-1)^n q^{\frac{1}{2}(3n^2-n)} (1 + aq^n) a^{3n}$$

$$= (-qa^{-1})_\infty (-a)_\infty (qa^{-2};q^2)_\infty (qa^2;q^2)_\infty (q)_\infty \quad (8)$$

式(8)就是著名的五重积恒等式.

有点出人意料的是看来有很大差异的罗杰斯－拉马努金恒等式与五重积恒等式竟可由同一变换式(4)推出. 下面继续推导分拆恒等式，为节省篇幅，只给出简略的推导过程.

在定理中先令 $c, d \to \infty$，再令 $b = -1$，并令 $a \to 1$ 得

$$\sum_{n=0}^{\infty} \frac{q^{n^2}}{(q^2;q^2)_n}$$

$$=(q)_\infty\sum_{n=-\infty}^{+\infty}(-1)^n q^{2n^2}$$
$$=(q)_\infty^{-1}(q^2;q^4)_\infty^2(q^4;q^4)_\infty$$
$$=(-q;q^2)_\infty \tag{9}$$

在定理中令 $d=aq/b$ 并应用柯西恒等式[2] 得

$$\sum_{n=0}^{\infty}\frac{(1-aq^{2n})(a)_n(c)_n}{(q)_n(aq/c)_n}\left(\frac{a}{c}\right)^n q^{n^2}$$
$$=\frac{(a)_\infty}{(aq/c)_\infty} \tag{10}$$

在式(10) 中令 $c\to\infty$ 得西尔维斯特(Sylvester) 公式

$$\sum_{n=0}^{\infty}(-1)^n\frac{(1-aq^{2n})}{(q)_n}(a)_n a^n q^{\frac{3n^2-n}{2}}=(a)_\infty \tag{11}$$

在式(1) 中令 $a=q$ 得欧拉五角形数定理

$$\sum_{n=-\infty}^{+\infty}(-1)^n q^{\frac{n(3n+1)}{2}}=(q)_\infty \tag{12}$$

在式(10) 中令 $c=a$ 得

$$\sum_{n=0}^{\infty}\frac{(1-aq^{2n})(a)_n^2}{(q)_n^2}q^{n^2}=\frac{(a)_\infty}{(q)_\infty} \tag{13}$$

在式(13) 中令 $a=0$,则得欧拉公式

$$\sum_{n=0}^{\infty}\frac{q^{n^2}}{(q)_n}=(q)_\infty^{-1} \tag{14}$$

参 考 文 献

[1] 初文昌. Gould-Hsu-Carlitz 反演与 Rogers-Ramanujan 恒等式(I)[J]. 数学学报,1990,33:7-12.

[2] FINE N J. Basic hypergeometric series and applications[M]. Providence: American Mathematical

Society, 1988.

[3] CARLITZ L. Some inverse relations[J]. Duke. Math. J., 1973, 40: 893-901.

[4] ANDREWS G E. Applications of basic hypergeometric functions[J]. SIAM Rev., 1974, 16(4): 441-484.

两个罗杰斯—拉马努金恒等式的新证法①

第二章

大连理工大学应用数学系的赵凤珍与吉林大学数学系的牛凤文两位教授在 1995 年利用一个基本超几何函数的变换公式及其最基本的求和公式，对 I. Gessel 和 D. Stanton 发现的两个罗杰斯－拉马努金恒等式，给出一种新的、更为简单的证明.

§1　引　言

规定

$$(x,y)_n=\begin{cases}\prod\limits_{k=0}^{n-1}(1-xy^k) & (n\geqslant 1)\\ 1 & (n=0)\end{cases}$$

① 摘编自《纯粹数学与应用数学》，1997 年，第 13 卷第 1 期.

$$(x,y)_\infty=\prod_{k=0}^{\infty}(1-xy^k)$$

其中 $n\geqslant 1,x,y$ 均为实数.

在本章的证明中要用到下列引理.

引理 1[1]　若 $|b|<1,|q|<1,|t|<1,c\neq q^{-m},t\neq q^{-m},at\neq q^{-m}$(其中 m 为任意非负整数),则

$$\sum_{n=0}^{\infty}\frac{(a,q)_n(b,q)_nt^n}{(q,q)_n(c,q)_n}$$
$$=\frac{(b,q)_\infty(at,q)_\infty}{(c,q)_\infty(t,q)_\infty}\sum_{n=0}^{\infty}\frac{(c/b,q)_n(t,q)_nb^n}{(q,q)_n(at,q)_n}$$

引理 2[1]　若 $|q|<1,|t|<1$,则

$$\sum_{n=0}^{\infty}\frac{(a,q)_nt^n}{(q,q)_n}=\frac{(at,q)_\infty}{(t,q)_\infty}$$

引理 3[1]　$(q,q^2)_\infty(-q,q)_\infty=1$,其中 $|q|<1$.

引理 4[2]

$$\sum_{n=0}^{\infty}\frac{(a_1,q)_n(a_2,q)_n(a_3,q)_n(b_1b_2)^n}{(q,q)_n(b_1,q)_n(b_2,q)_n(a_1a_2a_3)^n}$$
$$=\frac{(b_2/a_3,q)_\infty(b_1b_2/(a_1a_2),q)_\infty}{(b_2,q)_\infty(b_1b_2/(a_1a_2a_3),q)_\infty}\cdot$$
$$\sum_{n=0}^{\infty}\frac{(b_1/a_1,q)_n(b_1/a_2,q)_n(a_3,q)_nb_2^n}{(b_1,q)_n(b_1b_2/(a_1a_2),q)_n(q,q)_na_3^n}$$

此外,为保证求和有意义,本章中的 q 都满足 $|q|<1$.

§2　罗杰斯－拉马努金恒等式的新证法

I. Gessel 和 D. Stanton 曾得到两个新的罗杰斯－拉马努金恒等式[3]

$$\sum_{k=0}^{\infty}\frac{(-q,q^2)_{2k}q^{2k^2}}{(q^8,q^8)_k(q^2,q^4)_k}$$

$$=(-q^5,q^8)_\infty(-q^3,q^8)_\infty(-q^2,q^2)_\infty \tag{1}$$

$$\sum_{k=0}^{\infty}\frac{(-q,q^2)_{2k+1}q^{2k^2+2k}}{(q^2,q^2)_{2k+1}(-q^2,q^4)_{k+1}}$$
$$=\frac{(-q,q^8)_\infty(-q^7,q^8)_\infty(q^8,q^8)_\infty}{(q^2,q^2)_\infty(-q^2,q^4)_\infty} \tag{2}$$

本节将对这两个恒等式给出一种新的、更简单的证明方法. 该方法不需要过多的复杂的知识.

如果在上一节引理 4 中令 $a_2\to\infty$,则有

$$\sum_{n=0}^{\infty}\frac{(a_1,q)_n(a_3,q)_nq^{\frac{n^2-n}{2}}(-b_1b_2)^n}{(q,q)_n(b_1,q)_n(b_2,q)_n(a_1a_3)^n}$$
$$=\frac{(b_2/a_3,q)_\infty}{(b_2,q)_\infty}\sum_{k=0}^{\infty}\frac{(b_1/a_1,q)_k(a_3,q)_kb_2^k}{(q,q)_k(b_1,q)_ka_3^k} \tag{3}$$

再将式(3) 中的 q 换成 q^4,则有

$$\sum_{n=0}^{\infty}\frac{(a_1,q^4)_n(a_3,q^4)_nq^{2n^2-2n}(-b_1b_2)^n}{(q^4,q^4)_n(b_1,q^4)_n(b_2,q^4)_n(a_1a_3)^n}$$
$$=\frac{(b_2/a_3,q^4)_\infty}{(b_2,q^4)_\infty}\sum_{k=0}^{\infty}\frac{(b_1/a_1,q^4)_k(a_3,q^4)_kb_2^k}{(q^4,q^4)_k(b_1,q^4)_ka_3^k} \tag{4}$$

由式(4) 及上一节引理 1、引理 2 和引理 3 可证明式(1) 和式(2).

先证明式(1):在式(4) 中令 $a_1=-q,a_3=-q^3$, $b_1=q^2,b_2=-q^4$,则

$$\sum_{n=0}^{\infty}\frac{(-q,q^2)_{2n}q^{2n^2}}{(q^8,q^8)_n(q^2,q^4)_n}$$
$$=\sum_{n=0}^{\infty}\frac{(-q^3,q^4)_n(-q,q^4)_nq^{2n^2}}{(q^8,q^8)_n(q^2,q^4)_n}$$
$$=\frac{(q,q^4)_\infty}{(-q^4,q^4)_\infty}\sum_{k=0}^{\infty}\frac{(-q^3,q^4)_k(-q,q^4)_kq^k}{(q^4,q^4)_k(q^2,q^4)_k}$$

由上一节引理 1 知

$$\sum_{n=0}^{\infty}\frac{(-q,q^2)_{2n}q^{2n^2}}{(q^8,q^8)_n(q^2,q^4)_n}$$

$$=\frac{(-q,q^4)_\infty}{(q^2,q^4)_\infty}\sum_{k=0}^{\infty}\frac{(-q,q^4)_k(q,q^4)_k(-q)^k}{(q^4,q^4)_k(-q^4,q^4)_k}$$

利用上一节引理 2 得

$$\sum_{n=0}^{\infty}\frac{(-q,q^2)_{2n}q^{2n^2}}{(q^8,q^8)_n(q^2,q^4)_n}$$

$$=\frac{(-q,q^4)_\infty(-q^3,q^8)_\infty}{(q^2,q^4)_\infty(-q,q^8)_\infty}$$

$$=\frac{(-q,q^8)_\infty(-q^5,q^8)_\infty(-q^3,q^8)_\infty}{(q^2,q^4)_\infty(-q,q^8)_\infty}$$

$$=\frac{(-q^5,q^8)_\infty(-q^3,q^8)_\infty}{(q^2,q^4)_\infty}$$

再由上一节引理 3 得

$$\sum_{n=0}^{\infty}\frac{(-q,q^2)_{2n}q^{2n^2}}{(q^8,q^8)_n(q^2,q^4)_n}$$

$$=(-q^5,q^8)_\infty(-q^3,q^8)_\infty(-q^2,q^2)_\infty$$

下面给出式(2) 的证明. 在式(4) 中令 $a_1=-q^3$, $a_3=-q^5$, $b_1=q^6$, $b_2=-q^6$, 则有

$$\sum_{n=0}^{\infty}\frac{(-q^5,q^4)_n(-q^3,q^4)_nq^{2n^2+2n}}{(q^4,q^4)_n(q^6,q^4)_n(-q^6,q^4)_n}$$

$$=\frac{1-q^4}{1+q}\sum_{n=0}^{\infty}\frac{(-q,q^4)_{n+1}(-q^3,q^4)_nq^{2n^2+2n}}{(q^2,q^2)_{2n+1}(-q^2,q^4)_{n+1}}$$

$$=\frac{1-q^4}{1+q}\sum_{n=0}^{\infty}\frac{(-q,q^2)_{2n+1}q^{2n^2+2n}}{(q^2,q^2)_{2n+1}(-q^2,q^4)_{n+1}}$$

$$=\frac{(q,q^4)_\infty}{(-q^6,q^4)_\infty}\sum_{k=0}^{\infty}\frac{(-q^3,q^4)_k(-q^5,q^4)_kq^k}{(q^4,q^4)_k(q^6,q^4)_k}$$

由上一节引理 1 及引理 2 知

$$\sum_{n=0}^{\infty}\frac{(-q,q^2)_{2n+1}q^{2n^2+2n}}{(q^2,q^2)_{2n+1}(-q^2,q^4)_{n+1}}$$

$$=\frac{(1+q)(-q^5,q^4)_\infty(-q^4,q^4)_\infty}{(1-q^4)(-q^6,q^4)_\infty(q^6,q^4)_\infty}\cdot$$

$$\sum_{k=0}^{\infty}\frac{(-q,q^4)_k(q,q^4)_k(-q^5)^k}{(q^4,q^4)_k(-q^4,q^4)_k}$$

$$=\frac{(-q,q^4)_\infty(-q^4,q^4)_\infty}{(-q^2,q^4)_\infty(q^2,q^4)_\infty}\sum_{k=0}^{\infty}\frac{(q^2,q^8)_k(-q^5)^k}{(q^8,q^8)_k}$$

$$=\frac{(-q,q^4)_\infty(-q^7,q^8)_\infty(-q^4,q^4)_\infty}{(-q^2,q^4)_\infty(q^2,q^4)_\infty(-q^5,q^8)_\infty}$$

$$=\frac{(-q^5,q^8)_\infty(-q,q^8)_\infty(-q^7,q^8)_\infty(q^8,q^8)_\infty}{(-q^2,q^4)_\infty(q^2,q^4)_\infty(q^4,q^4)_\infty(-q^5,q^8)_\infty}$$

$$=\frac{(-q,q^8)_\infty(-q^7,q^8)_\infty(q^8,q^8)_\infty}{(q^2,q^2)_\infty(-q^2,q^4)_\infty}$$

参考文献

[1] ANDREWS G E. Application of basic hypergeometric functions[J]. SIAM. Rew,1974,16(4):441-484.

[2] ANDREWS G E. On the q-analog of Kummer's theorem and applications[J]. Duke Math. J. ,1973,40(3):525-528.

[3] GESSEL I,STANTON D. Applications of q-Lagrange inversion to basic hypergeometric series[J]. Trans. Amer. Math. Soc. ,1983,227(1):173-201.

纳斯鲁拉—拉赫曼积分的一个新证明①

第三章

§1 引 言

自从阿斯基—威尔逊积分[1]问世以来，q-beta型积分的研究已成为人们所关注的课题，纳斯鲁拉(Nassrallah)和拉赫曼(Rahman)[2]应用贝利(Bailey)$_8\Phi_7$变换公式，给出了q-级数$_8\Phi_7$的积分表示，纳斯鲁拉—拉赫曼积分[3]是这个积分表示的特例. 考虑到贝利变换是一个相当深奥的公式[4]，在1998年刘治国教授认为有必要给出纳斯鲁拉和拉赫曼结果的新推导，这种推导要避免使用贝利变换公式. 他建立了q-微分算子的

① 摘编自《数学学报》，1998年，第41卷第2期.

两个恒等式，利用这些恒等式并结合 q - 级数的一些较为简单的求和公式，重新推导了纳斯鲁拉和拉赫曼的结果.

§2　q - 微分算子的两个恒等式

设 $|q|<1$，q - 升阶乘符号的定义为[5]

$$(a;q)_0=1$$

$$(a;q)_n=\prod_{j=0}^{n-1}(1-aq^j)\quad(n=1,2,\cdots,\infty)\tag{1}$$

$$(a_1,a_2,\cdots,a_m;q)_n=(a_1;q)_n(a_2;q)_n\cdots(a_m;q)_n\tag{2}$$

其中 $n=0,1,2,\cdots,\infty$，易知

$$(a;q)_n=\frac{(a;q)_\infty}{(aq^n;q)_\infty}\tag{3}$$

q - 超几何级数 ${}_{r+1}\Phi_r$ 的定义为[5]

$$\begin{aligned}&{}_{r+1}\Phi_r\left(\begin{matrix}a_1,a_2,\cdots,a_{r+1}\\ b_1,b_2,\cdots,b_r\end{matrix};q,x\right)\\ &=\sum_{n=0}^{\infty}\frac{(a_1,a_2,\cdots,a_{r+1};q)_nx^n}{(q,b_1,\cdots,b_r;q)_n}\end{aligned}\tag{4}$$

特别地，非常均衡级数

$${}_{r+1}\Phi_r\left(\begin{matrix}a_1,q\sqrt{a_1},-q\sqrt{a_1},a_4,\cdots,a_{r+1}\\ \sqrt{a_1},-\sqrt{a_1},qa_1\sqrt{a_4},\cdots,qa_1\sqrt{a_{r+1}}\end{matrix};q,x\right)$$

常被记作

$${}_{r+1}W_r(a_1,a_4,\cdots,a_{r+1};q,x)\tag{5}$$

本章还要用到下列记号[5]

$$h(\cos\theta;a_1,\cdots,a_r)=h(\cos\theta;a_1)\cdots h(\cos\theta;a_r)\tag{6}$$

其中

$$h(\cos\theta;a)=(ae^{i\theta},ae^{-i\theta};q)_\infty \tag{7}$$

q - 二项式系数的定义为[5]

$$\begin{bmatrix}n\\k\end{bmatrix}=(q;q)_n/(q;q)_k(q;q)_{n-k} \tag{8}$$

设 D_q 为关于 a 的 q - 微分算子，其定义为

$$D_qf(a)=\frac{f(a)-f(aq)}{a} \tag{9}$$

约定 D_q^0 为恒等算子. 关于 D_q 有相应的莱布尼茨(Leibniz)公式[6]

$$D_q^n\{f(a)g(a)\}=\sum_{j=0}^{n}\begin{bmatrix}n\\j\end{bmatrix}q^{j(j-n)}D_q^j\{f(a)\}D_q^{n-j}\{g(aq^j)\} \tag{10}$$

本章中 D_q 均表示关于 a 的 q - 微分算子. 我们将经常用到柯西恒等式及欧拉恒等式[5]

$$\frac{(ax;q)_\infty}{(x;q)_\infty}=\sum_{n=0}^{\infty}\frac{(a;q)_nx^n}{(q;q)_n} \tag{11}$$

$$\frac{1}{(x;q)_\infty}=\sum_{n=0}^{\infty}\frac{x^n}{(q;q)_n} \tag{12}$$

定理 1 记

$$T(bD_q)=\sum_{n=0}^{\infty}\frac{(bD_q)^n}{(q;q)_n} \tag{13}$$

则有

$$T(bD_q)\left\{\frac{1}{(ac,ad;q)_\infty}\right\}=\frac{(abcd;q)_\infty}{(ac,ad,bc,bd;q)_\infty} \tag{14}$$

$$T(bD_q)\left\{\frac{(acdf;q)_\infty}{(ac,ad,af;q)_\infty}\right\}$$
$$=\frac{(abdf,acdf;q)_\infty}{(ac,ad,af,bd,bf;q)_\infty}\,{}_3\Phi_2\left(\begin{matrix}ad,af,df\\abdf,acdf\end{matrix};q,bc\right) \tag{15}$$

证明 易知

$$D_q^j\left\{\frac{1}{(xa;q)_\infty}\right\}=\frac{x^j}{(xa;q)_\infty}$$

所以由莱布尼茨公式知

$$\begin{aligned}&T(bD_q)\left\{\frac{1}{(ac,ad;q)_\infty}\right\}\\&=\sum_{n=0}^{\infty}\frac{b^n}{(q;q)_n}\sum_{j=0}^{n}\begin{bmatrix}n\\j\end{bmatrix}q^{j(j-n)}\cdot\\&\quad D_q^j\left\{\frac{1}{(ac;q)_\infty}\right\}D_q^{n-j}\left\{\frac{1}{(adq^j;q)_\infty}\right\}\\&=\sum_{n=0}^{\infty}b^n\sum_{j=0}^{n}\frac{c^jd^{n-j}}{(q;q)_j(q;q)_{n-j}}\cdot\frac{1}{(ac,adq^j;q)_\infty}\\&=\frac{1}{(ac,ad;q)_\infty}\sum_{j=0}^{\infty}\frac{(ad;q)_j(bc)^j}{(q;q)_j}\sum_{n=j}^{\infty}\frac{(bd)^{n-j}}{(q;q)_{n-j}}\\&=\frac{(abcd;q)_\infty}{(ac,ad,bc,bd;q)_\infty}\end{aligned}$$

从而式(14)成立. 易知

$$D_q^j\left\{\frac{(acdf;q)_\infty}{(ac;q)_\infty}\right\}=\frac{(acdf;q)_\infty}{(ac;q)_\infty}\cdot\frac{(df;q)_jc^j}{(acdf;q)_j}$$

所以由莱布尼茨公式及式(14)知

$$\begin{aligned}&T(bD_q)\left\{\frac{(acdf;q)_\infty}{(ac,ad,af;q)_\infty}\right\}\\&=\sum_{n=0}^{\infty}\frac{b^n}{(q;q)_n}\sum_{j=0}^{n}\begin{bmatrix}n\\j\end{bmatrix}q^{j(j-n)}D_q^j\left\{\frac{(acdf;q)_\infty}{(ac;q)_\infty}\right\}\cdot\\&\quad D_q^{n-j}\left\{\frac{1}{(adq^j,afq^j;q)_\infty}\right\}\\&=\frac{(acdf;q)_\infty}{(ac;q)_\infty}\sum_{n=0}^{\infty}\frac{b^n}{(q;q)_n}\sum_{j=0}^{n}\begin{bmatrix}n\\j\end{bmatrix}q^{j(j-n)}\frac{(df;q)_j}{(acdf;q)_j}\cdot\\&\quad D_q^{n-j}\left\{\frac{1}{(adq^j,afq^j;q)_\infty}\right\}\end{aligned}$$

$$=\frac{(acdf;q)_\infty}{(ac;q)_\infty}\sum_{j=0}^{\infty}\frac{(df;q)_j(bc)^j}{(q,acdf;q)_j}T(bq^{-j}D_q)\cdot\left\{\frac{1}{(adq^j,afq^j;q)_\infty}\right\}$$

$$=\frac{(acdf;q)_\infty}{(ac;q)_\infty}\cdot\sum_{j=0}^{\infty}\frac{(df;q)_j(bc)^j}{(q,acdf;q)_j}\cdot\frac{(abdfq^j;q)_\infty}{(afq^j,adq^j,bd,bf;q)_\infty}$$

$$=\frac{(abdf,acdf;q)_\infty}{(ac,ad,af,bd,bf;q)_\infty}{}_3\Phi_2\left(\begin{matrix}ad,af,df\\abdf,acdf\end{matrix};q,bc\right)$$

因此式(15)成立,定理1证毕.

利用定理1及阿斯基—威尔逊积分可得下面的定理2.

定理 2

$$\frac{(q;q)_\infty}{2\pi}\int_0^\pi\frac{h(\cos 2\theta;1)\mathrm{d}\theta}{h(\cos\theta;a,b,c,d,f)}=\frac{(acdf,abdf;q)_\infty}{(ab,ac,ad,af,bd,bf,cd,cf,df;q)_\infty}\cdot{}_3\Phi_2\left(\begin{matrix}ad,af,df\\abdf,acdf\end{matrix};q,bc\right)\tag{16}$$

证明 由式(14)易知

$$\frac{1}{h(\cos\theta;a,b)}=\frac{1}{(ab;q)_\infty}T(bD_q)\left\{\frac{1}{h(\cos\theta;a)}\right\}\tag{17}$$

阿斯基—威尔逊积分为[5]

$$\frac{(q;q)_\infty}{2\pi}\int_0^\pi\frac{h(\cos 2\theta;1)\mathrm{d}\theta}{h(\cos\theta;a,c,d,f)}=\frac{(acdf;q)_\infty}{(ac,ad,af,cd,cf,df;q)_\infty}\tag{18}$$

由式(17)(18)及(15)知

$$\frac{(q;q)_\infty}{2\pi}\int_0^\pi \frac{h(\cos 2\theta;1)\mathrm{d}\theta}{h(\cos\theta;a,b,c,d,f)}$$

$$=\frac{1}{(ab;q)_\infty}T(bD_q)\left\{\frac{(q;q)_\infty}{2\pi}\int_0^\pi \frac{h(\cos 2\theta;1)\mathrm{d}\theta}{h(\cos\theta;a,c,d,f)}\right\}$$

$$=\frac{1}{(ab,cd,cf,df;q)_\infty}T(bD_q)\left\{\frac{(acdf;q)_\infty}{(ac,ad,af;q)_\infty}\right\}$$

$$=\frac{(acdf,abdf;q)_\infty}{(ab,ac,ad,af,bd,bf,cd,cf,df;q)_\infty}\cdot {}_3\Phi_2\left(\begin{matrix}ad,af,df\\abdf,acdf\end{matrix};q,bc\right)$$

所以式(16)成立,定理2证毕.

§3　纳斯鲁拉－拉赫曼积分

纳斯鲁拉－拉赫曼积分为下面定理中的形式[3].

定理

$$\frac{(q;q)_\infty}{2\pi}\int_0^\pi \frac{h(\cos 2\theta;1)h(\cos\theta;abdf)\mathrm{d}\theta}{h(\cos\theta;a,b,c,d,f)}$$

$$=\frac{(abcd,abcf,abdf,acdf,bcdf;q)_\infty}{(ab,ac,ad,af,bc,bd,bf,cd,cf,df;q)_\infty}$$

为证明此定理,需下列引理[5].

引理1(q－普法夫－萨尔舒茨(Pfaff-Saalschütz)和公式)

$${}_3\Phi_2\left[\begin{matrix}a,b,q^{-n}\\c,abq^{1-n}/c\end{matrix};q,q\right]=\frac{(c/a,c/b;q)_n}{(c,c/ab;q)_n}\tag{1}$$

引理2(q－高斯和公式)

$${}_2\Phi_1\left(\begin{matrix}a,b\\c\end{matrix};q,c/ab\right)=\frac{(c/a,c/b;q)_\infty}{(c,c/ab;q)_\infty}\tag{2}$$

下面证明定理.

定理的证明 利用 §2 中式(16),将 f 用 fq^n 替代,然后在两边乘以 $(abcd)^n/(q,abcdf^2;q)_n$,并关于 n 求和得

$$\frac{(q;q)_\infty}{2\pi}\int_0^\pi {}_2\Phi_1\left(\begin{matrix}e^{i\theta},fe^{-i\theta}\\abcdf^2\end{matrix};q,abcd\right)\frac{h(\cos 2\theta;1)d\theta}{h(\cos\theta;a,b,c,d,f)}$$

$$=\frac{(acdf,abdf;q)_\infty}{(ab,ac,ad,af,bd,bf,cd,cf,df;q)_\infty}\cdot$$

$$\sum_{n=0}^\infty\frac{(af,df,ad;q)_n(bc)^n}{(q,acdf,abdf;q)_n}\cdot$$

$${}_3\Phi_2\left(\begin{matrix}q^{-n},cf,bf\\abcdf^2,q^{1-n}/ad\end{matrix};q,q\right)\tag{3}$$

由式(1)(2) 知

$${}_3\Phi_2\left(\begin{matrix}q^{-n},cf,bf\\abcdf^2,q^{1-n}/ad\end{matrix};q,q\right)=\frac{(abdf,acdf;q)_n}{(abcdf^2,ad;q)_n}\tag{4}$$

$${}_2\Phi_1\left(\begin{matrix}fe^{i\theta},fe^{-i\theta}\\abcdf^2\end{matrix};q,abcd\right)=\frac{h(\cos\theta;abcdf)}{(abcd,abcdf^2;q)_\infty}\tag{5}$$

将式(4)(5) 代入式(3) 得

$$\frac{(q;q)_\infty}{2\pi}\int_0^\pi\frac{h(\cos 2\theta;1)h(\cos\theta;abcdf)d\theta}{h(\cos\theta;a,b,c,d,f)}$$

$$=\frac{(abcd,abdf,acdf,abcdf^2;q)_\infty}{(ab,ac,ad,af,bd,bf,cd,cf,df;q)_\infty}\cdot$$

$${}_2\Phi_1\left(\begin{matrix}af,df\\abcdf^2\end{matrix};q,bc\right)\tag{6}$$

将

$${}_2\Phi_1\left(\begin{matrix}af,df\\abcdf^2\end{matrix};q,bc\right)=\frac{(bcdf,abcf;q)_\infty}{(abcdf^2,bc;q)_\infty}\tag{7}$$

代入式(6) 即知定理成立.

§4　$_8\Phi_7$ 的积分表示

纳斯鲁拉和拉赫曼关于$_8\Phi_7$ 的积分表示为下面定理中的形式[2].

定理

$$\frac{(q;q)_\infty}{2\pi}\int_0^\pi \frac{h(\cos 2\theta;1)h(\cos\theta;g)\mathrm{d}\theta}{h(\cos\theta;a,b,c,d,f)}$$
$$=\frac{(gf^{-1},fg,abcf,bcdf,acdf,abdf;q)_\infty}{(ab,ac,ad,af,bc,bd,bf,cd,cf,df,abcdf^2;q)_\infty}\cdot$$
$${}_8W_7(abcdf^2q^{-1};af,bf,cf,df,abcdfg^{-1};q,gf^{-1})$$

为从上一节的定理推出此定理,还需下列引理[5].

引理(Jackson 定理的极限形式)

$${}_6W_5(a;b,c,d;q,aq/bcd)$$
$$=\frac{(aq,aq/bc,aq/bd,aq/cd;q)_\infty}{(aq/b,aq/c,aq/d,aq/bcd;q)_\infty}\tag{1}$$

定理的证明　在上一节的定理中将 f 用 fq^n 替代,然后在两边乘以

$$\frac{(1-abcdf^2q^{2n-1})(abcdf^2q^{-1},abcdfg^{-1};q)_n(gf^{-1})^n}{(1-abcdf^2q^{-1})(q,fg,f^{-1}g;q)_n}$$

最后关于 n 求和,并记上一节的定理中被积函数为 $K(\theta)$,得

$$\frac{(q;q)_\infty}{2\pi}\int_0^\pi K(\theta)\,{}_6W_5(abcdf^2q^{-1};abcdfg^{-1},fe^{i\theta},$$
$$fe^{-i\theta};q,gf^{-1})\mathrm{d}\theta$$
$$=\frac{(abcd,abcf,abdf,acdf,bcdf;q)_\infty}{(ab,ac,ad,af,bc,bd,bf,cd,cf,df;q)_\infty}\cdot$$
$${}_8W_7(abcdf^2q^{-1};abcdfg^{-1},af,bf,cf,df;q,gf^{-1})\tag{2}$$

将

$$
{}_6W_5(abcdf^2q^{-1};abcdfg^{-1},fe^{i\theta},fe^{-i\theta};q,gf^{-1})
$$

$$
=\frac{(abcd,abcdf^2,ge^{i\theta},ge^{-i\theta};q)_\infty}{(gf^{-1},fg,abcdfe^{i\theta},abcdfe^{-i\theta};q)_\infty}
$$

代入式(2),即知定理成立.

参考文献

[1] ASKEY R,WILSON J A. Some basic hypergeometric polynomials that generalize Jacobi polynomials[J]. Mem. Amer. Math. Soc.,1985,54:319.

[2] NASSRALLAH B,RAHMAN M. Projection formulas, a reproducing kernel and a generating function for q-Wilson polynomials[J]. SIAM J. Math. Anal., 1985,16:186-197.

[3] RAHMAN M,SUSLOV S K. The pearson equation and the beta integrals[J]. SIAM J. Math. Anal.,1994,25: 646-693.

[4] ANDREWS G E. Reviews on the basic hypergeometric series[J]. Amer. Math. Monthly,1991,98:282-284.

[5] GASPER G,RAHMAN M. Basic hypergeometric series [M]. Cambridge:Cambridge University Press,1990.

[6] ROMAN S. The theory of the umbral calculus(I)[J]. J. Math. Anal. Appl.,1982,87:57-115.

q-超几何级数${}_2\Phi_0[a,b;z]$的两个基本恒等式及其一些应用①

第四章

河北师范大学数学系的魏鸿增与张谊宾两位教授在 1998 年利用有限域上交错矩阵方程$\boldsymbol{X}\boldsymbol{K}_{2v}\boldsymbol{X}'=\boldsymbol{O}$的解数公式得到$q$-超几何级数${}_2\Phi_0$的一个基本恒等式，并且用它能直接把一些特殊矩阵的这类方程的解数由函数${}_2\Phi_0$表出．另外还用${}_2\Phi_0$的一个恒等式得出F_q上m阶特殊矩阵的个数.

§1　引　言

熟知二项系数$\binom{m}{k}$的q-模拟是高斯二项系数

① 摘编自《数学研究与评论》，1998 年，第 18 卷第 4 期.

$$\begin{bmatrix} m \\ k \end{bmatrix}_q = \frac{(q^m-1)(q^{m-1}-1)\cdots(q^{m-k+1}-1)}{(q^k-1)(q^{k-1}-1)\cdots(q-1)} \quad (1)$$

对于超几何级数${}_sF_t\begin{bmatrix} a_1,\cdots,a_s \\ b_1,\cdots,b_t \end{bmatrix};z$也有相应的 q-模拟，即 q-超几何级数

$${}_s\Phi_t\begin{bmatrix} a_1,\cdots,a_s \\ b_1,\cdots,b_t \end{bmatrix};z = \sum_{r=0}^{r}\frac{(a_1)_r\cdots(a_s)_r z^r}{(b_1)_r\cdots(b_t)_r(q)_r} \quad (2)$$

这里$(a)_r=(1-a)(1-aq)\cdots(1-aq^{r-1})$，且$(a)_0=1$. 因此式(2)是$a_1,\cdots,a_s,b_1,\cdots,b_t,q$与$z$的函数，且依定义

$${}_2\Phi_0[a,b;z]=\sum_{r=0}^{\infty}\frac{(a)_r(b)_r}{(q)_r}z^r \quad (3)$$

由分拆及子空间计数等问题引入的高斯二项系数除了简化表达外，还具有一系列约简计算的性质. 对于 q-超几何级数来说同样也有约简公式和简化计算的作用. 因此一些计数公式考虑它能否用 q-超几何级数表达常常是重要的.

设 F_q 是q 元有限域，F_q 上两个n 阶矩阵$\boldsymbol{A}$，$\boldsymbol{B}$ 称为同步的，如果存在非奇异矩阵 $\boldsymbol{T}$ 使得 $\boldsymbol{TAT}'=\boldsymbol{B}$. 把 F_q 上适合方程 $\boldsymbol{XAX}'=\boldsymbol{O}^{(m)}$ 的 $m\times n$ 矩阵解 $\boldsymbol{X}$ 的个数记作 $n_{m\times n}(\boldsymbol{A},\boldsymbol{O})$，易知若 $\boldsymbol{A}$ 同步于 $\boldsymbol{B}$，则 $n_{m\times n}(\boldsymbol{A},\boldsymbol{O})=n_{m\times n}(\boldsymbol{B},\boldsymbol{O})$. 因此将总用矩阵的同步标准形决定的矩阵方程来讨论解数公式. 本章首先由交错矩阵方程的解数公式证明${}_2\Phi_0$ 的一个恒等式，然后利用该式直接推出本章所得到的一些特殊矩阵方程解数公式的 q-超几何级数表示. 另外，还应用恒等式${}_2\Phi_0[c,q^{-n};q]=c^n$ 给出有限域F_q 上m 阶特殊矩阵个数的证明. 本章的术语、符号等多采自文献[1].

§2　从交错矩阵方程解数得到${}_2\Phi_0$的恒等式

设q是任意素数p的方幂,则有限域F_q上任何m阶交错矩阵由文献[1]中的定理3.1知必同步于

$$\begin{pmatrix} \boldsymbol{O} & \boldsymbol{I}^{(v)} & \\ -\boldsymbol{I}^{(v)} & \boldsymbol{O} & \\ & & \boldsymbol{O}^{(m-2v)} \end{pmatrix}$$

这里$0\leqslant 2v\leqslant m$,v称为指数.显然交错矩阵的秩为偶数,且$2v$阶非奇异交错矩阵的同步标准

$$\boldsymbol{K}_{2v}=\begin{pmatrix} \boldsymbol{O} & \boldsymbol{I}^{(v)} \\ -\boldsymbol{I}^{(v)} & \boldsymbol{O} \end{pmatrix}$$

定义辛群$S_{p_{2v}}(F_q)=\{\boldsymbol{T}\in GL_n(F_q)\mid \boldsymbol{TK}_{2v}\boldsymbol{T}'=\boldsymbol{K}_{2v}\}$以及它在$F_q$上$2v$维行向量空间$F_q^{(2v)}$上的作用

$$F_q^{(2v)}\times S_{p_{2v}}(F_q)\rightarrow F_q^{(2v)}$$

$$((x_1,x_2,\cdots,x_{2v}),\boldsymbol{T})\rightarrow(x_1,x_2,\cdots,x_{2v})\boldsymbol{T}$$

把具有这个作用的$F_q^{(2v)}$称为$2v$维辛空间且仍记为$F_q^{(2v)}$.设P是$F_q^{(2v)}$的一个k维子空间.$m\times 2v$矩阵$\boldsymbol{X}$叫作子空间P的一个矩阵表示,如果它的行向量是P的生成元.k维子空间P的$k\times 2v$矩阵表示特别仍记为$\boldsymbol{P}$.$F_q^{(2v)}$的一个k维子空间称为全迷向或$(k,0)$型的,如果$\boldsymbol{PK}_{2v}\boldsymbol{P}'=\boldsymbol{O}^{(k)}$.把$F_q$上适合方程

$$\boldsymbol{XK}_{2v}\boldsymbol{X}'=\boldsymbol{O}^{(m)} \tag{1}$$

的解$m\times 2v$矩阵$\boldsymbol{X}$和秩k的$m\times 2v$矩阵$\boldsymbol{X}$的个数分别记作$n(\boldsymbol{K}_{2v},\boldsymbol{O}^{(m)})$和$n(\boldsymbol{K}_{2v},\boldsymbol{O}^{(m)};k)$.

引理　秩k的$m\times 2v$矩阵$\boldsymbol{X}$是式(1)的一个解当且仅当$\boldsymbol{X}$是辛空间$F_q^{(2v)}$中一个$(k,0)$型子空间P的

$m \times 2v$ 矩阵表示.

证明 设 $\boldsymbol{X}$ 适合式(1). 由 $\operatorname{rank} \boldsymbol{X}=k$, 有 $\boldsymbol{X}=\boldsymbol{TP}$, 这里 $\boldsymbol{T}$ 是秩 k 的 $m \times k$ 矩阵, $\boldsymbol{P}$ 是秩 k 的 $k \times 2v$ 矩阵. 以 $\boldsymbol{T}$ 为前 k 列作 m 阶非奇异矩阵 $\boldsymbol{M}$, 那么 $\boldsymbol{X}=\boldsymbol{M}\begin{pmatrix}\boldsymbol{P}\\ \boldsymbol{O}\end{pmatrix}$, 且由式(1) 推出 $\boldsymbol{PK}_{2v}\boldsymbol{P}'=\boldsymbol{O}^{(k)}$. 这样 $\boldsymbol{P}$ 的 k 个行向量生成辛空间 $F_q^{(2v)}$ 中一个 $(k,0)$ 型子空间 P, 它以 $\boldsymbol{X}$ 为矩阵表示. 反之, 若 $F_q^{(2v)}$ 中 $(k,0)$ 型子空间 P 以 $m \times 2v$ 矩阵 $\boldsymbol{X}$ 为矩阵表示, 则 $\operatorname{rank} \boldsymbol{X}=k$ 且子空间 P 有秩为 k 的 $k \times 2v$ 矩阵表示 $\boldsymbol{P}$ 适合 $\boldsymbol{PK}_{2v}\boldsymbol{P}'=\boldsymbol{O}$. 又矩阵 $\boldsymbol{P}$ 的 k 个行向量是子空间 P 的基, 因此存在秩 k 的 $m \times k$ 矩阵 $\boldsymbol{T}$ 使 $\boldsymbol{X}=\boldsymbol{TP}$, 从而 $\boldsymbol{X}$ 适合式(1).

定理 1 设 $0 \leqslant k \leqslant v$, 那么

$$n(\boldsymbol{K}_{2v},\boldsymbol{O}^{(m)};k)=q^{\binom{k}{2}}\begin{bmatrix}m\\ k\end{bmatrix}_q\prod_{i=v-k+1}^{v}(q^{2i}-1) \quad (2)$$

$$n(\boldsymbol{K}_{2v},\boldsymbol{O}^{(m)})=\sum_{k=0}^{\min\{v,m\}}q^{\binom{k}{2}}\begin{bmatrix}m\\ k\end{bmatrix}_q\prod_{i=v-k+1}^{v}(q^{2i}-1) \quad (3)$$

证明 对 $(k,0)$ 型子空间 P 的一个取定 $k \times 2v$ 矩阵表示 $\boldsymbol{P}$, F_q 上秩 k 的所有 $m \times k$ 矩阵 $\boldsymbol{T}$ 决定于空间 P 的所有 $m \times 2v$ 矩阵表示 $\boldsymbol{X}=\boldsymbol{TP}$. 于是由引理得 $n(\boldsymbol{K}_{2v},\boldsymbol{O}^{(m)};k)=N(k,0;2v)\cdot n(k,m)$, 这里 $N(k,0;2v)$ 表示 $F_q^{(2v)}$ 中 $(k,0)$ 型子空间个数, 公式参见文献[1] 中的推论 3.19; $n(k,m)$ 是 F_q 上秩 k 的 $m \times k$ 矩阵个数, 公式参见文献[1] 中的引理 1.5, 因此有式(2). 又由文献[1] 知 $k \leqslant v$, 故得式(3).

卡利茨在文献[2] 中对奇特征有限域上用特征标的方法也得到 $n(\boldsymbol{K}_{2v},\boldsymbol{O}^{(m)})$ 的公式, 但他的推证有误, 在文献[3] 中已经纠正并得到下面的定理.

定理 2　设 q 是奇素数 p 的方幂,那么

$$n(\boldsymbol{K}_{2v},\boldsymbol{O}^{(m)})=q^{2vm-\binom{m}{2}}\sum_{2r\leqslant m}q^{r(r-2v-1)}\frac{\prod\limits_{i=m-2r+1}^{m}(q^i-1)}{\prod\limits_{i=1}^{r}(q^{2i}-1)}\tag{4}$$

定理 3　设 $q(q\neq 1)$ 是任意复数,那么有恒等式

$$\sum_{k=0}^{\min\{v,m\}}q^{\binom{k}{2}}\begin{bmatrix}m\\k\end{bmatrix}_q\prod_{i=v-k+1}^{v}(q^{2i}-1)=q^{2vm-\binom{m}{2}}\sum_{2r\leqslant m}q^{r(r-2v-1)}\frac{\prod\limits_{i=m-2r+1}^{m}(q^i-1)}{\prod\limits_{i=1}^{r}(q^{2i}-1)}\tag{5}$$

$$\sum_{k=0}^{\min\{v,m\}}q^{\binom{k}{2}}\begin{bmatrix}m\\k\end{bmatrix}_q\prod_{i=v-k+1}^{v}(q^{2i}-1)=q^{2vm-\binom{m}{2}}\ {}_2\Phi_0[q^{-\frac{1}{2}m},q^{-\frac{1}{2}(m-1)};q^{v+1}]'\tag{6}$$

成立,其中“′”指该方括号内 q 由 q^{-2} 代替.

证明　当 q 为奇素数方幂时,由式(3)和(4)知式(5)左右两边都是 $n(\boldsymbol{K}_{2v},\boldsymbol{O}^{(m)})$ 的公式且都是 q 的有理分式.对无穷多个奇素数方幂来说式(5)成立,因此式(5)对任意复数 g 也成立.恒等式(5)右边的和号部分可变形为

$$\sum_{2r\leqslant m}((q^{-2})^{v+1})^r\frac{(1-q^m)(1-q^{m-1})\cdots(1-q^{m-2r+1})}{(1-q^{-2})(1-q^{-4})\cdots(1-q^{-2r})}$$

$$=\sum_{r=0}^{\infty}((q^{-2})^{v+1})^r\frac{((q^{-2})^{\frac{1}{2}m})_r((q^{-2})^{-\frac{1}{2}(m-1)})_r}{((q^{-2}))_r}$$

于是得到恒等式(6).

恒等式(5)和(6)给计算带来很大方便.如 $n(\boldsymbol{K}_{2v},\boldsymbol{O}^{(m)})$ 求值时,用右式其非零项是 $\left[\frac{m}{2}\right]+1$ 个((6)的右

式当 $k=\left[\frac{m}{2}\right]$ 时，则 r 从 0 取到 k 即止)，用左式是 $\min\{v,m\}+1$. 通常使用右式简便(除非 $v<\left[\frac{m}{2}\right]$ 时). 例如，当 $2v=6$，$m=3$ 时，右式 $r=0,1$ 仅两项即

$$q^{15}\left[1+q^{-8}\frac{(1-q^3)(1-q^2)}{(1-q^{-2})}\right]=q^{15}+q^{12}-q^9$$

而左式为

$$\begin{aligned}&1+(q^6-1)\frac{(q^3-1)}{(q-1)}+\\&q(q^6-1)(q^4-1)\frac{(q^3-1)(q^2-1)}{(q-1)(q^2-1)}+\\&q^3(q^6-1)(q^4-1)(q^2-1)\frac{(q^3-1)(q^2-1)(q-1)}{(q-1)(q^2-1)(q^3-1)}\\=&q^{15}+q^{12}-q^9\end{aligned}$$

运算量相差很大，因此把所得公式用 q-超几何级数表达是很有意义的工作.

§3 恒等式的几个应用

下面将介绍上一节中恒等式(6)的几个应用.

(1) 设 F_q 是特征为 2 的有限域. 由文献[1]的第四章知 F_q 上 $2v+\delta(\delta=0,1$ 或 $2)$ 阶非奇异对称矩阵的同步标准形分别是

$$\boldsymbol{S}_{2v}=\begin{pmatrix}\boldsymbol{O} & \boldsymbol{I}^{(v)}\\ \boldsymbol{I}^{(v)} & \boldsymbol{O}\end{pmatrix}\quad(\text{交错矩阵})$$

$$S_{2v+1}=\begin{pmatrix} O & I^{(v)} & \\ I^{(v)} & O & \\ & & 1 \end{pmatrix}$$

$$S_{2v+2}=\begin{pmatrix} O & I^{(v)} & & \\ I^{(v)} & O & & \\ & & 0 & 1 \\ & & 1 & 1 \end{pmatrix}\quad（非交错对称矩阵）$$

统一记为 $\boldsymbol{S}_{2v+\delta}$，$\delta=0$ 时它定义辛群 $S_{p_{2v}}(F_q)$；$\delta=1$ 或 2 时它分别定义伪辛群 $P_{s_{2v+1}}(F_q)$ 和 $P_{s_{2v+2}}(F_q)$，并且具有后二者作用的空间 $F_q^{(2v+\delta)}$ 称为伪辛空间. F_q 上适合方程

$$\boldsymbol{X}\boldsymbol{S}_{2v+\xi}\boldsymbol{X}'=\boldsymbol{O}^{(m)} \tag{1}$$

的 $m\times(2v+\delta)$ 矩阵 $\boldsymbol{X}$ 和秩 k 的 $m\times(2v+\delta)$ 矩阵 $\boldsymbol{X}$ 的个数分别记作 $n(\boldsymbol{S}_{2v+\delta},\boldsymbol{O}^{(m)})$ 和 $n(\boldsymbol{S}_{2v+\delta},\boldsymbol{O}^{(m)};k)$.

引理 1　当 $\delta=0$ 时，秩 k 的 $m\times 2v$ 矩阵 $\boldsymbol{X}$ 是式(1)的一个解当且仅当 $\boldsymbol{X}$ 是辛空间 $F_q^{(2v)}$ 中一个 $(k,0)$ 型子空间 P 的 $m\times 2v$ 矩阵表示；当 $\delta=1(\delta=2)$ 时，秩 k 的 $m\times(2v+1)(m\times(2v+2))$ 矩阵 $\boldsymbol{X}$ 是式(1)的一个解当且仅当 $\boldsymbol{X}$ 是伪辛空间 $F_q^{(2v+1)}(F_q^{(2v+2)})$ 中一个 $(k,0,0,0)$ 型(或 $(k,0,0,1)$ 型)子空间 P 的 $m\times(2v+1)(m\times(2v+2))$ 矩阵表示.

定理 1　当 $\delta=0,1$ 或 2 时，有

$$n(\boldsymbol{S}_{2v+\delta},\boldsymbol{O}^{(m)};k)=q^{\binom{k}{2}}(q^{2v-k+2}-1)^{\left[\frac{\delta}{2}\right]}\begin{bmatrix} m \\ k \end{bmatrix}_q\prod_{i=v-k+\left[\frac{\delta}{2}\right]+1}^{v}(q^{2i}-1) \tag{2}$$

$$\begin{aligned}&n(\boldsymbol{S}_{2v+\delta},\boldsymbol{O}^{(m)})\\=&\sum_{k=0}^{\min\left\{v+\left[\frac{\delta}{2}\right],m\right\}}q^{\binom{k}{2}}(q^{2v-k+2}-1)^{\left[\frac{\delta}{2}\right]}\begin{bmatrix}m\\k\end{bmatrix}_q\cdot\\&\prod_{i=v-k+\left[\frac{\delta}{2}\right]+1}^{v}(q^{2i}-1)\end{aligned}\tag{3}$$

证明 当 $\delta=0$ 或 1 时，同 §2 中定理 1 的证明. 当 $\delta=2$ 时，由引理 1，有

$$\begin{aligned}&n(\boldsymbol{S}_{2v+2},\boldsymbol{O}^{(m)};k)\\=&(N(k,0,0,0;2v+2)+N(k,0,0,1;2v+2))\cdot n(k,m)\end{aligned}$$

这里 $N(k,0,0,0;2v+2)$，$N(k,0,0,1;2v+2)$ 分别表示伪辛空间 F_q^{2v+2} 中 $(k,0,0,0)$ 型和 $(k,0,0,1)$ 型子空间的个数(参见文献[1] 第 185 和第 186 页)，且前者 $0\leqslant k\leqslant v$，后者 $1\leqslant k\leqslant v+1$. 当 $1\leqslant k\leqslant v$ 时，有

$$\begin{aligned}&n(\boldsymbol{S}_{2v+2},\boldsymbol{O}^{(m)};k)\\=&\frac{\prod\limits_{i=v-k+2}^{v}(q^{2i}-1)[q^k(q^{2v-2k+2}-1)+q^k-1]}{\prod\limits_{i=1}^{k}(q^i-1)}\cdot n(k,m)\end{aligned}$$

当 $v+1\leqslant m$ 时，有

$$\begin{aligned}&n(\boldsymbol{S}_{2v+2},\boldsymbol{O}^{(m)};v+1)\\=&N(v+1,0,0,1;2v+2)\cdot n(v+1,m)\end{aligned}$$

以及 $n(\boldsymbol{S}_{2v+2},\boldsymbol{O}^{(m)};0)=1$，因而得式(2). 式(3) 根据式(2) 立得.

为用 q- 超几何级数表达，先证${}_2\Phi_0$ 的一个循环关系式.

引理 2

$$\begin{aligned}&q^m\,{}_2\Phi_0[q^{-\frac{1}{2}m},q^{-\frac{1}{2}(m-1)};q^{v+1}]'+\\&(1-q^m)\,{}_2\Phi_0[q^{-\frac{1}{2}(m-1)},q^{-\frac{1}{2}(m-2)};q^v]'\end{aligned}$$

$$={}_2\Phi_0\left[q^{-\frac{1}{2}m},q^{-\frac{1}{2}(m-1)};q^v\right]' \tag{4}$$

其中"′"的意义同 §2 中的式(6).

证明　由 §1 中式(3),有

$$\begin{aligned}&{}_2\Phi_0\left[q^{-\frac{1}{2}m},q^{-\frac{1}{2}(m-1)};q^v\right]'\\=&\sum_{r=0}^{\infty}(q^{-2v})^r\frac{(1-q^m)(1-q^{m-1})\cdots(1-q^{m-2r+1})}{(1-q^{-2})(1-q^{-4})\cdots(1-q^{-2r})}\end{aligned}$$

因此,式(4)两端代入 §1 中式(3)化为上述形式后,只需再证左右两端第 $r+1$ 项对应相等.事实上,左边为

$$\begin{aligned}&(q^{-2v})^r\frac{(1-q^{m-1})(1-q^{m-2})\cdots(1-q^{m-2r+1})}{(1-q^{-2})(1-q^{-4})\cdots(1-q^{-2r})}\cdot\\&\left[q^m(1-q^m)q^{-2r}+(1-q^m)(1-q^{m-2r})\right]\\=&((q^{-2})^v)^r\frac{(1-q^m)(1-q^{m-1})\cdots(1-q^{m-2r+1})}{(1-q^{-2})(1-q^{-4})\cdots(1-q^{-2r})}\end{aligned}$$

恰为右边第 $r+1$ 项.

定理 2　设 $q=2^t$,那么对 $\delta=0,1$ 或 2,有

$$\begin{aligned}&n(\boldsymbol{S}_{2v+\delta},\boldsymbol{O}^{(m)})\\=&q^{\left(2v+\left[\frac{\delta}{2}\right]\right)m-\binom{m}{2}}\ {}_2\Phi_0\left[q^{-\frac{1}{2}m},q^{-\frac{1}{2}(m-1)};q^{v+1}\right]'\end{aligned} \tag{5}$$

其中"′"的意义同 §2 中的式(6).

证明　当 $\delta=0$ 或 1 时,式(3)即

$$n(\boldsymbol{S}_{2v+\delta},\boldsymbol{O}^{(m)})=\sum_{k=0}^{\min\{v,m\}}q^{\binom{k}{2}}\begin{bmatrix}m\\k\end{bmatrix}_q\prod_{i=v-k+1}^{v}(q^{2i}-1)$$

应用上一节中恒等式(6),得

$$n(\boldsymbol{S}_{2v+\delta},\boldsymbol{O}^{(m)})=q^{2vm-\binom{m}{2}}\ {}_2\Phi_0\left[q^{-\frac{1}{2}m},q^{-\frac{1}{2}(m-1)};q^{v+1}\right]'$$

即式(5).当 $\delta=2$ 时,注意到

$$q^{2v-k+2}-1=(q^{2v+2}-1)-q^{2v-k+2}(q^k-1)$$

那么式(3)拆分并令 $t=k-1$ 后

$$n(\boldsymbol{S}_{2v+2},\boldsymbol{O}^{(m)})$$

$$=\sum_{k=0}^{\min\{v+1,m\}} q^{\binom{k}{2}}\begin{bmatrix} m \\ k \end{bmatrix}_q \sum_{i=v+1-k+1}^{v+1}(q^{2i}-1)-$$

$$(q^m-1)q^{2v+1}\sum_{t=0}^{\min\{v,m-1\}} q^{\binom{t}{2}}\begin{bmatrix} m-1 \\ k \end{bmatrix}_q \prod_{i=v-t+1}^{v}(q^{2i}-1)$$

应用上一节中恒等式(6),得

$$n(\boldsymbol{S}_{2v+2},\boldsymbol{O}^{(m)})$$

$$=q^{2(v+1)m-\binom{m}{2}}\ {}_2\Phi_0[q^{-\frac{1}{2}m},q^{-\frac{1}{2}(m-1)};q^{v+2}]'-$$

$$(q^m-1)q^{2v+1}q^{2v(m-1)-\binom{m-1}{2}}\ {}_2\Phi_0[q^{-\frac{1}{2}(m-1)},q^{-\frac{1}{2}(m-2)};q^{v+1}]'$$

再由循环关系式(4)便得式(5).

(2)设 F_q 是特征不为2的有限域.由文献[1]的第六章知 F_q 上 $2v+\delta(\delta=0,1$ 或 $2)$ 阶非奇异对称矩阵标准形为

$$\boldsymbol{S}_{2v}=\begin{pmatrix} \boldsymbol{O} & \boldsymbol{I}^{(v)} \\ \boldsymbol{I}^{(v)} & \boldsymbol{O} \end{pmatrix}$$

$$\boldsymbol{S}_{2v+1,1}=\begin{pmatrix} \boldsymbol{O} & \boldsymbol{I}^{(v)} & \\ \boldsymbol{I}^{(v)} & \boldsymbol{O} & \\ & & 1 \end{pmatrix}$$

$$\boldsymbol{S}_{2v+1,z}=\begin{pmatrix} \boldsymbol{O} & \boldsymbol{I}^{(v)} & \\ \boldsymbol{I}^{(v)} & \boldsymbol{O} & \\ & & z \end{pmatrix}$$

$$\boldsymbol{S}_{2v+2}=\begin{pmatrix} \boldsymbol{O} & \boldsymbol{I}^{(v)} & & \\ \boldsymbol{I}^{(v)} & \boldsymbol{O} & & \\ & & 1 & \\ & & & -z \end{pmatrix}$$

其中 z 是 F_q^* 的一个固定非平方元.统一记作 $\boldsymbol{S}_{2v+\delta,\Delta}$(其中 $\delta=0,1$ 或 2),Δ 为定号部分,当 $\delta=0$ 时,

Δ 不出现；当 $\delta=1$ 时，$\Delta=1$ 或 z；当 $\delta=2$ 时，$\boldsymbol{\Delta}=\begin{pmatrix}1 & \\ & -z\end{pmatrix}$. $\boldsymbol{S}_{2v+\delta,\Delta}$ 定义 F_q 上的正交群 $O_{2v+\delta,\Delta}(F_q)$. 具有此群作用的空间称为正交空间 $F_q^{(2v+\delta)}$. F_q 上适合方程

$$\boldsymbol{X}\boldsymbol{S}_{2v+\delta,\Delta}\boldsymbol{X}'=\boldsymbol{O}^{(m)} \tag{6}$$

的 $m\times(2v+\delta)$ 矩阵 $\boldsymbol{X}$ 和秩 k 的 $m\times(2v+\delta)$ 矩阵 $\boldsymbol{X}$ 的个数分别记作 $n(\boldsymbol{S}_{2v+\delta,\Delta},\boldsymbol{O}^{(m)})$ 和 $n(\boldsymbol{S}_{2v+\delta,\Delta},\boldsymbol{O}^{(m)};k)$.

引理 3　秩 k 的 $m\times(2v+\delta)$ 矩阵 $\boldsymbol{X}$ 是式(6)的解，当且仅当 $\boldsymbol{X}$ 是正交空间 $F_q^{(2v+\delta)}$ 中一个 $(k,0,0)$ 型子空间 P 的 $m\times(2v+\delta)$ 矩阵表示.

定理 3　当 $\delta=0,1$ 或 2 时，有

$$n(\boldsymbol{S}_{2v+\delta,\Delta},\boldsymbol{O}^{(m)};k)=q^{\binom{k}{2}}\begin{bmatrix}m\\k\end{bmatrix}_q\prod_{i=v-k+1}^{v}(q^i-1)(q^{i+\delta-1}+1) \tag{7}$$

$$n(\boldsymbol{S}_{2v+\delta,\Delta},\boldsymbol{O}^{(m)})=\sum_{k=0}^{\min\{v,m\}}q^{\binom{k}{2}}\begin{bmatrix}m\\k\end{bmatrix}_q\prod_{i=v-k+1}^{v}(q^i-1)(q^{i+\delta-1}+1) \tag{8}$$

证明　同前，由引理 3，有 $n(\boldsymbol{S}_{2v+\delta,\Delta},\boldsymbol{O}^{(m)};k)=N(k,0,0;2v+\delta,\Delta)\cdot n(k,m)$，这里 $N(k,0,0;2v+\delta,\Delta)$ 是正交空间 $F_q^{(2v+\delta)}$ 中的 $(k,0,0)$ 型子空间的个数，公式参见文献[1]中的推论 6.23.

定理 4　设 q 是奇素数 p 的方幂，那么有

$$\begin{aligned}&n(\boldsymbol{S}_{2v+\delta,\Delta},\boldsymbol{O}^{(m)})\\&=q^{(2v+\delta-1)m-\binom{m}{2}}\{{}_2\Phi_0[q^{-\frac{1}{2}m},q^{-\frac{1}{2}(m-1)};q^{v+[\frac{\delta+1}{2}]}]'-\\&\quad(1-\delta)q^{-(v+[\frac{\delta}{2}])}(1-q^m)\cdot\\&\quad{}_2\Phi_0[q^{-\frac{1}{2}(m-1)},q^{-\frac{1}{2}(m-2)};q^{v+[\frac{\delta+1}{2}]}]'\}\end{aligned} \tag{9}$$

这里 $\delta=0,1$ 或 2，并且“′”的意义同 §2 中的式(6)(式

(9) 与卡利茨[4] 所得结果一致).

证明 显然当 $\delta=1$ 时,由式(8) 及上一节中恒等式(6) 立即得式(9),即

$$n(\boldsymbol{S}_{2v+1,\Delta},\boldsymbol{O}^{(m)})=q^{2vm-\binom{m}{2}}\ {}_2\Phi_0\left[q^{-\frac{1}{2}m},q^{-\frac{1}{2}(m-1)};q^{v+1}\right]'$$

当 $\delta=0$ 和 2 时,分别注意到

$$q^{v-k}+1=(q^v+1)-q^{v-k}(q^k-1)$$

和

$$q^{v-k+1}-1=(q^{v+1}-1)-q^{v-k+1}(q^k-1)$$

则式(8) 成为

$$\begin{aligned}&n(\boldsymbol{S}_{2v},\boldsymbol{O}^{(m)})\\&=\sum_{k=0}^{\min\{v,m\}}q^{\binom{k}{2}}\begin{bmatrix}m\\k\end{bmatrix}_q\prod_{i=v-k+1}^{v}(q^{2i}-1)-\\&\quad(q^m-1)(q^v-1)q^{v-1}\sum_{k=0}^{\min\{v-1,m-1\}}q^{\binom{k}{2}}\begin{bmatrix}m-1\\k\end{bmatrix}_q\prod_{i=v-k}^{v-1}(q^{2i}-1)\end{aligned}$$

$$\begin{aligned}&n(\boldsymbol{S}_{2v+2},\boldsymbol{O}^{(m)})\\&=\sum_{k=0}^{\min\{v+1,m\}}q^{\binom{k}{2}}\begin{bmatrix}m\\k\end{bmatrix}_q\prod_{i=v+1-k+1}^{v+1}(q^{2i}-1)-\\&\quad(q^m-1)(q^{v+1}+1)q^{v}\sum_{k=0}^{\min\{v,m-1\}}q^{\binom{k}{2}}\begin{bmatrix}m-1\\k\end{bmatrix}_q\prod_{i=v-k+1}^{v}(q^{2i}-1)\end{aligned}$$

应用上一节中恒等式(6) 后,再由循环关系式(4) 便得式(9).

(3) 令 F_q 是特征为 2 的有限域,$\mathscr{K}_m$ 表示 F_q 上全体 m 阶交错矩阵的集. 两个 m 阶矩阵 $\boldsymbol{A}$,$\boldsymbol{B}$ 称为模 $\mathscr{K}_m$ 同余并记作 $A\equiv B$,如果 $A+B\in\mathscr{K}_m$. F_q 上两个 m 阶矩阵 $\boldsymbol{A}$,$\boldsymbol{B}$ 称为"同步"的,如果存在非奇异矩阵 $\boldsymbol{T}$ 使得 $\boldsymbol{TAT}'\equiv\boldsymbol{B}$. 取 α 是 F_q 中不属于 $N=\{x^2+x\mid x\in F_q\}$ 的一个固定元素,那么迪克森(L. E. Dickson)(参见文献[1] 第 50 页) 证明了 F_q 上任何 m 阶矩阵"同步" 于

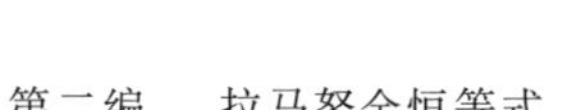

下述矩阵之一且仅一

$$\begin{pmatrix} O & I^{(s)} & \\ & O & \\ & & O^{(m-2s)} \end{pmatrix}$$

$$\begin{pmatrix} O & I^{(s)} & & \\ & O & & \\ & & 1 & \\ & & & O^{(m-2s-1)} \end{pmatrix}$$

$$\begin{pmatrix} O & I^{(s)} & & & \\ & O & & & \\ & & \alpha & 1 & \\ & & & \alpha & \\ & & & & O^{(m-2s-2)} \end{pmatrix}$$

其中，s 称为指数，$2s+\delta$，$\delta=0,1$ 或 2 称为“秩”，为证“同步”的矩阵有相同的指数和“秩”，把“秩”等于阶数的矩阵称为正则矩阵，那么 F_q 上正则矩阵“同步”标准形为

$$G_{2v}=\begin{pmatrix} O & I^{(v)} \\ & O \end{pmatrix}$$

$$G_{2v+1}=\begin{pmatrix} O & I^{(v)} & \\ & O & \\ & & 1 \end{pmatrix}$$

$$G_{2v+2}=\begin{pmatrix} O & I^{(v)} & & \\ & O & & \\ & & \alpha & 1 \\ & & & \alpha \end{pmatrix}$$

统一记为 $G_{2v+\delta}$，$\delta=0,1$ 或 2. $G_{2v+\delta}$ 定义 F_q 上正交群 $O_{2v+\delta}(F_q)$，具有此群作用的空间 $F_q^{(2v+\delta)}$ 称为正交空

间. 一个 k 维子空间 P 称为全奇异子空间或 $(k,0,0)$ 型子空间, 如果它的 $k\times(2v+\delta)$ 矩阵表示 $\boldsymbol{P}$ 具有 $\boldsymbol{P}\boldsymbol{G}_{2v+\delta}\boldsymbol{P}'\equiv\boldsymbol{O}^{(k)}$. 把 F_q 上适合同余矩阵方程

$$\boldsymbol{X}\boldsymbol{G}_{2v+\delta}\boldsymbol{X}'\equiv\boldsymbol{O}^{(m)} \tag{10}$$

的 $m\times(2v+\delta)$ 矩阵 $\boldsymbol{X}$ 和秩 k 的 $m\times(2v+\delta)$ 矩阵 $\boldsymbol{X}$ 的个数分别记为 $n(\boldsymbol{G}_{2v+\delta},\boldsymbol{O}^{(m)})$ 和 $n(\boldsymbol{G}_{2v+\delta},\boldsymbol{O}^{(m)};k)$.

引理 4 秩 k 的 $m\times(2v+\delta)$ 矩阵 $\boldsymbol{X}$ 是式(10)的解当且仅当 $\boldsymbol{X}$ 是正交空间 $F_q^{(2v+\delta)}$ 中一个 k 维全奇异子空间 P 的 $m\times(2v+\delta)$ 矩阵表示.

定理 5 当 $\delta=0,1$ 或 2 时,有

$$n(\boldsymbol{G}_{2v+\delta},\boldsymbol{O}^{(m)};k)$$
$$=q^{\binom{k}{2}}\begin{bmatrix}m\\k\end{bmatrix}_q\prod_{i=v-k+1}^{v}(q^i-1)(q^{i+\delta-1}+1) \tag{11}$$

$$n(\boldsymbol{G}_{2v+\delta},\boldsymbol{O}^{(m)})$$
$$=\sum_{k=0}^{\min\{v,m\}}q^{\binom{k}{2}}\begin{bmatrix}m\\k\end{bmatrix}_q\prod_{i=v-k+1}^{v}(q^i-1)(q^{i+\delta-1}+1) \tag{12}$$

证明 同前, 由引理 4, 有 $n(\boldsymbol{G}_{2v+\delta},\boldsymbol{O}^{(m)};k)=N(k,0,0;2v+\delta)\cdot n(k,m)$,这里 $N(k,0,0;2v+\delta)$ 是正交空间 $F_q^{(2v+\delta)}$ 中 k 维全奇异子空间的个数,公式参见文献[1]中的推论 7.25.

完全同前一段的推导,有下面的定理.

定理 6 设 $q=2^t$,那么对 $\delta=0,1$ 或 2 有

$$n(\boldsymbol{G}_{2v+\delta},\boldsymbol{O}^{(m)})$$
$$=g^{(2v+\delta-1)m-\binom{m}{2}}\Big\{{}_2\Phi_0\Big[q^{-\frac{1}{2}m},q^{-\frac{1}{2}(m-1)};q^{v+\left[\frac{\delta+1}{2}\right]}\Big]'-$$
$$(1-\delta)q^{-\left(v+\left[\frac{\delta}{2}\right]\right)}\cdot(1-q^m)\cdot$$
$${}_2\Phi_0\Big[q^{-\frac{1}{2}(m-1)},q^{-\frac{1}{2}(m-2)};q^{v+\left[\frac{\delta+1}{2}\right]}\Big]'\Big\} \tag{13}$$

且“′”的意义同 §2 中的式(6).

§4　恒等式 ${}_2\Phi_0[c,q^{-n};q]=c^n$ 的应用

由文献[6]第149页知超几何级数 ${}_3F_2$ 的 Saalschütz 定理的以下 q-模拟被证明是成立的

$$ {}_3\Phi_2\begin{bmatrix} b,c,q^{-n} \\ d,bcq^{1-d}/d \end{bmatrix};q\Bigg]=\frac{(d/b)_n(d/c)_n}{(d)_n(d/bc)_n} $$

如果令 $b\to 0$，那么上式成为 ${}_2\Phi_1\begin{bmatrix} c,q^{-n} \\ d \end{bmatrix};q\Bigg]=\frac{(d/c)_n}{(d)_n}c^n$，再令 $d\to 0$，便得到下面的定理.

定理　设 n 为有理数，c,q 为任意复数，则有

$$ {}_2\Phi_0[c,q^{-n};q]=c^n \tag{1} $$

利用上述恒等式可以证明一些特殊矩阵和矩阵同余类的个数公式.

(1) 令 F_q 是特征为 2 的有限域，$\mathscr{S}(m)$ 是全体 m 阶对称矩阵的集. 在同步变换下，$\mathscr{S}(m)$ 被分拆成以指数、秩为特征即同步于标准形 $\begin{pmatrix} \boldsymbol{S}_{2s+\delta} & \\ & \boldsymbol{O}^{(m-2s-\delta)} \end{pmatrix}$ 的矩阵的轨道，记为 $\mathscr{S}(m,2s+\delta,s)$，这里 $0\leqslant 2s+\delta\leqslant m$ 且 $\delta=0,1$ 或 2. 由文献[1]中的定理 3.30 及定理 4.9 推知

$$ |\mathscr{S}(m,2s,s)|=q^{s(s-1)}\frac{\prod\limits_{i=m-2s+1}^{m}(q^i-1)}{\prod\limits_{i=1}^{s}(q^{2i}-1)} $$

当 $\delta=1$ 或 2 时

$$|\mathscr{S}(m,2s+\delta,s)|=q^{s(s+1)}\frac{\prod\limits_{i=m-2s-\delta+1}^{m}(q^i-1)}{\prod\limits_{i=1}^{s}(q^{2i}-1)}$$

记秩 r 的 m 阶对称矩阵的集为 $\mathscr{S}(m,r)$，那么有

$$|\mathscr{S}(m,2s)|=|\mathscr{S}(m,2s,s)|+|\mathscr{S}(m,2(s-1)+2,s-1)|$$

$$|\mathscr{S}(m,2s-1)|=|\mathscr{S}(m,2(s-1)+1,s-1)|$$

于是推出若 $r=2s$，则

$$\begin{aligned}&|\mathscr{S}(m,r-1)|+|\mathscr{S}(m,r)|\\&=q^{-2s}\frac{(q^{m+1}-1)(q^m-1)\cdots(q^{m-2s+2}-1)}{(1-q^{-2})(1-q^{-4})\cdots(1-q^{-2s})}\end{aligned}$$

这样当 $m=2t$ 时，s 取 $0,1,\cdots,t$；当 $m=2t-1$ 时，s 也取 $0,1,\cdots,t$，因为此时 $q^{2t}-1=q^{m+1}-1$ 使

$$|\mathscr{S}(m,m)|=q^{-2t}\frac{(q^{m+1}-1)\cdots(q^{m-2t+2}-1)}{(1-q^{-2})\cdots(1-q^{-2t})}$$

于是

$$\begin{aligned}&|\mathscr{S}(m)|\\&=\sum_{0\leqslant 2s\leqslant m+1}q^{-2s}\frac{(1-q^{m+1})\cdots(1-q^{m+1}(q^{-2})^{s-1})(1-q^m)\cdots(1-q^m(q^{-2})^{s-1})}{(1-q^{-2})(1-(q^{-2})^2)\cdots(1-(q^{-2})^s)}\end{aligned}$$

令 $b=q^{-2}$，那么

$$\begin{aligned}|\mathscr{S}(m)|&=\sum_{s=0}^{\infty}b^s\frac{(b^{-\frac{1}{2}(m+1)})_s(b^{-\frac{1}{2}m})_s}{(b)_s}\\&={}_2\Phi_0[b^{-\frac{1}{2}(m+1)},b^{-\frac{1}{2}m};b]\end{aligned}$$

根据恒等式(1)，得到 F_q 上 m 阶对称矩阵个数

$$|\mathscr{S}(m)|=(b^{-\frac{1}{2}(m+1)})^{\frac{1}{2}m}=(q^{m+1})^{\frac{1}{2}m}=q^{\binom{m+1}{2}}$$

(2) 设 F_q 是特征为 2 的有限域，F_q 上全体 m 阶矩阵集模 $\mathscr{K}_m$ 后被分成两两不相交的矩阵同余类 $\mathscr{A}$，$\mathscr{B}$，…. 用 $\mathscr{C}(m)$ 表示这些同余类组成的集合. 两个矩阵同余类 $\mathscr{A}$，$\mathscr{B}$ 称为“同步”的，如果有 $A\in\mathscr{A}$ 和 $B\in\mathscr{B}$ 使

A,B“同步”. 易证 $\mathscr{A},\mathscr{B}$“同步”与同余类 A,B 的特殊选取无关. 在“同步”变换下 $\mathscr{C}(m)$ 被分成“同步”于含 $\begin{pmatrix}\boldsymbol{G}_{2s+\delta} & \\ & \boldsymbol{O}^{(m-2s-\delta)}\end{pmatrix}$ 的同余类的轨道,记为 $\mathscr{C}(m,2s+\delta,s)$,这里 $0\leqslant 2s+\delta\leqslant m$ 且 $\delta=0,1$ 或 2. 由文献[1]中的定理 7.49 推知

$$|\mathscr{C}(m,2s,s)|=q^{s^2}\frac{\prod\limits_{i=s+1}^{m}(q^i-1)}{\prod\limits_{i=0}^{s-1}(g^i+1)\prod\limits_{i=1}^{m-2s}(q^i-1)}$$

$$|\mathscr{C}(m,2s-1,s-1)|=q^{s(s-1)}\frac{\prod\limits_{i=m-2s+2}^{m}(q^i-1)}{\prod\limits_{i=1}^{s-1}(g^{2i}-1)}$$

$$|\mathscr{C}(m,2s,s-1)|=q^{s^2}\frac{\prod\limits_{i=s}^{m}(q^i-1)}{\prod\limits_{i=0}^{s}(g^i+1)\prod\limits_{i=1}^{m-2s}(q^i-1)}$$

记“秩”r 的矩阵同余类的集为 $\mathscr{C}(m,r)$,重复(1)中的推证得到 F_q 上 m 阶矩阵同余类个数为

$$\begin{aligned}|\mathscr{C}(m)|&={}_2\Phi_0[b^{-\frac{1}{2}(m+1)},b^{-\frac{1}{2}m};b]\\&=(b^{-\frac{1}{2}(m+1)})^{-\frac{1}{2}m}=q^{\binom{m+1}{2}}\end{aligned}$$

(3) 设 F_q 是特征不为 2 的有限域,$\mathscr{S}(m)$ 是 F_q 上全体 m 阶对称矩阵的集. 由文献[1]中的定理 6.36 推知 $|\mathscr{S}(m,2s,s)|$,$|\mathscr{S}(m,2s-1,s-1)|$ 和 $|\mathscr{S}(m,2s,s-1)|$ 的公式同(2)中 $|\mathscr{C}(m,2s+\delta,s)|$,重复(1)中的推证得到

$$|\mathscr{S}(m)|={}_2\Phi_0[b^{-\frac{1}{2}(m+1)},b^{-\frac{1}{2}m};b]=q^{\binom{m+1}{2}}$$

(4) 设 F_q 是有限域，$\mathscr{K}(m)$ 是 F_q 上全体 m 阶交错矩阵的集. 由文献[1]中的定理 3.30 知秩 $2r$ 的 m 阶交错矩阵的个数为

$$|\mathscr{K}(m,2r)|=q^{r(r-1)}\frac{\prod\limits_{i=m-2r+1}^{m}(q^i-1)}{\prod\limits_{i=1}^{r}(q^{2i}-1)}$$

因此 F_q 上 m 阶交错矩阵的个数为

$$\begin{aligned}
&|\mathscr{K}(m)|\\
&=\sum_{0\leqslant 2r\leqslant m}|\mathscr{K}(m,2r)|\\
&=\sum_{0\leqslant 2r\leqslant m}q^{-2r}\frac{(1-q^m)\cdots(1-q^{m-2r+2})(1-q^{m-1})\cdots(1-q^{m-2r+1})}{(1-q^{-2})(1-q^{-4})\cdots(1-q^{-2r})}\\
&=\sum_{r=0}^{\infty}(q^{-2})^r\frac{((q^{-2})^{-\frac{1}{2}m})_r((q^{-2})^{-\frac{1}{2}(m-1)})_r}{(q^{-2})_r}\\
&={}_2\Phi_0[q^{-\frac{1}{2}m},q^{-\frac{1}{2}(m-1)};q]'\\
&=q^{\binom{m}{2}}
\end{aligned}$$

(5) 令 $\mathscr{M}(m\times n)$ 是有限域 F_q 上全体 $m\times n$ 矩阵的集. 在 $GL_m(F_q)\times GL_n(F_q)$ 作用的等价变换下 $\mathscr{M}(m\times n)$ 被分拆成以秩 r 为特征的轨道，记为 $\mathscr{M}(m\times n,r)$，这里 $0\leqslant r\leqslant\min\{m,n\}$. 由文献[5]第 4 页知

$$|\mathscr{M}(m\times n,r)|=q^{\binom{r}{2}}\begin{bmatrix}m\\r\end{bmatrix}_q\prod_{i=n-r+1}^{n}(q^i-1)$$

那么 F_q 上 $m\times n$ 矩阵的个数为

$$\begin{aligned}
&|\mathscr{M}(m\times n)|\\
&=\sum_{r=0}^{\min\{m,n\}}|\mathscr{M}(m\times n,r)|\\
&=\sum_{r=0}^{\infty}(q^{-1})^r\frac{((q^{-1})^{-m})_r((q^{-1})^n)_r}{((q^{-1}))_r}
\end{aligned}$$

$$={}_2\Phi_0[b^{-m},b^{-n};b]=q^{mn}$$

参考文献

[1] WAN Z X. Geometry of classical groups over finite fields[M]. Lund:Studentlitteratur,1993.

[2] CARLITZ L. Representations by skew forms in a finite field[J]. Archiv der Mathematik,1954, 5:19-31.

[3] 魏鸿增,张谊宾. 有限域上交错矩阵方程解的计数公式及其 q- 超几何级数表达[J]. 高校应用数学学报:A 辑,1997,12(3):337-346.

[4] CARLITZ L. Representations by quadratic forms in a finite field[J]. Duke Math. J.,1954,21:123-137.

[5] WAN Z X. Representations of forms by forms in a finite field[J]. Finite fields and their applications,1995,1:297-325.

[6] ERDELYI A. 高级超越函数:第一册[M]. 上海:上海科学技术出版社,1957.

[7] 万哲先,戴宗铎,冯绪宁,阳本傅. 有限几何与不完全区组设计的一些研究[M]. 北京:科学出版社,1966.

[8] 魏鸿增,张谊宾. 特征 $\neq 2$ 的有限域上对称矩阵方程解的计数公式及其 q- 超几何级数表达[J]. 数学学报,1997,40(5):783-792.

一个拉马努金 Tau 函数的新表达式[①]

第五章

西华师范大学数学与信息学院的程开敏教授在 2017 年通过对拉马努金 Tau 函数的研究,并借助 Ewell 的一个关于q-级数的恒等式结果,发现了关于拉马努金 Tau 函数的生成函数的恒等式,该恒等式中含有两类重要的算术函数,即表正整数为若干三角数的和的表法数及表正整数为若干平方数的和的表法数.从而得到了一个关于拉马努金 Tau 函数新的显式表达式.最后作为结果的应用,本章还给出了一个关于拉马努金 Tau 函数新的简洁的同余恒等式.

① 摘编自《纯粹数学与应用数学》,2017 年,第 33 卷第 2 期.

§1　引　言

设 $q=\mathrm{e}^{\pi\mathrm{i}\tau}$，其中 $\tau\in\mathbf{C}$ 且 $\mathrm{Im}(\tau)>0$. 对任意的 q，$z\in\mathbf{C}$，由如下定义

$$(z;q)_\infty:=\prod_{n=0}^{\infty}(1-zq^n) \tag{1}$$

知，拉马努金 Tau 函数 $\tau:\mathbf{N}^*\to\mathbf{Z}$ 是通过如下恒等式来定义的

$$q(q;q)_\infty^{24}=q\prod_{n=1}^{\infty}(1-q^n)^{24}:=\sum_{n=1}^{\infty}\tau(n)q^n\quad(|q|<1) \tag{2}$$

拉马努金 Tau 函数是一个非常重要的算术函数. 对 $\tau(n)$ 的研究一直是数论领域的经典研究方向，其中有关 $\tau(n)$ 的显式表达式及其同余性质的研究就是很多数论学者的研究兴趣之一. 文献[1]得到了 $\tau(n)$ 模 $2^{11},3^6,5^3,7,23$ 的若干同余式. 设 n,k 为正整数，记因子和函数 $\sigma_k(n):=\sum_{d\mid n}d^k$，$t_k(n)$ 表示将 n 表为 k 个三角数的和的表法数，$r_k(n)$ 表示将 n 表为 k 个平方数的和的表法数，则文献[2]给出了表达式

$$\tau(n)=\frac{65}{756}\sigma_{11}(n)+\frac{691}{756}\sigma_5(n)-\frac{691}{3}\sum_{i=1}^{n-1}\sigma_5(i)\sigma_5(n-i)$$

文献[3]和[4]也分别得到了以下两个恒等式

$$\tau(n)=\sum_{i=1}^{n}(-1)^{n-i}r_{16}(n-i)2^{3v_2(i)}\sigma_3(Od(i))$$

和

$$\tau(4n+2)$$
$$=-3\sum_{i=1}^{2n+1}2^{3v_2(2i)}\sigma_3(Od(2i))\cdot$$
$$\sum_{j=0}^{4n-2i+2}(-1)^j r_8(4n+2-2i-j)r_8(j)$$

其中 $v_2(n)$ 为 n 的 2-adic 赋值，$Od(n)$ 为 n 的奇数部分，即 $Od(n)=n\times 2^{-v_2(n)}$.

§2 基本符号及引理

设 n,k 为正整数，记 $A_k(n)$ 和 $B_k(n)$ 表示如下定义的集合

$$A_k(n):=\left\{(n_1,\cdots,n_k\in\mathbf{N})\,\middle|\,\sum_{i=1}^{k}n_i(n_i+1)=n\right\}\quad(1)$$

$$B_k(n):=\left\{(n_1,\cdots,n_k\in\mathbf{N})\,\middle|\,\sum_{i=1}^{k}n_i^2=n\right\}\quad(2)$$

显然，当 n 为奇数时，$A_k(n)=\varnothing$；当 n 为偶数时，$\# A_k(n)=t_k\left(\frac{n}{2}\right)$，这里的 $t_k(n)$ 表示将 n 表为 k 个三角数的和的表法数. 又设

$$a_k(n):=\sum_{(n_1,\cdots,n_k)\in A_k(n)}\prod_{i=1}^{n}(2n_i+1)^2$$

$$b_k(n):=\sum_{(n_1,\cdots,n_k)\in B_k(n)}\prod_{i=1}^{n}n_i^2\quad(3)$$

$$\bar{a}_k(n):=\# A_k(n)$$

$$\bar{b}(n):=\# B_k(n)\quad(4)$$

$$u_k(n):=\sum_{n_1+n_2=n} a_k(n_1)\bar{b}_k(n_2)$$

$$v_k(n):=\sum_{n_1+n_2=n} b_k(n_1)\bar{a}_k(n_2) \tag{5}$$

为了保证上述定义的完整性，做如下的合理约定

$$a_0(n)=\bar{a}_0(n)=b_0(n)=\bar{b}_0(n)$$

$$=u_0(n)=v_0(n)=\begin{cases}0,当 n\geqslant 1 时\\1,当 n=0 时\end{cases} \tag{6}$$

下面给出一个有用的结论.

引理　设 $\theta\in\mathbf{R}$，$q\in\mathbf{C}$ 且 $|q|<1$，则以下恒等式成立

$$2q\prod_{n=1}^{\infty}(1-q^{4n})^2(1-2q^{4n}\cos\theta+q^{8n})^2\cdot$$

$$\left\{1-8\sin\frac{\theta}{2}\sum_{k=1}^{\infty}\frac{kq^{4k}}{1-q^{4k}}\cos k\theta\right\}$$

$$=\sum_{n=-\infty}^{+\infty}(2n+1)^2q^{(2n+1)^2}\sum_{n=-\infty}^{+\infty}q^{4n^2}\cos 2n\theta-$$

$$\sum_{n=-\infty}^{+\infty}4n^2q^{4n^2}\sum_{n=-\infty}^{+\infty}q^{(2n+1)^2}\cos(2n+1)\theta$$

§3　主要结果及证明

定理　设 n 为正整数，$\tau(n)$ 为拉马努金 Tau 函数，则有以下恒等式

$$\tau(n)=\sum_{r_1+r_2+r_3=4}\frac{24}{r_1!\ r_2!\ r_3!}(-1)^{r_2+r_3}2^{r_1+3r_2}\cdot$$

$$\sum_{n_1+n_2+n_3=n-1}u_{r_1}(n_1)v_{r_2}(n_2)a_{r_3}(n_3) \tag{1}$$

其中 $u_{r_1}(n_1)$，$v_{r_2}(n_2)$，$a_{r_3}(n_3)$ 是按上一节中式(3) 和

(5) 定义的.

证明 在上一节的引理中取 $\theta=0$,得

$$2q\prod_{n=1}^{\infty}(1-q^{4n})^{6}$$
$$=2\sum_{n=0}^{\infty}(2n+1)^{2}q^{4n(n+1)}q\cdot$$
$$\sum_{n=-\infty}^{+\infty}q^{4n^{2}}-8\sum_{n=1}^{\infty}n^{2}q^{4n^{2}}\sum_{n=-\infty}^{+\infty}q^{4n(n+1)}q$$

从而

$$\prod_{n=1}^{\infty}(1-q^{4n})^{6}$$
$$=\sum_{n=0}^{\infty}(2n+1)^{2}q^{4n(n+1)}\cdot$$
$$\sum_{n=-\infty}^{+\infty}q^{4n^{2}}-4\sum_{n=1}^{\infty}n^{2}q^{4n^{2}}\sum_{n=-\infty}^{+\infty}q^{4n(n+1)} \tag{2}$$

则在式(2)中用 q 替代 q^{4},有

$$\prod_{n=1}^{\infty}(1-q^{n})^{6}$$
$$=\sum_{n=0}^{\infty}(2n+1)^{2}q^{n(n+1)}\sum_{n=-\infty}^{+\infty}q^{n^{2}}-4\sum_{n=1}^{\infty}n^{2}q^{n^{2}}\sum_{n=-\infty}^{+\infty}q^{n(n+1)}$$
$$=2\sum_{n=0}^{\infty}(2n+1)^{2}q^{n(n+1)}\sum_{n=0}^{\infty}q^{n^{2}}-8\sum_{n=0}^{\infty}n^{2}q^{n^{2}}\sum_{n=0}^{\infty}q^{n(n+1)}-$$
$$\sum_{n=0}^{\infty}(2n+1)^{2}q^{n(n+1)} \tag{3}$$

又因为对任意的 $r\in\mathbf{N}$,都有

$$\left(2\sum_{n=0}^{\infty}(2n+1)^{2}q^{n(n+1)}\sum_{n=0}^{\infty}q^{n^{2}}\right)^{r}$$
$$=2^{r}\sum_{n=0}^{\infty}\sum_{k_1+k_2=n}a_{r}(k_1)\bar{b}_{r}(k_2)q^{n}$$

$$=2^r\sum_{n=0}^{\infty}u_r(n)q^n$$

$$\left(-8\sum_{n=0}^{\infty}n^2q^{n^2}\sum_{n=0}^{\infty}q^{n(n+1)}\right)^r$$

$$=(-2)^{3r}\sum_{n=0}^{\infty}\sum_{k_1+k_2=n}b_r(k_1)\overline{a}_r(k_2)q^n$$

$$=(-2)^{3r}\sum_{n=0}^{\infty}v_r(n)q^n$$

$$\left(-\sum_{n=0}^{\infty}(2n+1)^2q^{n(n+1)}\right)^r=(-1)^r\sum_{n=0}^{\infty}a_r(n)q^n$$

所以再利用式(2),可得

$$\sum_{n=1}^{\infty}\tau(n)q^n$$

$$=q\prod_{n=1}^{\infty}(1-q^n)^{24}$$

$$=\left(2\sum_{n=0}^{\infty}(2n+1)^2q^{n(n+1)}\sum_{n=0}^{\infty}q^{n^2}-8\sum_{n=0}^{\infty}n^2q^{n^2}\sum_{n=0}^{\infty}q^{n(n+1)}-\right.$$

$$\left.\sum_{n=0}^{\infty}(2n+1)^2q^{n(n+1)}\right)^4$$

$$=\sum_{n=1}^{\infty}\left(\sum_{r_1+r_2+r_3=4}\frac{24}{r_1!\ r_2!\ r_3!}(-1)^{r_2+r_3}2^{r_1+3r_2}\cdot\right.$$

$$\left.\sum_{n_1+n_2+n_3=n-1}u_{r_1}(n_1)v_{r_2}(n_2)a_{r_3}(n_3)\right)q^n \tag{4}$$

最后比较式(4)的最左边和最右边项 q^n 的系数立即可得定理的结果.

由定理得到以下同余恒等式.

推论　设 n 为正整数,$\tau(n)$ 为拉马努金 Tau 函数,$\sigma(n)=\sum_{d|n}d$,则对任意的 $n\geqslant 1$ 都有

$$\tau(n) \equiv \begin{cases} \sigma(n) \pmod 8\text{,当 } n \text{ 为奇数时} \\ 0 \pmod 8\text{,当 } n \text{ 为偶数时} \end{cases}$$

证明 对任意的正整数 n,由定理并经过计算,有

$$\tau(n) \equiv a_4(n-1) \pmod 8 \tag{5}$$

并且

$$\begin{aligned} a_4(n-1) &= \sum_{(n_1,\cdots,n_4)\in A_4(n-1)} \prod_{i=1}^{4} (2n_i+1)^2 \\ &\equiv \sum_{(n_1,\cdots,n_4)\in A_4(n-1)} 1 \end{aligned} \tag{6}$$

则可分以下两种情形讨论.

情形 1 若 n 为偶数,则 $A_4(n-1)=\varnothing$,从而

$$\bar{a}_4(n-1)=0$$

情形 2 若 n 为奇数,则容易发现

$$\bar{a}_4(n-1)=t_4\left(\frac{n-1}{2}\right)$$

另外,文献[6]对所有的正整数 m 都有 $t_4(m)=\sigma(2m+1)$,所以在此情形下

$$\bar{a}_4(n-1)=\sigma(n)$$

因此,综合以上两种情形并结合式(5)和(6)立即可得推论.

参考文献

[1] BERNDT B C,KEN O. Ramanujan's unpublished manuscript on the partition and tau functions with proofs and commentary [J]. Sém. Lothar. Combin., 1999,42:1-63.

[2] APOSTOL T M. Modular functions and

Dirichlet series in number theory[M]. New York: Springer-Verlag, 1997.

[3] EWELL J. New representations of Ramanujan's tau function[J]. Proc. Amer. Math. Soc., 1999, 128: 723-726.

[4] EWELL J. A formulae for Ramanujan's tau function[J]. Proc. Amer. Math. Soc., 1984, 91: 37-40.

[5] EWELL J. Consequences of a sextuple-product identity[J]. Internat. J. Math. Math. Sci., 1987, 10: 545-549.

[6] EWELL J. Arithmetical consequences of a sextuple-product identity[J]. Rocky Mountain J. of Math., 1995, 25: 1287-1293.

拉马努金遗失笔记

第六章

关于拉马努金的魔力有多强，有一则传闻说：

Polya 曾从哈代那儿借了拉马努金的笔记本，翻了几下立即归还，拒绝再看下去.他说："如果再看下去，就会被拉马努金的魔网捕获，沉迷于证他的公式，再难有自己独创的发现了."以至有人慨叹：Polya不愧为数学界的老江湖啊！

拉马努金留给后人的是 9 本著作.《拉马努金笔记》(5 卷) 和《拉马努金遗失笔记》(4 卷). 这 9 卷巨著在国内已传闻久矣. 直到最近才由我们数学工作室将其引进到国内. 这里我们摘录一段拉马努金对初等数学部分的论述，我们可以从原汁原味中体会出其与众不同的思维方式.

20

Elementary Results

20.1 Introduction

In this chapter we collect several claims from [269] that are elementary in nature.

20.2 Solutions of Certain Systems of Equations

At the bottom of page 340, there is a short note, "2 pp. of algebraical oddities," which was probably written by G.H. Hardy. On page 341, Ramanujan constructs families of solutions to Euler's Diophantine equation $A^3 + B^3 = C^3 + D^3$, which we discuss in Chap. 8, and so it seems doubtful that page 341 is the second page to which Hardy refers. It seems more likely that Hardy's comment refers to pages 340 and 344, which we discuss in the next section. The last several pages of [269] have been numbered by an unknown person, and in particular, pages 340 and 344 have the numbers 81 and 85 attached to them. It is possible that the pages were shuffled between the times when Hardy recorded his remark and when an anonymous cataloguer tagged the pages with numbers.

The first and third entries on page 340 are in the spirit of the third problem [242] that Ramanujan submitted to the *Journal of the Indian Mathematical Society* and the third article that he published [244] in the same journal.

Entry 20.2.1 (p. 340). *Suppose that*

$$(x^6 + ax)^5 - (x^6 + bx)^5 = A(x^5 + p)^5 + B(x^5 + q)^5 + C(x^5 + r)^5. \quad (20.2.1)$$

Furthermore, write

$$\frac{A}{1 - pz} + \frac{B}{1 - qz} + \frac{C}{1 - rz} = \frac{\alpha + \beta z + \gamma z^2}{1 + \delta z + \epsilon z^2 + \phi z^3}. \quad (20.2.2)$$

G.E. Andrews and B.C. Berndt, *Ramanujan's Lost Notebook: Part IV*, DOI 10.1007/978-1-4614-4081-9_20,

Then

$$\alpha = 5(a-b), \quad \beta = -2\frac{a-b}{a+b}(4a^2+3ab+4b^2), \quad \gamma = 2(a^3-b^3), \tag{20.2.3}$$

$$\delta = -2\frac{a^2+ab+b^2}{a+b}, \quad \epsilon = a^2+ab+b^2, \quad \phi = -\frac{a^4+6a^3b+6a^2b^2+6ab^3+b^4}{10(a+b)}. \tag{20.2.4}$$

Proof. Expanding both sides of (20.2.1) by the binomial theorem, we easily find that

$$x^5\sum_{k=0}^{4}\binom{5}{k}(a^{5-k}-b^{5-k})x^{5k} = \sum_{k=0}^{5}\binom{5}{k}(Ap^{5-k}+Bq^{5-k}+Cr^{5-k})x^{5k}.$$

Equating coefficients above, we readily deduce that

$$\begin{cases} Ap^5+Bq^5+Cr^5 = 0, \\ Ap^4+Bq^4+Cr^4 = \frac{1}{5}(a^5-b^5), \\ Ap^3+Bq^3+Cr^3 = \frac{1}{2}(a^4-b^4), \\ Ap^2+Bq^2+Cr^2 = a^3-b^3, \\ Ap+Bq+Cr = 2(a^2-b^2), \\ A+B+C = 5(a-b). \end{cases} \tag{20.2.5}$$

On the other hand, from (20.2.2),

$$(1+\delta z+\epsilon z^2+\phi z^3)\sum_{n=0}^{\infty}(Ap^n+Bq^n+Cr^n)z^n = \alpha+\beta z+\gamma z^2. \tag{20.2.6}$$

Equating constant terms in (20.2.6) and using (20.2.5), we deduce that

$$\alpha = 5(a-b). \tag{20.2.7}$$

Equating coefficients of z^k, $1 \le k \le 5$, in (20.2.6), using (20.2.7), and employing the identities in (20.2.5), we find that, respectively,

$$2(a^2-b^2)+5(a-b)\delta = \beta, \tag{20.2.8}$$

$$(a^3-b^3)+2\delta(a^2-b^2)+5\epsilon(a-b) = \gamma, \tag{20.2.9}$$

$$\tfrac{1}{2}(a^4-b^4)+\delta(a^3-b^3)+2\epsilon(a^2-b^2)+5\phi(a-b) = 0, \tag{20.2.10}$$

$$\tfrac{1}{5}(a^5-b^5)+\tfrac{1}{2}\delta(a^4-b^4)+\epsilon(a^3-b^3)+2\phi(a^2-b^2) = 0, \tag{20.2.11}$$

$$\tfrac{1}{5}\delta(a^5-b^5)+\tfrac{1}{2}\epsilon(a^4-b^4)+\phi(a^3-b^3) = 0. \tag{20.2.12}$$

We now observe that (20.2.10)–(20.2.12) are a set of three linear equations in the unknowns δ, ϵ, and ϕ. If we solve this system, we indeed obtain the three proffered values for δ, ϵ, and ϕ given in (20.2.4). Next, we calculate γ from (20.2.9), and we deduce Ramanujan's claimed value for γ in (20.2.3). Lastly, it is easily checked that Ramanujan's value of β in (20.2.3) follows readily from (20.2.8). □

Entry 20.2.2 (p. 340). *If*

$$z=\frac{1}{N} \qquad \text{and} \qquad N=\frac{1}{2}(a+b)+\frac{1}{2}(a-b)M, \tag{20.2.13}$$

and if δ, ϵ, *and* ϕ *are given in* (20.2.4), *then*

$$1+\delta z+\epsilon z^2+\phi z^3=0 \tag{20.2.14}$$

is equivalent to

$$5(a+b)(M^3-M)=(a-b)(5M^2-1). \tag{20.2.15}$$

Proof. Using the values of δ, ϵ, and ϕ from (20.2.4) and then the parameterizations (20.2.13), we find that (20.2.14) can be written as

$$\begin{aligned}
&N^3-2\frac{a^2+ab+b^2}{a+b}N^2+(a^2+ab+b^2)N-\frac{a^4+6a^3b+6a^2b^2+6ab^3+b^4}{10(a+b)}\\
&=\left\{\frac{1}{2}(a+b)+\frac{1}{2}(a-b)M\right\}^3-2\frac{a^2+ab+b^2}{a+b}\left\{\frac{1}{2}(a+b)+\frac{1}{2}(a-b)M\right\}^2\\
&+(a^2+ab+b^2)\left\{\frac{1}{2}(a+b)+\frac{1}{2}(a-b)M\right\}-\frac{a^4+6a^3b+6a^2b^2+6ab^3+b^4}{10(a+b)}\\
&=\frac{1}{10(a+b)}\left\{\frac{5}{4}(a+b)(a-b)^3M^3-\frac{5}{4}(a-b)^4M^2\right.\\
&\qquad\left.-\frac{5}{4}(a+b)(a-b)^3M+\frac{1}{4}(a-b)^4\right\}=0.
\end{aligned} \tag{20.2.16}$$

Upon multiplying both sides of (20.2.16) by $40(a+b)/(a-b)^3$, we arrive at

$$5(a+b)M^3-5(a-b)M^2-5(a+b)M+(a-b)=0,$$

which is equivalent to (20.2.15). □

Entry 20.2.3 (p. 340). *Suppose that*

$$x\left\{(x+a)^3+(x+b)^3\right\}=A(x+p)^4+B(x+q)^4+Cx^4. \tag{20.2.17}$$

Then

$$p=\frac{a^3+b^3}{a^2+b^2-(a-b)\sqrt{3ab}},\qquad q=\frac{a^3+b^3}{a^2+b^2+(a-b)\sqrt{3ab}},\tag{20.2.18}$$

$$A=-\frac{(a^2+b^2-(a-b)\sqrt{3ab})^4}{8(a-b)\sqrt{3ab}(a^3+b^3)^2},\quad B=\frac{(a^2+b^2+(a-b)\sqrt{3ab})^4}{8(a-b)\sqrt{3ab}(a^3+b^3)^2},\tag{20.2.19}$$

$$C=\frac{(a^3-b^3)(a-b)^3}{(a^3+b^3)^2}.\tag{20.2.20}$$

Proof. Expanding both sides of (20.2.17) by the binomial theorem, we see that

$$x\sum_{k=0}^{3}\binom{3}{k}(a^{3-k}+b^{3-k})x^k=\sum_{k=0}^{4}\binom{4}{k}(Ap^{4-k}+Bq^{4-k})x^k+Cx^4.$$

Equating coefficients of x^k, $0\le k\le 4$, we find that

$$\begin{cases}0=Ap^4+Bq^4,\\ \frac{1}{4}(a^3+b^3)=Ap^3+Bq^3,\\ \frac{1}{2}(a^2+b^2)=Ap^2+Bq^2,\\ \frac{3}{4}(a+b)=Ap+Bq,\\ 2=A+B+C.\end{cases}\tag{20.2.21}$$

For brevity, set

$$a_1=2,\quad a_2=\frac{3}{4}(a+b),\quad a_3=\frac{1}{2}(a^2+b^2),\quad a_4=\frac{1}{4}(a^3+b^3),\quad a_5=0.\tag{20.2.22}$$

We now employ a clever idea of Ramanujan [244], [267, pp. 18–19]. Write

$$\phi(\theta):=\frac{A}{1-\theta p}+\frac{B}{1-\theta q}+C=\sum_{n=1}^{\infty}a_n\theta^{n-1}=\frac{A_1+A_2\theta+A_3\theta^2}{1+B_1\theta+B_2\theta^2},\tag{20.2.23}$$

where, by expanding the left side in geometric series, we see that indeed $a_1,a_2,\ldots,a_5$ are given by (20.2.22), and where A_1,A_2,A_3 and B_1,B_2 are constants that we now proceed to determine. Rewriting the last equality in (20.2.23) in the form

$$(1+B_1\theta+B_2\theta^2)(a_1+a_2\theta+a_3\theta^2+a_4\theta^3+a_5\theta^4+\cdots)=A_1+A_2\theta+A_3\theta^2,$$

and equating coefficients on both sides, we find that

$$\begin{cases} A_1 = a_1, \\ A_2 = a_2 + a_1 B_1, \\ A_3 = a_3 + a_2 B_1 + a_1 B_2, \\ 0 = a_4 + a_3 B_1 + a_2 B_2, \\ 0 = a_5 + a_4 B_1 + a_3 B_2. \end{cases} \tag{20.2.24}$$

Using (20.2.22), we see that the last two equations in (20.2.24) can be written in the form

$$\frac{1}{2}(a^2+b^2)B_1 + \frac{3}{4}(a+b)B_2 = -\frac{1}{4}(a^3+b^3),$$
$$\frac{1}{4}(a^3+b^3)B_1 + \frac{1}{2}(a^2+b^2)B_2 = 0.$$

Solving simultaneously this pair of linear equations, we find that

$$B_1 = -\frac{2(a^2+b^2)(a^3+b^3)}{4(a^2+b^2)^2 - 3(a+b)(a^3+b^3)}, \tag{20.2.25}$$

$$B_2 = \frac{(a^3+b^3)^2}{4(a^2+b^2)^2 - 3(a+b)(a^3+b^3)}. \tag{20.2.26}$$

Using (20.2.25) and (20.2.26), we can determine A_3 from the third equality of (20.2.24). Accordingly,

$$A_3 = \frac{2(a^2+b^2)^3 - 3(a+b)(a^2+b^2)(a^3+b^3) + 2(a^3+b^3)^2}{4(a^2+b^2)^2 - 3(a+b)(a^3+b^3)}. \tag{20.2.27}$$

We now use (20.2.25) in the second equality of (20.2.24) to conclude that

$$A_2 = \frac{12(a+b)(a^2+b^2)^2 - 9(a+b)^2(a^3+b^3) - 16(a^2+b^2)(a^3+b^3)}{4\{4(a^2+b^2)^2 - 3(a+b)(a^3+b^3)\}}. \tag{20.2.28}$$

Now that we have determined A_1, A_2, A_3 and B_1, B_2, we return to (20.2.23) and expand the rational function on the far right-hand side into partial fractions,

$$\begin{aligned}\phi(\theta) &= \frac{A_1 + A_2\theta + A_3\theta^2}{1 + B_1\theta + B_2\theta^2} = \frac{p_1}{1-\theta q_1} + \frac{p_2}{1-\theta q_2} + p_3 \\ &= \frac{p_1 + p_2 + p_3 - (p_1q_2 + p_2q_1 + q_1p_3 + q_2p_3)\theta + q_1q_2p_3\theta^2}{1 - (q_1+q_2)\theta + q_1q_2\theta^2}.\end{aligned} \tag{20.2.29}$$

But we also see from (20.2.23) that $p_1 = A$, $p_2 = B$, $p_3 = C$, $q_1 = p$, and $q_2 = q$. Using these observations and comparing coefficients in the two representations for the same rational function in (20.2.29), we find that

$$\begin{cases} A_1 = p_1 + p_2 + p_3 = A + B + C, \\ A_2 = -(p_1q_2 + p_2q_1 + q_1p_3 + q_2p_3) = -Aq - Bp - C(p+q), \\ A_3 = p_3q_1q_2 = Cpq, \\ B_1 = -(q_1 + q_2) = -p - q, \\ B_2 = q_1q_2 = pq. \end{cases} \tag{20.2.30}$$

We now are ready to determine p, q, C, and A, B in this order. From the last two equations of (20.2.30) and from (20.2.25) and (20.2.26), we see that

$$-\frac{2(a^2+b^2)(a^3+b^3)}{4(a^2+b^2)^2 - 3(a+b)(a^3+b^3)} = -p - \frac{1}{p}\frac{(a^3+b^3)^2}{4(a^2+b^2)^2 - 3(a+b)(a^3+b^3)}.$$

Solving this equation, we find that

$$p = \frac{a^3+b^3}{a^2+b^2-(a-b)\sqrt{3ab}},$$

as claimed in (20.2.18). Then, from either of the last two equalities in (20.2.30), we readily compute that

$$q = \frac{a^3+b^3}{a^2+b^2+(a-b)\sqrt{3ab}}.$$

Alternatively (and more easily), we could simply verify that the given values of p and q simultaneously solve the last two equations of (20.2.30). Having found p and q, we turn to the third equation in (20.2.30) to determine C. After a moderate amount of elementary algebra, we find that C is given by (20.2.20). Lastly, we employ the first two equations in (20.2.30) to demonstrate that A and B are given by (20.2.19). Admittedly, a heavy amount of tedious, but straightforward, elementary algebra is necessary. □

M.D. Hirschhorn [162] has devised a somewhat different approach to the three identities at the beginning of page 340.

In the last entry on page 340, Ramanujan attempts to find a family of solutions to the diophantine equation

$$A^4 + B^4 + C^4 = D^4 + E^4 + F^4. \tag{20.2.31}$$

On page 384 of his third notebook [269], Ramanujan provides two families of solutions to (20.2.31). See [40, pp. 94–95, 106–107] for a discussion of Ramanujan's solutions. Unfortunately, Ramanujan's recorded family of solutions for (20.2.31) is erroneous. Hirschhorn and L. Vaserstein independently (and almost simultaneously) found a correct version of Ramanujan's formula. The factors $(n^2+3)(n^4+42n^2+9)$ were inadvertently omitted by Ramanujan from the last two terms on the right-hand side below.

Entry 20.2.4 (p. 340; corrected). *A family of solutions to* (20.2.31) *is given by*

$$\begin{aligned}&\left\{x^5(n^2+3)^2(n^4+42n^2+9)^2+x(n^2-3)(n^2+6n+3)\right\}^4\\&\quad-\left\{x^5(n^2+3)^2(n^4+42n^2+9)^2+x(n^2-3)(n^2-6n+3)\right\}^4\\&=\left\{x^4(n^2+3)(n^4+42n^2+9)(n^4+6n^3+18n^2-18n+9)+(n^2-3)\right\}^4\\&\quad-\left\{x^4(n^2+3)(n^4+42n^2+9)(n^4-6n^3+18n^2+18n+9)+(n^2-3)\right\}^4\\&\quad+\left\{6nx^4(n^2+3)(n^4+42n^2+9)(n^2+4n-3)\right\}^4\\&\quad-\left\{6nx^4(n^2+3)(n^4+42n^2+9)(n^2-4n-3)\right\}^4.\end{aligned}$$

20.3 Radicals

Most of page 344 in [269] is devoted to eight identities involving, on one side, a quotient of binomial conjugates and, on the other side, geometric type series in the variable g. In each case, there is a condition, such as $g^5=2$, attached.

Entry 20.3.1 (p. 344). *If* $g^4=5$, *then*

$$\frac{\sqrt[5]{3+2g}-\sqrt[5]{4-4g}}{\sqrt[5]{3+2g}+\sqrt[5]{4-4g}}=2+g+g^2+g^3. \tag{20.3.1}$$

(The symbol g is almost completely obliterated in [269].) A clever proof of Entry 20.3.1 was constructed by Hirschhorn [163] using the elementary and easily proved principle of *componendo et dividendo* [19, p. 320], which we now describe. Suppose that $a\neq b$ and $c\neq d$. Then

$$\frac{a}{b}=\frac{c}{d}$$

if and only if

$$\frac{a+b}{a-b}=\frac{c+d}{c-d}.$$

First Proof of Entry 20.3.1. Hirschhorn begins his proof of Entry 20.3.1 with the trivial observation that (20.3.1) is equivalent to the identity

$$\frac{\sqrt[5]{3+2g}+\sqrt[5]{4g-4}}{\sqrt[5]{3+2g}-\sqrt[5]{4g-4}}=\frac{2+g+g^2+g^3}{1}. \tag{20.3.2}$$

By the principle of *componendo et dividendo*, with $a=\sqrt[5]{3+2g}$, $b=\sqrt[5]{4g-4}$, $2c=3+g+g^2+g^3$, and $2d=1+g+g^2+g^3$, we deduce that (20.3.2) is equivalent to the identity

$$\frac{\sqrt[5]{3+2g}}{\sqrt[5]{4g-4}}=\frac{3+g+g^2+g^3}{1+g+g^2+g^3},$$

which in turn is equivalent to the identity

$$\frac{3+2g}{4g-4} = \left(\frac{3+g+g^2+g^3}{1+g+g^2+g^3}\right)^5. \tag{20.3.3}$$

Now observe that

$$(4x-4)(3+x+x^2+x^3)^5 - (3+2x)(1+x+x^2+x^3)^5 = (x^4-5)P(x), \tag{20.3.4}$$

where $P(x)$ is a certain polynomial of degree 12. Setting $x = g$ in (20.3.4) and using the hypothesis $g^4 = 5$, we complete the proof of (20.3.3) and hence also of the proof of Entry 20.3.1. □

Second Proof of Entry 20.3.1. We provide another proof, which was communicated to the authors by M. Somos [291]. We begin with the easily verified identity

$$8(3+2x) = (x-1)(x+1)^5 - (x^4-5)(x^2+4x+5).$$

Setting $x = g$, recalling that $g^4 = 5$, and multiplying both sides by 4, we obtain the identity

$$2^5(3+2g) = (4g-4)(g+1)^5.$$

Taking the fifth root of both sides and introducing the abbreviations $a = (3+2g)^{1/5}$ and $b = (4g-4)^{1/5}$, we have

$$\frac{a}{b} = \frac{g+1}{2}, \quad \text{or} \quad \frac{a-b}{b} = \frac{g-1}{2}. \tag{20.3.5}$$

Now $g^4 = 5$ or $g^4 - 1 = 4$, which we write in the factored form

$$(g-1)(1+g+g^2+g^3) = 4,$$

or

$$\frac{4}{g-1} = 1+g+g^2+g^3. \tag{20.3.6}$$

From (20.3.5) and (20.3.6), we find that

$$\frac{2b}{a-b} = 1+g+g^2+g^3.$$

Adding 1 to both sides yields

$$\frac{a+b}{a-b} = 2+g+g^2+g^3,$$

which is the same as (20.3.1). □

We now state the remaining seven identities. Each of the first three can be proved using the principle of *componendo et dividendo*; each of the seven can be readily verified by rationalizing the denominator (if necessary) on the left-hand side, multiplying the right-hand side by the rationalized denominator, simplifying with the use of the given condition, solving for the nth root, raising both sides to the nth power, and then simplifying once again with the use of the auxiliary condition. We provide a proof of one of the identities using the first method and a proof of one of the remaining identities using the second method. Since the other identities can be proved in the same fashions, we leave the remaining proofs as exercises. Although proofs are easily given, the following fundamental question remains: How did Ramanujan discern these identities? We have been unable to answer this obvious question.

Entry 20.3.2 (p. 344). *We have*

$$g^5=2, \qquad \frac{\sqrt{g+3}+\sqrt{5g-5}}{\sqrt{g+3}-\sqrt{5g-5}}=g+g^2, \tag{20.3.7}$$

$$g^5=2, \qquad \frac{\sqrt{g^2+1}+\sqrt{4g-3}}{\sqrt{g^2+1}-\sqrt{4g-3}}=\frac{1}{5}\left(1+g^2+g^3+g^9\right)^2, \tag{20.3.8}$$

$$g^5=3 \qquad \frac{\sqrt{g^2+1}+\sqrt{5g-5}}{\sqrt{g^2+1}-\sqrt{5g-5}}=\frac{1}{g}+g+g^2+g^3,$$

$$g^5=2, \qquad \sqrt{1+g^2}=\frac{g^4+g^3+g-1}{\sqrt{5}},$$

$$g^5=2, \qquad \sqrt{4g-3}=\frac{g^9+g^7-g^6-1}{\sqrt{5}},$$

$$g^5=3, \qquad \sqrt[3]{2-g^3}=\frac{1+g-g^2}{\sqrt[3]{5}},$$

$$g^5=2, \qquad \sqrt[5]{1+g+g^3}=\frac{\sqrt{1+g^2}}{\sqrt[10]{5}}.$$

To the right of the penultimate identity above, Ramanujan writes $g=3$, and to the right of the last identity above, Ramanujan writes $g^5+5g^3+5g+2=0$.

First Proof of (20.3.7). Apply the principle of *componendo et dividendo* with $a=\sqrt{g+3}$, $b=\sqrt{5g-5}$, $2c=1+g+g^2$, and $2d=-1+g+g^2$. Hence, (20.3.7) is equivalent to the identity

$$\frac{\sqrt{g+3}}{\sqrt{5g-5}}=\frac{1+g+g^2}{-1+g+g^2},$$

which in turn is equivalent to

$$\frac{g+3}{5g-5}=\left(\frac{1+g+g^2}{-1+g+g^2}\right)^2. \tag{20.3.9}$$

We now observe that

$$(x+3)(-1+x+x^2)^2-5(x-1)(1+x+x^2)^2=-4(x^5-2). \tag{20.3.10}$$

Setting $x=g$ in (20.3.10) and recalling that $g^5=2$, we complete the proof. $\square$

Second Proof of (20.3.7). For a second proof, we offer M. Somos's [291] variation of the first proof. We first observe that

$$(x+3)(x^2+x-1)^2=x^5+5x^4+5x^3-5x^2-5x+3. \tag{20.3.11}$$

In order to obtain terms on the right-hand side that are all multiples of 5, we add $4(x^5-2)$ to both sides above to deduce that

$$\begin{aligned}(x+3)(x^2+x-1)^2+4(x^5-2)&=5(x^5+x^4+x^3-x^2-x-1)\\&=5(x^2+x+1)^2(x-1).\end{aligned} \tag{20.3.12}$$

Thus, from (20.3.11) and (20.3.12), we deduce the identity

$$5(x-1)(x^2+x+1)^2=(x+3)(x^2+x-1)^2+4(x^5-2).$$

Substituting $x=g:=2^{1/5}$ above, we arrive at

$$5(g-1)(g^2+g+1)^2=(g+3)(g^2+g-1)^2.$$

Rearrange this identity so that we can apply the principle of *componendo et dividendo* with $a=\sqrt{g+3}$, $b=\sqrt{5g-5}$, $c=g^2+g+1$, and $d=g^2+g-1$. The identity (20.3.7) now follows. $\square$

Proof of (20.3.8). Rationalizing the denominator on the left-hand side of (20.3.8), we find that

$$\frac{\sqrt{g^2+1}+\sqrt{4g-3}}{\sqrt{g^2+1}-\sqrt{4g-3}}=\frac{g^2+4g-2+2\sqrt{(g^2+1)(4g-3)}}{g^2-4g+4}. \tag{20.3.13}$$

In view of (20.3.8), we thus wish to examine, with the use of the condition $g^5=2$,

$$\begin{aligned}\frac{1}{5}\left(1+g^2+g^3+g^9\right)^2(g^2-4g+4)&=(1+2g+2g^2+2g^3+g^4)(g^2-4g+4)\\&=6g+g^2+2g^3-2g^4.\end{aligned} \tag{20.3.14}$$

Hence, from (20.3.8), (20.3.13), and (20.3.14), it suffices to show that

$$\sqrt{(g^2+1)(4g-3)}=1+g+g^3-g^4. \tag{20.3.15}$$

Squaring both sides of (20.3.15) and using the condition $g^5=2$ to simplify, we easily establish the truth of (20.3.15). $\square$

Lastly, Somos [291] provided the following explanation for the addenda accompanying the last two entries in Entry 20.3.2. For the first, note that

$$(2-g^3)-\tfrac{1}{5}(1+g-g^2)^3=\tfrac{1}{5}(3-g)(3-g^5).$$

Thus, $g=3$ is a root of the left-hand side. For the second, note that

$$(1+g+g^3)^2-\tfrac{1}{5}(1+g^2)^5=\tfrac{1}{5}(2-g^5)(2+5g+5g^3+g^5).$$

Thus, when $g^5+5g^3+5g+2=0$, we obtain the last equality of Entry 20.3.2.

20.4 More Radicals

At the bottom of page 344 in [269], Ramanujan offers four entries involving equalities of radical expressions.

Entry 20.4.1 (p. 344). *We have*

$$\sqrt[3]{\frac{1}{3}}+\sqrt[3]{\frac{5}{3}}=\sqrt{\frac{\sqrt[3]{5}-1}{2-\sqrt[3]{5}}\sqrt[3]{3}}=\sqrt[3]{\frac{3+\sqrt[3]{5}}{\sqrt[3]{5}-1}}=\sqrt[5]{\frac{3\sqrt[3]{3}+\sqrt[3]{15}}{2-\sqrt[3]{5}}}. \tag{20.4.1}$$

If a, b, and c are arbitrary numbers, then

$$\left\{\sqrt[3]{(a+b)(a^2+b^2)}-a\right\}\left\{\sqrt[3]{(a+b)(a^2+b^2)}-b\right\}$$
$$=\frac{\sqrt[3]{(a+b)^2}-\sqrt[3]{a^2+b^2}}{\sqrt[3]{(a+b)^2}+\sqrt[3]{a^2+b^2}}(a^2+ab+b^2), \tag{20.4.2}$$

$$\frac{(\sqrt{a^2+ab+b^2}-a)(\sqrt{a^2+ab+b^2}-b)}{a+b-\sqrt{a^2+ab+b^2}}=a+b, \tag{20.4.3}$$

$$\left\{-a+\sqrt{(c+a)(a+b)}\right\}\left\{-b+\sqrt{(a+b)(b+c)}\right\}\left\{-c+\sqrt{(b+c)(c+a)}\right\}$$
$$=2\left(\frac{ab+bc+ca}{\sqrt{a+b}+\sqrt{b+c}+\sqrt{c+a}}\right)^2. \tag{20.4.4}$$

Proof. We provide a proof by Somos [291] of the first equality of (20.4.1), which was incorrectly written by Ramanujan, who forgot the factor $\sqrt[3]{3}$ under the radical sign on the right-hand side. We emphasize that it is a simple matter to verify each of the equalities in (20.4.1). We content ourselves with offering only brief discussions of the remaining identities of Entry 20.4.1, since only elementary algebra is involved.

Following Somos [291], we consider

$$(x-2)(x+1)^2 = x^3 - 3x - 2,$$

and add $3(x-1)$ to both sides to make the coefficient of x equal to zero, to wit,

$$(x-2)(x+1)^2 + 3(x-1) = x^3 - 5.$$

Substituting $x = g := 5^{1/3}$, we find that

$$(g-2)(g+1)^2 = 3(1-g), \quad \text{or} \quad (g+1)^2 = \frac{3(g-1)}{2-g}.$$

Taking the square root of each side, we have

$$1 + g = \sqrt{\frac{3(g-1)}{2-g}}.$$

Dividing both sides by $3^{1/3}$, we obtain the first equality of (20.4.1).

The identity (20.4.2) is a beautiful identity, which is not difficult to verify by crossmultiplication. However, this is clearly not how Ramanujan discovered it. More insight is needed.

The identity (20.4.3) can be checked by crossmultiplication in a matter of seconds.

The last identity (20.4.4) is exquisite. In [269], Ramanujan expressed the right-hand side of (20.4.4) in terms of the reciprocal of the quotient. It appears that one would need computer algebra to check (20.4.4), but on crossmultiplication, we see that there are only four different kinds of terms to check, and so the use of symmetry substantially shortens the task with therefore no computer algebra needed. Hirschhorn has devised a clever proof of (20.4.4) by setting $a+b=4C^2$, $b+c=4A^2$, and $c+a=4B^2$. Then it is easily checked that both sides are equal to $8(A-B+C)^2(A+B-C)^2(A-B-C)^2$. But still, a more natural proof of (20.4.4) is desired. □

20.5 Powers of 2

Page 345 in [269] is devoted to a single table, with no explanation for it. All of the entries in the table are of the form

$$2^{31} \prod_{j \in \{1,2,4,8,16\}} \left(1 + \frac{1}{2^j}\right).$$

We augment the table with an additional column to the right providing the decimal representation of the product on the left. An examination of these

numbers reveals that Ramanujan has listed the numbers in decreasing order, which, with a little thought, is also clear from an inspection of Ramanujan's table.

$$
\begin{aligned}
&2^{32} &&= 4{,}294{,}967{,}296\\
&2^{31}(1+\tfrac{1}{2})(1+\tfrac{1}{2^2})(1+\tfrac{1}{2^4})(1+\tfrac{1}{2^8})(1+\tfrac{1}{2^{16}}) &&= 4{,}294{,}967{,}295\\
&2^{31}(1+\tfrac{1}{2})(1+\tfrac{1}{2^2})(1+\tfrac{1}{2^4})(1+\tfrac{1}{2^8}) &&= 4{,}294{,}901{,}760\\
&2^{31}(1+\tfrac{1}{2})(1+\tfrac{1}{2^2})(1+\tfrac{1}{2^4})(1+\tfrac{1}{2^{16}}) &&= 4{,}278{,}255{,}360\\
&2^{31}(1+\tfrac{1}{2})(1+\tfrac{1}{2^2})(1+\tfrac{1}{2^4}) &&= 4{,}278{,}190{,}080\\
&2^{31}(1+\tfrac{1}{2})(1+\tfrac{1}{2^2})(1+\tfrac{1}{2^8})(1+\tfrac{1}{2^{16}}) &&= 4{,}042{,}322{,}160\\
&2^{31}(1+\tfrac{1}{2})(1+\tfrac{1}{2^2})(1+\tfrac{1}{2^8}) &&= 4{,}042{,}260{,}480\\
&2^{31}(1+\tfrac{1}{2})(1+\tfrac{1}{2^2})(1+\tfrac{1}{2^{16}}) &&= 4{,}026{,}593{,}280\\
&2^{31}(1+\tfrac{1}{2})(1+\tfrac{1}{2^2}) &&= 4{,}026{,}531{,}840\\
&2^{31}(1+\tfrac{1}{2})(1+\tfrac{1}{2^4})(1+\tfrac{1}{2^8})(1+\tfrac{1}{2^{16}}) &&= 3{,}435{,}973{,}836\\
&2^{31}(1+\tfrac{1}{2})(1+\tfrac{1}{2^4})(1+\tfrac{1}{2^8}) &&= 3{,}435{,}921{,}408\\
&2^{31}(1+\tfrac{1}{2})(1+\tfrac{1}{2^4})(1+\tfrac{1}{2^{16}}) &&= 3{,}422{,}604{,}288\\
&2^{31}(1+\tfrac{1}{2})(1+\tfrac{1}{2^4}) &&= 3{,}422{,}552{,}064\\
&2^{31}(1+\tfrac{1}{2})(1+\tfrac{1}{2^8})(1+\tfrac{1}{2^{16}}) &&= 3{,}233{,}857{,}728\\
&2^{31}(1+\tfrac{1}{2})(1+\tfrac{1}{2^8}) &&= 3{,}233{,}808{,}384\\
&2^{31}(1+\tfrac{1}{2})(1+\tfrac{1}{2^{16}}) &&= 3{,}221{,}274{,}624\\
&2^{31}(1+\tfrac{1}{2}) &&= 3{,}221{,}225{,}472\\
&2^{31}(1+\tfrac{1}{2^2})(1+\tfrac{1}{2^4})(1+\tfrac{1}{2^8})(1+\tfrac{1}{2^{16}}) &&= 2{,}863{,}311{,}530\\
&2^{31}(1+\tfrac{1}{2^2})(1+\tfrac{1}{2^4})(1+\tfrac{1}{2^8}) &&= 2{,}863{,}267{,}840\\
&2^{31}(1+\tfrac{1}{2^2})(1+\tfrac{1}{2^4})(1+\tfrac{1}{2^{16}}) &&= 2{,}852{,}170{,}240\\
&2^{31}(1+\tfrac{1}{2^2})(1+\tfrac{1}{2^4}) &&= 2{,}852{,}126{,}720\\
&2^{31}(1+\tfrac{1}{2^2})(1+\tfrac{1}{2^8})(1+\tfrac{1}{2^{16}}) &&= 2{,}694{,}881{,}440\\
&2^{31}(1+\tfrac{1}{2^2})(1+\tfrac{1}{2^8}) &&= 2{,}694{,}840{,}320\\
&2^{31}(1+\tfrac{1}{2^2})(1+\tfrac{1}{2^{16}}) &&= 2{,}684{,}395{,}520\\
&2^{31}(1+\tfrac{1}{2^2}) &&= 2{,}684{,}354{,}560\\
&2^{31}(1+\tfrac{1}{2^4})(1+\tfrac{1}{2^8})(1+\tfrac{1}{2^{16}}) &&= 2{,}290{,}649{,}224\\
&2^{31}(1+\tfrac{1}{2^4})(1+\tfrac{1}{2^8}) &&= 2{,}290{,}614{,}272\\
&2^{31}(1+\tfrac{1}{2^4})(1+\tfrac{1}{2^{16}}) &&= 2{,}281{,}736{,}192\\
&2^{31}(1+\tfrac{1}{2^4}) &&= 2{,}281{,}701{,}376\\
&2^{31}(1+\tfrac{1}{2^8})(1+\tfrac{1}{2^{16}}) &&= 2{,}155{,}905{,}152
\end{aligned}
$$

$$
\begin{aligned}
&2^{31}(1+\tfrac{1}{2^8}) &&= 2{,}155{,}872{,}256\\
&2^{31}(1+\tfrac{1}{2^{16}}) &&= 2{,}147{,}516{,}416\\
&2^{31} &&= 2{,}147{,}483{,}648
\end{aligned}
$$

20.6 An Elementary Approximation to π

Entry 20.6.1 (p. 370).

$$
\frac{9}{5}+\sqrt{\frac{9}{5}}=3.14164\cdots=\pi+0.00005\ldots.
$$

The truth of this approximation to π is easily checked. We do not know how Ramanujan discovered it. However, M. Somos noted that

$$
\frac{6}{5}\left(\frac{\sqrt{5}+1}{2}\right)^2=\frac{9}{5}+\sqrt{\frac{9}{5}}.
$$

Thus, Ramanujan might have taken π, divided it by the square of the golden ratio, and observed that it was close to $\frac{6}{5}$.

第三编

拉马努金在中国

拉马努金的中国知音：数学家刘治国的“西天取经”之旅[①]

第一章

2015 年，笔者在准备一篇关于数论中的平方和问题的历史综述时，第一次了解到刘治国教授的杰出工作. 后来我从网上专门查了查他的资料，才知道他是一位历经磨难、自学成才的数学家. 得知他任教于华东师范大学数学系，笔者特别委托上海交通大学的好友崔继峰博士拜访了刘治国教授，并做了访谈记录. 2017 年 2 月，我的同事张瑞明教授邀请刘治国教授来我校访问，笔者才有机会近距离接触刘教授，对他有了更直观和深切的认识.

① 本章作者林开亮，任教于西北农林科技大学理学院数学系.

笔者认为,刘治国教授的经历对于今天在读的学生,绝对是一个励志的传奇.接下来,就让笔者简单介绍一下刘治国教授,并将崔继峰博士对他的访谈(经刘治国教授本人过目)分享给各位读者.

刘治国,华东师范大学数学系教授,博士生导师.1963 年生于河南省焦作市武陟县,1979 年 16 岁考入河南师范大学数学系,1983 年毕业.先后任教于中学和新乡教育学院.在工作之外,刘治国刻苦钻研数学,因偶然的机会,接触到印度天才数学家拉马努金的工作,刘治国从中得到灵感,在 θ 函数、q-级数、数论等领域取得丰硕成果,震惊了国际上研究拉马努金工作的专家.1998 年,在英国数学家刘易斯(Lewis)博士的努力下,英国皇家学会破格授予只有学士学位的刘治国"王宽诚皇家学会研究奖学金",他出国访学一年.2001～2003 年,新加坡国立大学数学系曾衡发教授邀请刘治国访问合作.2003 年,刘治国被华东师范大学数学系直接聘为教授.

刘治国教授的工作与拉马努金的工作密切相关.众所周知,拉马努金的工作以富于创造性同时也难以理解而著称,数学大师哈代(Hardy)和塞尔(Serre)等都曾对拉马努金的工作加以解读诠释,而破译拉马努金工作的数学家就更是举不胜举了.不同于许多数学家攻坚拉马努金遗留的个别猜想,刘治国教授试图建立一套一般的理论来解释拉马努金众多奇妙公式的来源,并揭示出相关数学领域的全貌.

谈到拉马努金,刘教授充满了崇拜之情,他常常用"有灵性"来评价拉马努金的工作.谈到他本人的工作,刘治国教授则充满了自信.刘教授说:"研究数学要

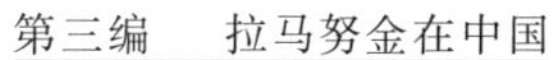

有长远的打算，不要急功近利，要有敢为天下先的想法，创立属于自己的数学领域.”

刘教授认为，他之所以能取得现在的成绩，除了他的勤奋刻苦之外，很重要的一点是，他是一个单纯的数学人.他说，做数学的乐趣是无穷的.他本人没有硕士、博士学历(1983 年曾报考山东大学潘承洞教授的硕士研究生，1984 年报考过云南大学的硕士研究生，1985 年报考过北京大学丁石孙教授的硕士研究生，可惜的是，命运不济，居然三次落榜)，这确实给他造成了一些身外的损失，但刘教授并不计较，因为他有信心，他的定理可以流传千古.这让我们想起杜甫的名句：“文章千古事”.

刘教授说，他在读本科时翻开数学书，发现书上没有一个定理是以中国人的名字命名的，非常失望.从那时起，他便立志要创造出自己的定理.刘教授不忘初心，一直做着好的数学，创造美妙的定理.

回顾他本人的求学之路，刘教授用“西天取经”来形容.这个比喻确实贴切.一方面，被誉为“神人”一般的印度数学家拉马努金的工作，指引着他寻找真理(经)；另一方面，刘治国教授也确实历经坎坷.当年连本科学位都没有拿到的拉马努金，被哈代慧眼识中，邀请到剑桥深造合作.在哈代的提携与庇护下，拉马努金简直就是一路绿灯畅通无阻，甚至当选为英国皇家学会会员，此后被印度人一直视为学术偶像乃至民族的骄傲，近来甚至到了奉若神明的地步.自 2012 年起，印度政府将拉马努金的生日 12 月 22 日设立为国家数学日.

论数学成就，刘治国教授固然不宜与前辈拉马努金比较,但他的故事足以激励今天的年轻人,同样值得我们去了解.

刘治国教授访谈[①]

第二章

§1　因数学而改变命运

崔(崔继峰):请问您是否在小学和中学就对数学有兴趣? 是不是从小就听说过华罗庚、陈景润等数论学家的故事?

刘(刘治国):我中小学喜欢学习数学,但并没有表现出特别浓厚的兴趣.小时候从大人们那里听说过一些关于华罗庚的故事,只知道他是位了不起的大数学家,是我们国家和民族的骄傲,但并未真正懂得他在研究什么.我是1977年上的高中,上高中后又知道了陈景润的故事,感到特别激动和自豪,觉得我们中国数学家太了

① 崔继峰(内蒙古工业大学理学院)访问,林开亮(西北农林科技大学理学院)整理;访问时间:2015年9月9日;访问地点:华东师范大学闵行校区数学系336室.

不起了.

崔:您在哪里读的本科,为什么选择数学专业?当时是否有什么课程特别吸引您,为什么?有没有哪个老师或哪本书对您有特别大的影响?您是否做出一些成果?

刘:我本科就读于新乡师范学院(1985 年改称河南师范大学),1979 年高考过后,我的成绩只能上普通大学,我想申请进入农业和水利方面的院校学习农学或水利学,但我的班主任慕博文老师和数学老师任中卫觉得我有一些数学才能,劝我报考了新乡师范学院的数学专业.

大学的"复变函数"课程吸引了我,因为我发现留数理论可以被用来计算实积分,其基本方法是:首先将要计算的关于实函数的定积分化为复变函数沿闭回路曲线的积分,再用留数基本定理化为被积函数在闭合回路曲线内部孤立奇点上求留数的计算,当奇点是极点的时候,计算更加简洁.

大学期间,我在《中学数学研究》上发表(大二投稿,大三发表)了一篇数学教育方面的论文"一类特殊无理方程的简单解法",这篇论文强调了求解方程时的参数化思想.现在看来这也许没有什么了不起,但在当时的环境下是非常不容易的.我还研究了一些高次丢番图方程的公式求解问题,但没有整理发表,我记得我大学毕业论文就讨论了一个高次丢番图方程的求解问题.

崔:您 1983 年本科毕业,1985 年才到一所地方成人高校工作,中间两年您做什么了?您本科毕业后一直处在一个孤立的环境下做研究,是否有成果?是否

引起国内同行的关注？如何想到要跟外界联系？国内哪些教授对您的影响比较大？

刘：中间两年分别在家乡的两所乡办高中教书（武陟县北郭高中和圪垱店高中，现在已撤销）．本科毕业后的这些年里，我做过一些比较初等的分析不等式、级数求和以及偏微分方程求解的研究，在国内的一些大学学报上发表了十多篇论文．以我现在的眼光来看，有些结果还是很有意思的，但由于都发表在国内的一些普通刊物上，所以并没有引起多少学术反响．

在大量阅读了国外期刊的论文后，我萌发了与国外取得联系的念头．当然开始和国外的数学家联系时我并没有向他们推销我的研究结果，我写信给他们只是希望得到他们论文的抽印本，因为对我来讲获取资料很困难．

在我研究数学早期，对我影响最大的书有三本，分别是：王竹溪和郭敦仁的《特殊函数概论》（科学出版社，1965 年），徐利治和王兴华的《数学分析的方法及例题选讲》（高等教育出版社，1984 年），以及G. 波利亚（G. Pólya）和G. 舍贵（G. Szegö）著的《数学分析中的问题和定理》（张奠宙和宋国栋等译，上海科学技术出版社，1981 年）．

崔：您人生中的转折点是否因此而出现，在哪一个时刻？

刘：我个人觉得转折点有：

（1）考上高中和大学．

（2）离开中学到新乡教育学院（现在已经并入新乡学院）工作，这所学校本身没有什么科研条件，但相对高中来讲，课没有那么多，我可以抽出更多的时间考虑数学问题，而且也方便我去河南师范大学数学系资料室查阅资料.我非常感激当时河南师范大学数学系资料室的两位资料管理员，她们像对待河南师范大学数学系的教师一样对待我，我在这里查资料的时间断断续续持续了五六年.

(3) 看到伊利诺伊大学数学系布鲁斯·C.伯恩特(Bruce C. Berndt)教授在《美国数学月刊》上发表的关于拉马努金季度报告中的拉马努金主定理(Ramanujan's master theorem).

(4) 在刘易斯博士的努力下，我于1998年获得英国皇家学会研究奖学金，并在英国访问一年，这标志着我开始逐渐融入研究拉马努金遗留数学问题的学术圈.(刘易斯博士已经于2007年因病去世，享年65周岁，我到华东师范大学工作以后曾计划邀请他来华访问，可惜他因为身体问题未能成行.)

(5) 当代杰出的数论专家，国际数学界研究圆周率的权威新加坡国立大学的曾衡发教授给予了我极大的支持，曾于2001年6月至2003年4月邀请我到新加坡国立大学和他进行合作研究.

(6) 在新加坡访问期间巧遇我国著名的代数几何专家，华东师范大学谈胜利教授，谈教授慧眼识珠，将我引荐到华东师范大学.

§2　妙不可言的灵光一现

崔:您在思索问题时，是否曾有一个灵光一闪的瞬间，一个爆发性的时刻，就像阿基米德(Archimedes)

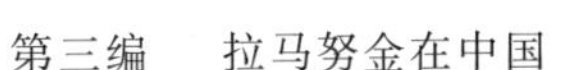

发现了浮力定律竟兴奋得从澡盆里冲出来那样？

刘：应该有过几次．当1993年我猜到关于q-级数的一个一般展开公式并发现该公式包含了几乎所有已知的著名q-级数公式为特例时，我激动的心情就像在田野里漫游的人突然发现了一个宝藏而兴奋不已．学过q-级数的人都知道，q-级数中很多神奇的公式基本上都来自伟大的数学家之手，如欧拉（Euler）、高斯（Gauss）、雅可比（Jacobi）、西尔维斯特（Sylvester）、罗杰斯（Rogers）、拉马努金（Ramanujan）、沃森（Watson）、杰克逊（Jackson）、海涅（Heine）、贝利（Bailey）、卡利茨（Carlitz）、塞尔伯格（Selberg）、安德鲁斯（Andrews）、阿斯基（Askey）等．我竟然碰巧找到一个更一般的统一公式，统一和概括了他们的结果，我实在是兴奋不已，这极大增强了我继续研究数学的信心．在相当长一段时间内，我都不敢相信这是事实，因为我觉得，只有大数学家才有能力去发现这样的公式，而我实在是太普通了．直到1998年，我在英国遇到同在萨塞克斯大学访问的安德鲁斯教授，当面向他解释了我的这一发现，得到了他的肯定，我才相信我真的有了一个很好的数学发现．我觉得我太幸运了，感受到这是上苍赐给我的礼物．这个公式在2002年的*The Ramanujan Journal*上发表．

崔：报道中提到，您从1983年某一期《美国数学月刊》偶然看到伊利诺伊大学数学系布鲁斯·C.伯恩特教授写的关于拉马努金季度报告的一篇论文，这个机缘让您首次了解到拉马努金的工作，并从拉马努金的一个公式中悟出了灵感．具体是哪个结果让您感觉有灵光闪过？

刘：该文主要是介绍拉马努金在数学分析领域里的一项贡献，当我看到这篇文章的第一个定理即所谓拉马努金主定理①（编注：定理见下）时，我确实感觉瞬间心领神会.

Theorem 1(Ramanujan's master theorem) Suppose that, in some neighborhood of $x=0$

$$F(x)=\sum_{k=0}^{\infty}\frac{\phi(k)(-x)^k}{k!}$$

Then

$$I\equiv\int_0^{\infty}x^{n-1}F(x)\mathrm{d}x=\Gamma(n)\phi(-n) \qquad (1)$$

where Γ denotes the gamma function. Conversely, if the value of I is given by (1), then the Maclaurin coefficients of $F(x)$ can be determined.

崔：您从这个公式是不是立即看出它含有更多的东西？或者说，您看到这个公式，是不是已经感觉到这只是浮现出来的冰山一角，下面藏着一个无穷无尽的世界？

刘：当看到伯恩特的论文中拉马努金主定理时，我激动的心情难以用言语表达. 这个集简洁性和广泛性于一体的积分定理，提供了一种计算定积分的有效便捷方法. 该定理使我对数学有了全新的认识，激发了我的数学潜力，找到了自己感兴趣的数学课题. 我的确感到这只是浮现出来的冰山一角，感到即便是像数学分析这样经典的课题，我们所了解的还远远不够.

① Bruce C. Berndt. The Quarterly Reports of S. Ramanujan. *The American Mathematical Monthly*, 1983, 90(8): 505-516.

§3　拉马努金式求学

崔:就像当年拉马努金写信给英国的大数学家一样,您也写信给英美的数学家.并且,就像拉马努金得到了哈代的赏识一样,您也得到了国外同行的认可和赏识.像他的前辈哈代一样,刘易斯教授也推荐您到英国进修访问.您并没有研究生学历,当时申请皇家学会的奖学金是不是一帆风顺?

刘:我刚开始并没有向国外数学家推荐自己的想法,我写信向刘易斯博士索要他论文的抽印本,他愉快地给我寄来了他论文的抽印本并附了一封信,他在信中问我有没有关于q-级数的研究结果.这样我们就开始了通信,他很快就有了让我去英国访问的想法.他向英国皇家学会提交了为我申请奖学金的申请.提交申请后,他写信给曾经担任过英国皇家学会会长的阿蒂亚(Atiyah)教授,特别说明了我的情况.阿蒂亚跟刘易斯博士说,对来自中国和其他类似地方的申请者来说,博士学位其实没那么重要①.阿蒂亚在英国数学界

---

①　刘易斯博士在1997年3月24日给刘治国教授的信中写道:Somebody here told me that, as you do not have a PhD, you would have a little chance of getting a RS fellowship. However I wrote to Professor Atiyah, who is the most important person in British Mathematics and has been a president of the Royal Society, and he told me that a PhD is not so important for people from China and similar places. However he does say that RS fellowship are definitely only for one year. He is going to look into the matter and see what can be done.

是泰山北斗、执牛耳的人物，再加上我的工作与拉马努金密切相关，我很幸运地申请到了1998年的皇家学会奖学金.

崔：报道中说，您给刘易斯教授和美国的伯恩特教授写第一封自荐信时，给出了8个公式，正是这些公式打动了他们，就像当年拉马努金凭借信中的15个公式打动了哈代.我很好奇，可否看看这些公式？

刘：我没有留下给刘易斯信件的副本，时间过得太久了，记得不一定完全准确，应该是下列几个恒等式：

For $|q|<1$ and $z \neq q^m, m=\pm 1, \pm 2, \cdots$, we have the identity

$$\prod_{n=1}^{\infty} \frac{(1-q^n)^4}{(1-q^n z)^2\left(1-\frac{q^n}{z}\right)^2}$$

$$=1+(1-z)^2 \sum_{n=1}^{\infty} \frac{n\left(\frac{q}{z}\right)^n}{1-zq^n}+\left(1-\frac{1}{z}\right)^2 \sum_{n=1}^{\infty} \frac{n(qz)^n}{1-\frac{q^n}{z}} \qquad (1)$$

For $|q|<1$, we have the following two Eisenstein series identities

$$a(q)a(q^5)+2c(q)c(q^5)$$

$$=1+6\sum_{n=1}^{\infty} \frac{nq^n}{1-q^n}-30\sum_{n=1}^{\infty} \frac{nq^{5n}}{1-q^{5n}} \qquad (2)$$

$$a(q)a(q^2)$$

$$=1+6\sum_{n=1}^{\infty}\left(\frac{nq^n}{1-q^n}-\frac{2nq^{2n}}{1-q^{2n}}+\frac{3nq^{3n}}{1-q^{3n}}-\frac{6nq^{6n}}{1-q^{6n}}\right) \qquad (3)$$

where

$$a(q)=\sum_{m,n=-\infty}^{+\infty} q^{m^2+mn+n^2}$$

$$c(q)=\sum_{m,n=-\infty}^{+\infty} q^{(m+\frac{1}{3})^2+(m+\frac{1}{3})(n+\frac{1}{3})+(n+\frac{1}{3})^2}$$

For $|q|<1$, we have the following two identities

$$\frac{\sin\frac{2\pi}{7}}{\sin\frac{\pi}{7}}\prod_{n=1}^{\infty}\left(\frac{1-2q^n\cos\frac{4\pi}{7}+q^{2n}}{1-2q^n\cos\frac{2\pi}{7}+q^{2n}}\right)-\frac{\sin\frac{3\pi}{7}}{\sin\frac{2\pi}{7}}\prod_{n=1}^{\infty}\left(\frac{1-2q^n\cos\frac{6\pi}{7}+q^{2n}}{1-2q^n\cos\frac{4\pi}{7}+q^{2n}}\right)+\frac{\sin\frac{\pi}{7}}{\sin\frac{2\pi}{7}}\prod_{n=1}^{\infty}\left(\frac{1-2q^n\cos\frac{2\pi}{7}+q^{2n}}{1-2q^n\cos\frac{6\pi}{7}+q^{2n}}\right)$$

$$=1+7q^2\prod_{n=1}^{\infty}\left(\frac{1-q^{49n}}{1-q^n}\right) \quad (4)$$

$$\frac{\sin^7\frac{\pi}{7}}{\sin^7\frac{2\pi}{7}}\prod_{n=1}^{\infty}\left(\frac{1-2q^n\cos\frac{2\pi}{7}+q^{2n}}{1-2q^n\cos\frac{4\pi}{7}+q^{2n}}\right)^7-\frac{\sin^7\frac{2\pi}{7}}{\sin^7\frac{3\pi}{7}}\prod_{n=1}^{\infty}\left(\frac{1-2q^n\cos\frac{4\pi}{7}+q^{2n}}{1-2q^n\cos\frac{6\pi}{7}+q^{2n}}\right)^7+\frac{\sin^7\frac{3\pi}{7}}{\sin^7\frac{\pi}{7}}\prod_{n=1}^{\infty}\left(\frac{1-2q^n\cos\frac{6\pi}{7}+q^{2n}}{1-2q^n\cos\frac{2\pi}{7}+q^{2n}}\right)^7$$

$$=289+18\times 7^3 q\prod_{n=1}^{\infty}\left(\frac{1-q^{7n}}{1-q^n}\right)^4+19\times 7^4 q^2\prod_{n=1}^{\infty}\left(\frac{1-q^{7n}}{1-q^n}\right)^8+7^6 q^3\prod_{n=1}^{\infty}\left(\frac{1-q^{7n}}{1-q^n}\right)^{12} \quad (5)$$

For $|q|<1$, Jacobi's theta functions $\theta_1,\theta_2,\theta_3$ and θ_4 are defined by

$$\theta_1(z,q)=2q^{\frac{1}{8}}(\sin z)\prod_{n=1}^{\infty}(1-q^n)(1-2q^n\cos 2z+q^{2n})$$

$$\theta_2(z,q)=2q^{\frac{1}{8}}(\cos z)\prod_{n=1}^{\infty}(1-q^n)(1+2q^n\cos 2z+q^{2n})$$

$$\theta_3(z,q)=\prod_{n=1}^{\infty}(1-q^n)(1+2q^{n-\frac{1}{2}}\cos 2z+q^{2n-1})$$

$$\theta_4(z,q)=\prod_{n=1}^{\infty}(1-q^n)(1-2q^{n-\frac{1}{2}}\cos 2z+q^{2n-1})$$

If we use $\theta'_1(z,q)$ to denote the partial derivative of $\theta_1(z,q)$ with respect to z, then we have the following two theta function identities

$$1+12\sum_{n=1}^{\infty}\left(\frac{nq^n}{1-q^n}-\frac{3nq^{3n}}{1-q^{3n}}\right)$$
$$=\frac{\theta'_1(0,q^3)^5}{\theta'_1(0,q)^3}\left(\frac{\theta_2^3(0,q)}{\theta_2^5(0,q^3)}-\frac{\theta_3^3(0,q)}{\theta_3^5(0,q^3)}+\frac{\theta_4^3(0,q)}{\theta_4^5(0,q^3)}\right) \tag{6}$$

$$1+4\sum_{n=1}^{\infty}\left(\frac{nq^n}{1-q^n}-\frac{7nq^{7n}}{1-q^{7n}}\right)$$
$$=\frac{\theta'_1(0,q)^3}{49\theta'_1(0,q^7)}\left(\frac{\theta_2(0,q^7)}{\theta_2^3(0,q)}-\frac{\theta_3(0,q^7)}{\theta_3^3(0,q)}+\frac{\theta_4(0,q^7)}{\theta_4^3(0,q)}\right) \tag{7}$$

Let $\left(\frac{k}{11}\right)$ be the Legendre symbol modulo 11. Then we have

$$1+2\sum_{n=1}^{\infty}\left(\frac{k}{11}\right)\frac{q^n}{1-q^n}$$
$$=-\frac{1}{11}\sqrt{\frac{\theta'_1(0,q)^3}{\theta'_1(0,q^{11})}}\left(\sqrt{\frac{\theta_2(0,q^{11})}{\theta_2^3(0,q)}}+\right.$$

$$\sqrt{\frac{\theta_3(0,q^{11})}{\theta_3^3(0,q)}}-\sqrt{\frac{\theta_4(0,q^{11})}{\theta_4^3(0,q)}}\Bigg) \tag{8}$$

崔:这些公式对您来说,是不是有生命、有灵性的?

刘:这些都是关于模形式(modular forms)理论的恒等式.模形式理论是数学的一个重要分支,与数论、函数论、群论以及代数几何等众多的数学分支有关.该理论的一个特点是,有许多美妙深刻的恒等式存在,有的时候从一个恒等式出发,就可以推出数学中一个重要的定理.雅可比应该是最早研究模形式理论的数学家,他从一个关于模形式的恒等式(见下文)推出了著名的拉格朗日(Lagrange)四平方数和定理.拉马努金在给哈代的信件中就包含了不少关于模形式的恒等式(见下一节的文末补充).尽管模形式理论已经有了将近200年的发展历史,但直到今天,要找出一个关于模形式的漂亮恒等式,仍然不是一件容易的事情.

§4　追溯拉马努金的奥秘

崔:我估计,刘易斯教授促成您去英国访学,更是抱着一种好奇的心理,想了解您是怎么发现和证明这些公式的,就像当年哈代邀请拉马努金访问剑桥一样.传闻说,拉马努金说他的公式都是梦中受到神灵昭示得到的.普通人觉得他的工作极微妙、难以理解,也就把他视为神人一般的存在.您觉得呢?他的工作真的那么神秘莫测,以至于在他过世近百年以后的今天,我们还摸不着头脑吗?

刘：与其他许多伟大的数学家不太一样，拉马努金本人并没有创立系统的数学理论. 但我觉得拉马努金不仅是一位伟大的数学家，更是通过他的公式引导数学发展的数学大师. 他的美妙富有启发意义的公式，就像灯塔一样指明了数学发展的方向. 例如，他关于模形式理论中著名的 τ 函数积性的猜想引导德国数学家赫克(Hecke) 创立了著名的赫克理论，塞尔为了解释拉马努金关于 τ 函数的一个同余式而发展了 p 进模形式理论. 100 年来，数学界关于罗杰斯 − 拉马努金恒等式的研究，更是推进了 q - 级数和组合分析的发展. 关于他的仿 θ 函数猜想的研究更是当今数学研究的热点之一. 我觉得拉马努金对数学如此酷爱，已经超脱了名利的羁绊，他已经把自己和数学融为一体，达到了天人合一的境界. 他对公式的感觉已经达到了出神入化的地步. 如果你仔细挖掘，会发现他很多公式的后边都蕴含着深刻的数学理论. 我们如果以世俗的眼光和急功近利的想法去破解所谓的拉马努金之谜，我想不会有什么答案.

下面是 1916 年产生的拉马努金猜想：

设数列 $\tau(n)$ 定义如下

$$q\prod_{n=1}^{\infty}(1-q^n)^{24}=\sum_{n=1}^{\infty}\tau(n)q^n$$

则有：

(1)τ 是可乘的，即当 m,n 互素时，总有

$$\tau(mn)=\tau(m)\tau(n)$$

(2) 降幂法则：若 p 是素数，则对任意的正整数 r，有

$$\tau(p^{r+1})=\tau(p)\tau(p^r)-p^{11}\tau(p^{r-1})$$

(3) 对一切素数 p,有 $|\tau(p)|\leqslant 2p^{\frac{11}{2}}$.

其中(1)(2) 在 1917 年被莫德尔(Mordell) 证明，而(3) 在 1974 年被德利涅(Deligne) 证明，后者是我们这个时代的数学领袖之一. 而拉马努金猜想的一个推广，所谓的马斯(Maass) 形式的拉马努金－彼得松(Petersson) 猜想(产生于 1930 年)，至今仍未被证明.

崔:您是怎么悟出成百上千个公式的？是不是发现了隐藏着的一般模式？就是说,事实上发现了生成公式的内在机制？

刘:我只是一位酷爱数学的普通人,既没有拉马努金那样的天赋,也没有像他一样超凡脱俗. 与拉马努金相比,我微不足道. 但包括拉马努金在内的许多数学大师以及当代许多研究拉马努金遗留问题的数学家(特别是安德鲁斯教授和阿斯基教授) 的工作启迪了我的思维. 在他们的基础上，我发展了研究 θ 函数和 q - 级数的全新方法，正是这些新方法引导我发现了新的公式.

崔:您可否谈一谈您的两项代表性工作？估计很多朋友都想了解,您做的工作,究竟是怎样地与众不同.

刘:一个是论文“q - 级数的一个展开公式及其应用”①. 在这篇论文中,我找了将任意形式幂级数展开成 q - 级数的一个公式. 因为在原点解析的复函数一定能展开成幂级数,所以这个公式其实就是找到了将在原点解析的任意复函数转换成 q - 级数的方法. 这个公

---

① An Expansion Formula for q -Series and Applications, *The Ramanujan Journal*, 2002(4):429-447.

式是一个融数论和分析为一体的公式，该公式蕴含了数论、组合论和分析中数以百计个著名的定理，例如，欧拉五边形数定理、雅可比四平方数和定理、高斯三角数和定理、罗杰斯－拉马努金恒等式、阿斯基－威尔逊多项式及 q - 雅可比多项式的正交性等.我认为这种融数论和分析在一起的有着广泛意义的公式在数学中并不常见，我坚信该公式仍然有极其广泛的应用前景.

补充内容：

1. 一个函数 $f(x)$ 的 q - 导数（q -derivative），是其普通导数 $Df(x)$ 的q - 模拟，定义为①

$$D_q f(x)=\frac{f(qx)-f(x)}{qx-x}$$

字母 q 有多重含义：(1) 因为通常的形式幂级数用作 q 自变量（q - 级数），这追溯到几何级数（等比数列的无穷和）$1+q+q^2+\cdots$ 中的 q 表示商或比（quotient）；自雅可比以后，q 在椭圆函数论中已经是标准的记号了.(2)q 是量子英文单词 quantum 的首字母，关于 q - 导数的学问也被称为量子微积分（quantum calculus）.(3)q 也常用来表示一个有限域的元素个数，由此提示它与组合论、数论的关系.

2. 欧拉五边形数定理

$$\prod_{n=1}^{+\infty}(1-q^n)=\sum_{n=-\infty}^{+\infty}(-1)^n q^{\frac{n(3n+1)}{2}}\quad(|q|<1)$$

雅可比四平方数和定理

① 在有的文献中，为了简单起见，定义表达式的分母中出现的常数 $q-1$ 会抹掉.

$$\theta^4(q)=\left(\sum_{n=-\infty}^{+\infty}q^{n^2}\right)^4=1+8\sum_{4\nmid d}\frac{dq^d}{1-q^d}\quad(|q|<1)$$

高斯三角数和定理(安德鲁斯的表述)

$$\left(\sum_{n=0}^{\infty}q^{\binom{n+1}{2}}\right)^3=\sum_{n=0}^{\infty}\sum_{j=0}^{2n}\frac{1+q^{2n+1}}{1-q^{2n+1}}q^{2n^2+2n-(j+1)}$$

我的第二项工作跟 q - 偏微分方程有关. 在 20 世纪 90 年代,我接触 q - 级数不久后,就一直在思考这样一个问题:在众多深刻的关于 q - 级数公式的后面有没有一个起关键作用、结构简单美妙的方程呢? 我坚信大道至简的哲理. 那时这个想法也许太超前,因为那时关于 q - 级数的研究文献里没有任何线索. 我在相当长时间内一直没有取得任何进展. 2010 年的某一天我突然醒悟,悟到这个东西应该就是一个特殊的 q - 偏微分方程呀. 就这样,q - 偏微分方程这个概念就在我的脑海中闪现出来了. 虽然从德国数学家海涅(E. Heine)1846 年的系统工作开始,人们系统研究 q - 级数至今已经有将近 170 年的历史了,q - 导数的概念已经有近 140 年的历史了,这期间人们还研究了 q - 微分方程、q - 差分方程及 q - 积分方程,但数学界并没有人去研究 q - 偏微分方程. 也许人们觉得 q - 微分方程的研究已经遇到了巨大的困难,没有必要去碰 q - 偏微分方程. 我决定从我认为最简单的含有两个复变数的 q - 偏微分方程入手,这个 q - 偏微分方程称,未知的二元复变量函数满足,关于一个变量的 q - 偏导数等于关于另一个变量的 q - 偏导数

$$\partial_{q,x}f(x,y)=\partial_{q,y}f(x,y)$$

我发现,如果该方程的解在原点解析,那么它可以表示为齐次罗杰斯 — 舍贵多项式的线性组合. 我还证明了

如果一个在原点解析的多元函数解析函数满足一组类似上述的 q - 偏微分方程，那么该解析函数可以展开成齐次罗杰斯 — 舍贵多项式乘积的线性组合. 这是一个令我异常激动的数学发现. 利用这个展开定理，我发展了一套系统推导 q - 级数恒等式的方法. 历史上关于 q - 级数的许多伟大的发现，都可以由这个展开公式推出，借助这个展开定理，我们还可以发现更多新的恒等式. q - 偏微分方程是个崭新的数学课题，更多的 q - 偏微分方程等待着人们去研究.

q - 偏微分方程理论有机地将多复变函数理论、特殊函数论与数论结合起来，提供了研究 q - 级数(q - 数学)的全新的方法. 2012 年，我在印度德里大学举行的拉马努金 125 周年诞辰纪念大会上报告了我的研究成果，后来以此报告为基础写成论文“论 q - 偏微分方程与 q - 级数”①.

补充内容：为了帮助读者理解刘治国教授这一杰出的原创性工作，我们补充该定理的普通版本如下，引自刘治国教授的上述论文.

命题 设 $f(x,y)$ 是 $(0,0)\in\mathbf{C}^2$ 附近的解析函数，且满足偏微分方程

$$\partial_x f(x,y)=\partial_y f(x,y)$$

则

$$f(x,y)=f(x+y,0)$$

崔：您既懂数论又懂特殊函数，是怎样的机缘巧合

---

① On the q-partial differential equations and q-series, The legacy of Srinivasa Ramanujan, Ramanujan Math. Soc. Lect. Notes Ser. 20, Ramanujan Math. Soc., Mysore, 2013, 213-250.

形成您如此独特的风格的？

刘：这两门学科有互通的地方．数学的量子化（q-模拟）是一个重要的思想和方法，椭圆函数和θ函数可以看成一种特殊类型的q-级数，将一些特殊函数、甚至更一般的解析函数量子化后，在很多情况下，我们自然会看到数论、组合论与分析的有机联系．

崔：您第一次写英文论文是否顺利？（因为没有人指导的话，一般人会比较害怕．）

刘：并不顺利，第一篇英文论文"q-Hermite Polynomials and a q-Beta Integral"于1997年发表在*Northeast Math. J.*上，之后的英文论文写作得到了刘易斯的大量帮助．

崔：您是否有教学任务，教什么课程？您现在带了多少个博士生？除了教学研究，您有什么热衷的消遣吗？

刘：目前教本科生的"高等代数"，还带了10个博士生．除了教学研究，我对历史文化和数学史很感兴趣．

崔：谢谢您今天跟我们分享了这么多有趣的经历和美妙的数学．您有没有什么话是特别想对喜欢数学的年轻人说的？

刘：我觉得我没有资格来教化任何人，我已经谈了我自己的一些亲身感受．

补充　拉马努金写给哈代的信中有120个公式，这里选取其中15个展示

$$1-\frac{3!}{(1!\ 2!)^3}x^2+\frac{6!}{(2!\ 4!)^3}x^4-\cdots$$

$$=\left(1+\frac{x}{1!^3}+\frac{x^2}{2!^3}+\cdots\right)\left(1-\frac{x}{1!^3}+\frac{x^2}{2!^3}-\cdots\right) \qquad (1)$$

$$1-5\left(\frac{1}{2}\right)^3+9\left(\frac{1\cdot 3}{2\cdot 4}\right)^3-13\left(\frac{1\cdot 3\cdot 5}{2\cdot 4\cdot 6}\right)^3+\cdots=\frac{2}{\pi}\tag{2}$$

$$1+9\left(\frac{1}{4}\right)^4+17\left(\frac{1\cdot 5}{4\cdot 8}\right)^4+25\left(\frac{1\cdot 5\cdot 9}{4\cdot 8\cdot 12}\right)^4+\cdots=\frac{2^{\frac{3}{2}}}{\sqrt{\pi}\,\Gamma\left(\frac{3}{4}\right)^2}\tag{3}$$

$$1-5\left(\frac{1}{2}\right)^5+9\left(\frac{1\cdot 3}{2\cdot 4}\right)^5-13\left(\frac{1\cdot 3\cdot 5}{2\cdot 4\cdot 6}\right)^5+\cdots=\frac{2}{\Gamma\left(\frac{3}{4}\right)^4}\tag{4}$$

$$\int_0^{\infty}\frac{1+\left(\frac{x}{b+1}\right)^2}{1+\left(\frac{x}{a}\right)^2}\cdot\frac{1+\left(\frac{x}{b+2}\right)^2}{1+\left(\frac{x}{a+1}\right)^2}\cdot\cdots\mathrm{d}x=\frac{\sqrt{\pi}}{2}\,\frac{\Gamma\left(a+\frac{1}{2}\right)\Gamma(b+1)\Gamma\left(b-a+\frac{1}{2}\right)}{\Gamma(a)\Gamma\left(b+\frac{1}{2}\right)\Gamma(b-a+1)}\tag{5}$$

$$\int_0^{\infty}\frac{\mathrm{d}x}{(1+x^2)(1+r^2x^2)(1+r^4x^2)\cdots}=\frac{\pi}{2(1+r+r^3+r^6+r^{10}+\cdots)}\tag{6}$$

If $\alpha\beta=\pi^2$, then

$$\alpha^{-\frac{1}{4}}\left(1+4\alpha\int_0^{\infty}\frac{x\mathrm{e}^{-\alpha x^2}}{\mathrm{e}^{2\pi x}-1}\mathrm{d}x\right)=\beta^{-\frac{1}{4}}\left(1+4\beta\int_0^{\infty}\frac{x\mathrm{e}^{-\beta x^2}}{\mathrm{e}^{2\pi x}-1}\mathrm{d}x\right)\tag{7}$$

$$\int_0^a e^{-x^2}\,dx = \frac{1}{2}\sqrt{\pi} - \cfrac{e^{-a^2}}{2a + \cfrac{1}{a + \cfrac{2}{2a + \cfrac{3}{a + \cfrac{4}{2a + \cdots}}}}} \tag{8}$$

$$4\int_0^\infty \frac{x e^{-x\sqrt{5}}}{\cosh x}\,dx = \cfrac{1}{1 + \cfrac{1^2}{1 + \cfrac{1^2}{1 + \cfrac{2^2}{1 + \cfrac{2^2}{1 + \cfrac{3^2}{1 + \cfrac{3^2}{1 + \cdots}}}}}}} \tag{9}$$

If

$$u = \cfrac{x}{1 + \cfrac{x^5}{1 + \cfrac{x^{10}}{1 + \cfrac{x^{15}}{1 + \cdots}}}}$$

$$v = \cfrac{x^{\frac{1}{5}}}{1 + \cfrac{x}{1 + \cfrac{x^2}{1 + \cfrac{x^3}{1 + \cdots}}}}$$

then

$$v^5 = u\,\frac{1 - 2u + 4u^2 - 3u^3 + u^4}{1 + 3u + 4u^2 + 2u^3 + u^4} \tag{10}$$

$$\frac{1}{1+\frac{e^{-2\pi}}{1+\frac{e^{-4\pi}}{1+\cdots}}}=\left\{\sqrt{\left(\frac{5+\sqrt{5}}{2}\right)}-\frac{\sqrt{5}+1}{2}\right\}e^{\frac{2\pi}{5}} \tag{11}$$

$$\frac{1}{1+\frac{e^{-2\pi\sqrt{5}}}{1+\frac{e^{-4\pi\sqrt{5}}}{1+\cdots}}}$$

$$=\left[\frac{\sqrt{5}}{1+\left(5^{\frac{3}{4}}\left(\frac{\sqrt{5}-1}{2}\right)^{\frac{5}{2}}-1\right)^{\frac{1}{5}}}-\frac{\sqrt{5}+1}{2}\right]e^{\frac{2\pi}{\sqrt{5}}} \tag{12}$$

If

$$F(k)=1+\left(\frac{1}{2}\right)^{2}k+\left(\frac{1\cdot 3}{2\cdot 4}\right)^{2}k^{2}+\cdots$$

and

$$F(1-k)=\sqrt{210}\,F(k)$$

then

$$\begin{aligned}k=&(\sqrt{2}-1)^{4}(2-\sqrt{3})^{2}(\sqrt{7}-\sqrt{6})^{4}\cdot\\&(8-3\sqrt{7})^{2}(\sqrt{10}-3)^{4}\cdot\\&(4-\sqrt{15})^{4}(\sqrt{15}-\sqrt{14})^{2}(6-\sqrt{35})^{2}\end{aligned} \tag{13}$$

The coefficient of x^n in $(1-2x+2x^4-2x^9+\cdots)^{-1}$ is the integer nearest to

$$\frac{1}{4n}\left(\cosh \pi\sqrt{n}-\frac{\sinh \pi\sqrt{n}}{\pi\sqrt{n}}\right) \tag{14}$$

The number of numbers between A and x which are either squares or sums of two squares is

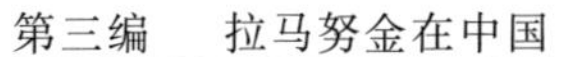

$$K\int_{A}^{x}\frac{\mathrm{d}t}{\sqrt{\log t}}+\theta(x) \tag{15}$$

where $K=0.764\cdots$, and $\theta(x)$ is very small compared with the previous integral.

q - 微分算子与 q - 埃尔米特多项式①

第三章

1994 年，刘治国教授应用 q - 微分算子的莱布尼茨公式，获得了 q - 微分算子的一个恒等式，并应用此恒等式研究了 q - 埃尔米特(Hermite) 多项式.

§1 引 言

设 q 为一个固定的复数，$|q|<1$，对任意复数 a，引进 q - 升阶乘符号

$$(a;q)_n=\begin{cases}1 \quad (n=0)\\ (1-a)(1-aq)\cdots(1-aq^{n-1}) \\ \qquad (n=1,2,\cdots)\end{cases} \tag{1}$$

$$(a;q)_\infty=\prod_{n=0}^{\infty}(1-aq^n) \tag{2}$$

① 摘编自《长沙水电师院自然科学学报》，1994 年 11 月，第 9 卷第 4 期.

对复数 $a_1,a_2,\cdots,a_r$ 记

$$(a_1,a_2,\cdots,a_r;q)_n=(a_1;q)_n(a_2;q)_n\cdots(a_r;q)_n \tag{3}$$

$$(a_1,a_2,\cdots,a_r;q)_\infty=(a_1;q)_\infty(a_2;q)_\infty\cdots(a_r;q)_\infty \tag{4}$$

q - 二项式系数为

$$\begin{bmatrix} n \\ k \end{bmatrix}=(q;q)_n/(q;q)_k(q;q)_{n-k} \tag{5}$$

关于变量 x 的 q - 微分算子的定义为

$$D_q f(x)=\frac{f(x)-f(qx)}{(1-q)x} \tag{6}$$

$D_q^n=D_q(D_q^{n-1})$，并约定 $D_q^0=I$ 为恒等算子. 易知 D_q 为线性算子，本章中 D_q 均表示关于变量 x 的 q - 微分算子. 关于 D_q 有下列莱布尼茨公式[1]

$$D_q^n f(x)g(x)=\sum_{k=0}^{n}\begin{bmatrix} n \\ k \end{bmatrix}q^{k(k-n)}D_q^k f(x)D_q^{n-k}g(q^k x) \tag{7}$$

易知

$$D_q^n x^m=\begin{cases}0 & (\text{当 } m<n \text{ 时}) \\ \dfrac{(q;q)_m}{(q;q)_{m-n}}\cdot\dfrac{1}{(1-q)^n}x^{m-n} & (\text{当 } m\geqslant n \text{ 时})\end{cases} \tag{8}$$

这里 n 为自然数，m 为非负整数，又

$$D_q^k\frac{1}{(ax;q)_\infty}=\left(\frac{a}{1-q}\right)^k\frac{1}{(ax;q)_\infty} \tag{9}$$

柯西二项式定理及其特例为[2]

$$\frac{(ax;q)_\infty}{(x;q)_\infty}=\sum_{n=0}^{\infty}\frac{(a;q)_n}{(q;q)_n}x^n \tag{10}$$

$$\frac{1}{(x;q)_\infty}=\sum_{n=0}^{\infty}\frac{x^n}{(q;q)_n} \tag{11}$$

$$(x;q)_\infty = \sum_{n=0}^{\infty} \frac{(-x)^n q^{\binom{n}{2}}}{(q;q)_n} \tag{12}$$

这里

$$\begin{bmatrix} n \\ 2 \end{bmatrix} = \frac{n(n-1)}{2}$$

我们引进算子

$$E(D_q) = \sum_{n=0}^{\infty} \frac{(1-q)^n D_q^n}{(q;q)_n} \tag{13}$$

证明了下列结论.

定理

$$E(D_q)\frac{1}{(ax,bx;q)_\infty} = \frac{(abx;q)_\infty}{(a,b,ax,bx;q)_\infty} \tag{14}$$

在上式中令 $b=0$,则得

$$E(D_q)\frac{1}{(ax;q)_\infty} = \frac{1}{(a,ax;q)_\infty} \tag{15}$$

证明

$$E(D_q)\frac{1}{(ax,bx;q)_\infty}$$

$$= \sum_{n=0}^{\infty} \frac{(1-q)^n}{(q;q)_n} D_q^n \frac{1}{(ax,bx;q)_\infty}$$

$$= \sum_{n=0}^{\infty} \frac{(1-q)^n}{(q;q)_n} \sum_{k=0}^{n} \begin{bmatrix} n \\ k \end{bmatrix} q^{k(k-n)} D_q^k \frac{1}{(ax;q)_\infty} D_q^{n-k} \frac{1}{(bq^k x;q)_\infty}$$

$$= \sum_{n=0}^{\infty} \frac{(1-q)^n}{(q;q)_n} \sum_{k=0}^{n} \frac{(q;q)_n q^{k(k-n)}}{(q;q)_k (q;q)_{n-k}} \cdot$$

$$\frac{a^k}{(1-q)^k (ax;q)_\infty} \cdot \frac{(bq^k)^{n-k}}{(1-q)^{n-k}(bq^k x;q)_\infty}$$

$$= \sum_{n=0}^{\infty} \sum_{k=0}^{n} \frac{a^{k(k-n)}}{(q;q)_k (q;q)_{n-k}} \cdot \frac{1}{(ax,bq^k x;q)_\infty}$$

$$= \frac{1}{(ax,bx;q)_\infty} \sum_{n=0}^{\infty} \sum_{k=0}^{n} \frac{(bx;q)_k}{(q;q)_k (q;q)_{n-k}} a^k b^{n-k}$$

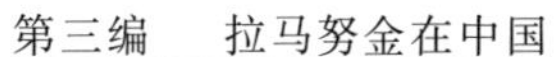

$$=\frac{1}{(ax,bx;q)_\infty}\sum_{k=0}^{\infty}\frac{(bx;q)_k}{(q;q)_k}a^k\sum_{n=k}^{\infty}\frac{b^{n-k}}{(q;q)_{n-k}}$$

$$=\frac{1}{(ax,bx;q)_\infty}\sum_{k=0}^{\infty}\frac{(bx;q)_k}{(q;q)_k}a^k\sum_{m=0}^{\infty}\frac{b^{m}}{(q;q)_{m}}$$

$$=\frac{1}{(ax,bx;q)_\infty}\cdot\frac{(abx;q)_\infty}{(a;q)_\infty}\cdot\frac{1}{(b;q)_\infty}$$

$$=\frac{(abx;q)_\infty}{(a,b,ax,bx;q)_\infty}$$

证毕.

在定理的证明过程中,利用了式(7)(9)(10)(11)及下列事实

$$\frac{1}{(bq^kx;q)_\infty}=\frac{(bx;q)_k}{(bx;q)_\infty} \tag{16}$$

§2 关于 q - 埃尔米特多项式

称

$$H_n(x\mid q)=\sum_{k=0}^{\infty}\begin{bmatrix}n\\k\end{bmatrix}x^k \tag{1}$$

为 q - 埃尔米特多项式[3].

$H_n(x\mid q)$ 的生成函数为[3]

$$\sum_{n=0}^{\infty}H_n(x\mid q)\frac{t^n}{(q;q)_n}=\frac{1}{(t,xt;q)_\infty} \tag{2}$$

由上一节式(8)及式(13)易知

$$H_n(x\mid q)=E(D_q)x^n \tag{3}$$

$$\Rightarrow:\sum_{n=0}^{\infty}H_n(x\mid q)H_n(y\mid q)\frac{t^n}{(q;q)_n}$$

$$=\sum_{n=0}^{\infty}H_n(y\mid q)E(D_q)x^n\frac{t^n}{(q;q)_n}$$

$$=E(D_q)\sum_{n=0}^{\infty}H_n(y\mid q)\frac{(tx)^n}{(q;q)_n}$$

$$=E(D_q)\frac{1}{(xt,xyt;q)_\infty}$$

由上一节式(14)知

$$E(D_q)\frac{1}{(xt,xyt;q)_\infty}=\frac{(xyt^2;q)_\infty}{(t,xt,yt,xyt;q)_\infty}$$

定理 1[4](q - 梅勒(Mehler)公式)

$$\sum_{n=0}^{\infty}H_n(x\mid q)H_n(y\mid q)\frac{t^n}{(q;q)_n}=\frac{(xyt^2;q)_\infty}{(t,xt,yt,xyt;q)_\infty} \tag{4}$$

这里给出的证明是相当简洁的.

由于

$$\sum_{m=0}^{\infty}\sum_{n=0}^{\infty}H_{m+n}(x\mid q)\frac{s^m}{(q;q)_m}\cdot\frac{t^n}{(q;q)_n}$$

$$=\sum_{m=0}^{\infty}\sum_{n=0}^{\infty}E(D_q)x^{m+n}\frac{s^m}{(q;q)_m}\cdot\frac{t^n}{(q;q)_n}$$

$$=E(D_q)\sum_{m=0}^{\infty}\sum_{n=0}^{\infty}\frac{(sx)^m}{(q;q)_m}\cdot\frac{(xt)^n}{(q;q)_n}$$

$$=E(D_q)\frac{1}{(xt,xs;q)_\infty}$$

$$=\frac{(xts;q)_\infty}{(t,s,tx,sx;q)_\infty}$$

$$=(xts;q)_\infty\frac{1}{(t,tx;q)_\infty}\cdot\frac{1}{(s,sx;q)_\infty}$$

$$=(xts;q)_\infty\sum_{m=0}^{\infty}\sum_{n=0}^{\infty}H_n(x\mid q)H_m(x\mid q)\frac{s^m}{(q;q)_m}\cdot\frac{t^n}{(q;q)_n}$$

定理 2

$$\sum_{m=0}^{\infty}\sum_{n=0}^{\infty}H_{m+n}(x\mid q)\frac{s^m}{(q;q)_m}\cdot\frac{t^n}{(q;q)_n}$$

$$=(xts;q)_\infty\sum_{m=0}^{\infty}\sum_{n=0}^{\infty}H_n(x\mid q)(H_m(x\mid q))\cdot$$

$$\frac{s^m}{(q;q)_m}\cdot\frac{t^n}{(q;q)_n}\tag{5}$$

将$(xts;q)_\infty=\sum_{k=0}^{\infty}\frac{(-x)^k q^{\binom{k}{2}}}{(q;q)_k}t^k s^k$代入式(5)得

$$\sum_{m=0}^{\infty}\sum_{n=0}^{\infty}H_{m+n}(x\mid q)\frac{s^m}{(q;q)_m}\cdot\frac{t^n}{(q;q)_n}$$

$$=\sum_{k=0}^{\infty}\sum_{m=0}^{\infty}\sum_{n=0}^{\infty}\frac{(-x)^k q^{\binom{k}{2}}H_m(x\mid q)H_n(x\mid q)}{(q;q)_k(q;q)_m(q;q)_n}s^{m+k}t^{n+k}$$

$$=\sum_{m=0}^{\infty}\sum_{n=0}^{\infty}\frac{s^m t^n}{(q;q)_m(q;q)_n}\sum_{k=0}^{m\wedge n}\begin{bmatrix}n\\k\end{bmatrix}\begin{bmatrix}m\\k\end{bmatrix}(q;q)_k q^{\binom{k}{2}}\cdot$$

$$(-x)^k H_{n-k}(x\mid q)H_{m-k}(x\mid q)$$

比较$s^m t^n$的系数得到下面的定理.

定理 3[3]

$$H_{m+n}(x\mid q)$$

$$=\sum_{k=0}^{m\wedge n}\begin{bmatrix}n\\k\end{bmatrix}\begin{bmatrix}m\\k\end{bmatrix}(q;q)_k q^{\binom{k}{2}}(-x)^k\cdot$$

$$H_{n-k}(x\mid q)H_{m-k}(x\mid q)\tag{6}$$

同样,在式(5)两边同乘以

$$\frac{1}{(xts;q)_\infty}=\sum_{k=0}^{\infty}\frac{x^k}{(q;q)_k}t^k s^k$$

并比较两边系数得到下面的定理.

定理 4

$$H_n(x\mid q)H_m(x\mid q)$$

$$=\sum_{k=0}^{m\wedge n}\begin{bmatrix}n\\k\end{bmatrix}\begin{bmatrix}m\\k\end{bmatrix}(q;q)_k x^k H_{m+n-2k}(x\mid q)\quad(7)$$

这里 $m\wedge n=\min\{m,n\}$.

由式(7) 易知,当 $n>1$ 时,有

$$H_n^2(x\mid q)-H_{n+1}(x\mid q)H_{n-1}(x\mid q)$$

$$=\sum_{k=0}^{\infty}\begin{bmatrix}n\\k\end{bmatrix}^2(q;q)_k H_{2n-2k}(x\mid q)-$$

$$\sum_{k=0}^{n-1}\begin{bmatrix}n+1\\k\end{bmatrix}\begin{bmatrix}n-1\\k\end{bmatrix}(q;q)_k x^k H_{2n-2k}(x\mid q)$$

$$=(q;q)_n x^n+\sum_{k=0}^{n-1}\left[\begin{bmatrix}n\\k\end{bmatrix}^2-\begin{bmatrix}n+1\\k\end{bmatrix}\begin{bmatrix}n-1\\k\end{bmatrix}\right]\cdot$$

$$(q;q)_k x^k H_{2n-2k}(x\mid q)$$

$$=(q;q)_n x^n+(q;q)_n(q;q)_{n-1}(1-q)\cdot$$

$$\sum_{k=0}^{n-1}\frac{(1-q^k)q^{n-k}x^k}{(q;q)_k(q;q)_{n-k}(q;q)_{n+1-k}}H_{2n-2k}(x\mid q)$$

即得到下面的定理.

定理 5

$$H_n^2(x\mid q)-H_{n+1}(x\mid q)H_{n-1}(x\mid q)$$

$$=(q;q)_n x^n+(q;q)_n(q;q)_{n-1}(1-q)\cdot$$

$$\sum_{k=0}^{n-1}\frac{(1-q^k)q^{n-k}x^k}{(q;q)_k(q;q)_{n-k}(q;q)_{n+1-k}}H_{2n-2k}(x\mid q)\quad(8)$$

由定理 5 易知关于 $H_n(x\mid q)$ 有下列图兰(Turán)型不等式,即下面的定理 6.

定理 6[5] 当 $x\geqslant 0$,而且 $0<q<1$ 时,有

$$H_n^2(x\mid q)-H_{n+1}(x\mid q)H_{n+1}(x\mid q)\geqslant 0\quad(9)$$

值得指出,本章所给的算子公式在 q - beta 型积分计算和正交多项式研究中具有重要作用.

参考文献

[1] ROMAN S. The theory of the umbral calculus (I)[J]. J. Math. Anal. Appl., 1982, 87: 107-115.

[2] ROY R. Review of basic hypergeometric series and applications by Nathan J. Fine[J]. The Amer. Math. Monthly, 1990, 97: 84-85.

[3] CARLITZ L. Some polynomials related to theta functions[J]. Duke Math. J., 1957, 24: 521-527.

[4] CARLITZ L. Generating functions for certain q-orthogonal polynomials[J]. Collect. Math., 1972, 23: 91-104.

[5] CARLITZ L. A q-analogue of a formula of Toscano[J]. Boll. Unione Mat. Ital., 1957, 12: 414-417.

q - 微分算子的一个恒等式及其应用[①]

第四章

1995 年,刘治国教授应用 q - 微分算子莱布尼茨公式,证明了 q - 微分算子的一个恒等式,并应用此恒等式导出了著名的西尔斯(Sears) 变换及萨拉姆 - 卡利茨(Al-Salam-Carlitz)正交关系等重要结论,还得到了阿斯基一罗伊(Askey-Roy) 积分的一个拓广.

§1 引 言

设 $|q|<1$,q - 升阶乘符号定义为

$$(a;q)_n=\begin{cases}1 & (n=0)\\ (1-a)(1-aq)\cdots(1-aq^{n+1}) & (n\in 1,2,\cdots)\end{cases}\tag{1}$$

① 摘编自《系统科学与数学》,1998 年,第 18 卷第 3 期.

$$(a;q)_\infty=\prod_{n=0}^{\infty}(1-aq^n) \tag{2}$$

易知

$$(a;q)_n=\frac{(a;q)_\infty}{(aq^n;q)_\infty} \tag{3}$$

为方便，常用到下列简洁的记号

$$(a_1,a_2,\cdots,a_r;q)_n=\prod_{j=1}^{r}(a_j;q)_n \quad (n=0,1,\cdots,\text{或 }\infty) \tag{4}$$

q - 超几何级数 ${}_{r+1}\Phi_r(\cdot)$ 定义为

$$\begin{aligned}&{}_{r+1}\Phi_r\left(\begin{matrix}a_1,a_2,\cdots,a_{r+1}\\ b_1,b_2,\cdots,b_r\end{matrix};q,x\right)\\ &=\sum_{n=0}^{\infty}\frac{(a_1,a_2,\cdots,a_{r+1};q)_n x^n}{(q,b_1,b_2,\cdots,b_r;q)_n}\end{aligned} \tag{5}$$

本章中 D_q 均表示关于 a 的 q - 微分算子，其定义为

$$\begin{aligned}D_q\{f(a)\}&=a^{-1}\{f(a)-f(aq)\}\\ D_q^0\{f(a)\}&=f(a)\\ D_q^n\{f(a)\}&=D_q^{n-1}\{D_q\{f(a)\}\}\end{aligned} \tag{6}$$

关于 D_q 有相应的莱布尼茨公式[1]

$$\begin{aligned}&D_q^n\{f(a)g(a)\}\\ &=\sum_{k=0}^{n}\frac{(q;q)_n q^{k(k-n)}}{(q;q)_k(q;q)_{n-k}}D_q^k\{f(a)\}D_q^{n-k}\{g(q^k a)\}\end{aligned} \tag{7}$$

设 b 为参数，记

$$E(bD_q)=\sum_{n=0}^{\infty}\frac{b^n D_q^n}{(q;q)_n} \tag{8}$$

定理

$$E(bD_q)\left\{\frac{1}{(ca,da;q)_\infty}\right\}=\frac{(abcd;q)_\infty}{(ac,ad,bc,bd;q)_\infty} \tag{9}$$

特别地,在式(9)中令 $d=0$ 得

$$E(bD_q)\left\{\frac{1}{(ca;q)_\infty}\right\}=\frac{1}{(ac,bc;q)_\infty} \tag{10}$$

为证明此定理还需要柯西恒等式[2]

$$\sum_{n=0}^{\infty}\frac{(a;q)_n}{(q;q)_n}x^n=\frac{(ax;q)_\infty}{(x;q)_\infty} \tag{11}$$

在式(11)中令 $a=0$,有

$$\sum_{n=0}^{\infty}\frac{x^n}{(q;q)_n}=\frac{1}{(x;q)_\infty} \tag{12}$$

证明　易知 $D_q^k\left\{\frac{1}{(xa;q)_\infty}\right\}=\frac{x^k}{(xa;q)_\infty}$,所以有

$$\begin{aligned}
&E(bD_q)\left\{\frac{1}{(ca,da;q)_\infty}\right\}\\
=&\sum_{n=0}^{\infty}\frac{b^n}{(q;q)_n}D_q^n\left\{\frac{1}{(ca,da;q)_\infty}\right\}\\
=&\sum_{n=0}^{\infty}\frac{b^n}{(q;q)_n}\sum_{k=0}^{n}\frac{(q;q)_n q^{k(k-n)}}{(q;q)_k(q;q)_{n-k}}\cdot\\
&D_q^k\left\{\frac{1}{(ca;q)_\infty}\right\}D_q^{n-k}\left\{\frac{1}{(daq^k;q)_\infty}\right\}\\
=&\sum_{n=0}^{\infty}\frac{b^n}{(q;q)_n}\sum_{k=0}^{n}\frac{(q;q)_n q^{k(k-n)}}{(q;q)_k(q;q)_{n-k}}\cdot\frac{c^k}{(ca;q)_\infty}\cdot\\
&\frac{(dq^k)^{n-k}}{(daq^k;q)_\infty}\\
=&\sum_{n=0}^{\infty}b^n\sum_{k=0}^{n}\frac{c^kd^{n-k}}{(q;q)_k(q;q)_{n-k}}\cdot\frac{1}{(ca;q)_\infty}\cdot\frac{1}{(daq^k;q)_\infty}\\
=&\frac{1}{(ca,da;q)_\infty}\sum_{k=0}^{\infty}\frac{(da;q)_k}{(q;q)_k}(bc)^k\sum_{n=k}^{\infty}\frac{(bd)^{n-k}}{(q;q)_{n-k}}\\
=&\frac{1}{(ca,da;q)_\infty}\cdot\frac{(abcd;q)_\infty}{(bc;q)_\infty}\cdot\frac{1}{(bd;q)_\infty}\\
=&\frac{(abcd;q)_\infty}{(ac,ad,bc,bd;q)_\infty}
\end{aligned}$$

证毕.

这个定理是个形式简单、对称、优美的恒等式，证明并不太困难，使我们惊奇的是以前的 q - 级数专家却把它遗失了. 当然，遗失一个不太重要的公式，无关紧要，问题在于定理对于 q - 级数全局来讲都有重要的理论意义，它是处理困难问题的一个非常有力的工具. 刘治国教授初步研究表明，该公式可以应用到 q - 级数理论的几乎所有重要问题上，应用该公式处理 q - 级数问题的一个最大特点是生成性，即由一个简单的事实出发，用该公式作用 n 次就可以得到一个一般性的重要事实. 这种方法不仅思路清楚，而且往往比其他方法简便得多. 例如，著名的西尔斯变换，在近年 q - 级数发展中起着关键性作用，但是其推导却异常复杂[2]. 本章将利用定理 1 给出西尔斯变换一个非常简洁的生成性证明. 当然，本章还生成了其他许多结论，包括从阿斯基－罗伊积分出发生成了一个更一般的积分. 值得提及的是从一个非常简单的事实出发，应用该公式可以生成极为著名的阿斯基－威尔逊积分及更一般的积分[2].

§2　西尔斯变换

由 q - 级数理论知 $\dfrac{1}{\left(\frac{c}{a},\frac{d}{a};q\right)_\infty}$ 为 a^{-1} 的解析函数，故可设

$$\frac{1}{\left(\frac{c}{a},\frac{d}{a},q\right)_\infty}=\sum_{n=0}^{\infty}A_n a^{-n} \tag{1}$$

所以有

$$A_n=\frac{1}{2\pi \mathrm{i}}\oint\frac{a^{n-1}}{\left(\frac{c}{a},\frac{d}{a};q\right)_\infty}\mathrm{d}a$$

积分围道为沿着逆时针方向的单位圆周. 当 $|c|<1$, $|d|<1$ 时被积函数在单位圆内的极点为 $a=cq^k$, $a=dq^k, k\in\{0,1,2,\cdots\}$. 易知

$$\operatorname*{Res}_{a=cq^k}\frac{1}{\left(\frac{c}{a},\frac{d}{a};q\right)_\infty}=\frac{1}{\left(q,\frac{c}{d};q\right)_\infty}\cdot\frac{q^{k^2+k}\left(\frac{c}{d}\right)^k}{\left(q,\frac{cq}{d};q\right)_k}(cq^k)^n$$

$$\operatorname*{Res}_{a=dq^k}\frac{1}{\left(\frac{c}{a},\frac{d}{a};q\right)_\infty}=\frac{1}{\left(q,\frac{d}{c};q\right)_\infty}\cdot\frac{q^{k^2+k}\left(\frac{d}{c}\right)^k}{\left(q,\frac{dq}{c};q\right)_k}(dq^k)^n$$

所以

$$A_n=\frac{c^n}{\left(q,\frac{c}{d};q\right)_\infty}\sum_{k=0}^\infty\frac{q^{k^2+k}\left(\frac{cq^n}{d}\right)^k}{\left(q,\frac{cq}{d};q\right)_k}+\frac{d^n}{\left(q,\frac{d}{c};q\right)_\infty}\sum_{k=0}^\infty\frac{q^{k^2+k}\left(\frac{dq^n}{c}\right)^k}{\left(q,\frac{dq}{c};q\right)_k}\tag{2}$$

令 $a=b=0$ 有

$$\sum_{k=0}^\infty\frac{z^k}{(q,c;q)_k}=\frac{1}{(z;q)_\infty}\sum_{k=0}^\infty\frac{q^{k(k+1)}}{(q,c;q)_k}\left(\frac{cz}{q^2}\right)^k$$

对式(2)应用上式得

$$A_n=\frac{c^n}{(q;q)_n\left(\frac{d}{c};q\right)_\infty}{}_2\Phi_1\left[\begin{matrix}0,0\\ \frac{cq}{d}\end{matrix};q,q^{n+1}\right]+$$

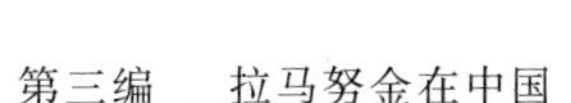

$$\frac{d^n}{(q;q)_n\left(\frac{c}{d};q\right)_\infty}{}_2\Phi_1\left(\begin{matrix}0,0\\ \frac{dq}{c}\end{matrix};q,q^{n+1}\right)$$

将上式代入式(1)中,并将 a^{-1} 用 a 代替得到下面的引理1.

引理 1

$$\frac{1}{(ca,da;q)_\infty}=\frac{1}{\left(ca,\frac{d}{c};q\right)_\infty}{}_2\Phi_1\left(\begin{matrix}ac,0\\ \frac{cq}{d}\end{matrix};q,q\right)+\frac{1}{\left(da,\frac{c}{d};q\right)_\infty}{}_2\Phi_1\left(\begin{matrix}ad,0\\ \frac{dq}{c}\end{matrix};q,q\right)\quad(3)$$

为书写方便,引进 q - 积分定义

$$\int_a^b f(t)\,\mathrm{d}_qt=\int_0^b f(t)\,\mathrm{d}_qt-\int_0^a f(t)\,\mathrm{d}_qt$$

$$\int_0^a f(t)\,\mathrm{d}_qt=a(1-q)\sum_{n=0}^{\infty}f(aq^n)q^n\quad(4)$$

将式(3)写成 q - 积分形式为

$$\int_c^d\frac{\left(\frac{qt}{c},\frac{qt}{d};q\right)_\infty}{(at;q)_\infty}\mathrm{d}_qt=\frac{d(1-q)\left(q,\frac{dq}{c},\frac{c}{d};q\right)_\infty}{(ca,da;q)_\infty}\quad(5)$$

用 $E(bD_q)$ 作用于上式两边得

$$\int_c^d\left(\frac{qt}{c},\frac{qt}{d};q\right)_\infty E(bD_q)\left\{\frac{1}{(at;q)_\infty}\right\}\mathrm{d}_qt$$

$$=d(1-q)\left(q,\frac{dq}{c},\frac{c}{d};q\right)_\infty E(bD_q)\left\{\frac{1}{(ca,da;q)_\infty}\right\}\quad(6)$$

由上一节的定理知

$$E(bD_q)\left\{\frac{1}{(at;q)_\infty}\right\}=\frac{1}{(at,bt;q)_\infty}$$

$$E(bD_q)\left\{\frac{1}{(ca,da;q)_\infty}\right\}=\frac{(abcd;q)_\infty}{(ca,da,cb,db;q)_\infty}$$

将以上两式代入式(6) 可得下面的定理 1.

定理 1

$$\int_c^d \frac{\left(\frac{qt}{c},\frac{qt}{d};q\right)_\infty}{(at,bt;q)_\infty}\mathrm{d}_q t=\frac{d(1-q)\left(q,\frac{dq}{c},\frac{c}{d},abcd;q\right)_\infty}{(ca,da,cb,db;q)_\infty} \tag{7}$$

写成通常 q - 级数的形式即为

$$\frac{1}{\left(\frac{c}{d},ad,bd;q\right)_\infty}{}_2\Phi_1\left[\begin{matrix}ad,bd\\ \frac{dq}{c}\end{matrix};q,q\right]+\frac{1}{\left(\frac{d}{c},ac,bc;q\right)_\infty}{}_2\Phi_1\left[\begin{matrix}ac,bc\\ \frac{cq}{d}\end{matrix};q,q\right]$$

$$=\frac{(abcd;q)_\infty}{(ac,ad,bc,bd;q)_\infty} \tag{8}$$

在式(7) 两边除以$(abcd;q)_\infty$ 得

$$\int_c^d \frac{\left(\frac{qt}{c},\frac{qt}{d};q\right)_\infty}{(bt,at,abcd;q)_\infty}\mathrm{d}_q t=\frac{q(1-q)\left(q,\frac{dq}{c},\frac{c}{d};q\right)_\infty}{(cb,db,ca,da;q)_\infty}$$

用 $E(eD_q)$ 作用上式两边并注意到

$$E(eD_q)\left\{\frac{1}{(at,abcd;q)_\infty}\right\}=\frac{(abcdet;q)_\infty}{(at,et,abcd,ebcd;q)_\infty}$$

$$E(eD_q)\left\{\frac{1}{(ca,da;q)_\infty}\right\}=\frac{(acde;q)_\infty}{(ca,da,ce,de;q)_\infty}$$

立即得到下面的定理 2.

定理 2

$$\int_c^d \frac{\left(\frac{qt}{c},\frac{qt}{d},abcdet;q\right)_\infty}{(at,bt,et;q)_\infty}\mathrm{d}_q t$$

$$=\frac{d(1-q)\left(q,\frac{dq}{c},\frac{c}{d},abcd,bcde,acde;q\right)_\infty}{(ac,ad,bc,bd,ce,de;q)_\infty} \tag{9}$$

式(9)就是著名的西尔斯变换的 q - 积分形式[2]，它在拉赫曼(Rahman)等人计算 q -Beta 型积分的方法中，起着最为关键的作用，而这里给出的推导是相当简洁而优美的.

将式(9)写成通常 q - 级数的形式为

$$\frac{(abced^2;q)_\infty}{\left(\frac{c}{d},ad,bd,de;q\right)_\infty}{}_3\Phi_2\left[\begin{matrix}ad,bd,de\\ \frac{qd}{c},abced^2\end{matrix};q,q\right]+$$

$$\frac{(abdec^2;q)_\infty}{\left(\frac{d}{c},ac,bc,ce;q\right)_\infty}{}_3\Phi_2\left[\begin{matrix}ac,bc,ce\\ \frac{qc}{d},abdec^2\end{matrix};q,q\right]$$

$$=\frac{(abcd,bcde,acde;q)_\infty}{(ac,ad,bc,bd,ce,de;q)_\infty} \tag{10}$$

下面继续从定理 1 出发推导变换公式.

在式(7)中将 b 用 bq^n 替代，并在两边乘 $\frac{\left(\frac{e}{b}\right)^n}{(q;q)_n}$，求和得

$$\int_c^d \frac{\left(\frac{qt}{d},\frac{qt}{c};q\right)_\infty}{(at,bt;q)_\infty}\left(\sum_{n=0}^{\infty}\frac{(bt;q)_n}{(q;q)_n}\left(\frac{e}{b}\right)^n\right)\mathrm{d}_q t$$

$$=\frac{d(1-q)\left(q,\frac{dq}{c},\frac{c}{d};q\right)_\infty}{(ad,ac,bc,bd;q)_\infty}{}_2\Phi_1\left(\begin{matrix}bc,bd\\ abcd\end{matrix};q,\frac{e}{b}\right)$$

由柯西恒等式知

$$\sum_{n=0}^{\infty}\frac{(bt;q)_n}{(q;q)_n}\left(\frac{e}{b}\right)^n=\frac{(te;q)_\infty}{\left(\frac{e}{b};q\right)_\infty}$$

又由 Heine 变换知

$${}_2\Phi_1\begin{pmatrix}bc,bd\\abcd\end{pmatrix};q,\frac{e}{b}\Bigg)$$

$$=\frac{(bd,ce;q)_\infty}{\left(abcd,\frac{e}{b};q\right)_\infty}{}_2\Phi_1\left[\begin{matrix}ac,\frac{e}{b}\\ce\end{matrix};q,bd\right]$$

所以有

$$\int_c^d\frac{\left(\frac{qt}{c},\frac{qt}{d},et;q\right)_\infty}{(at,bt;q)_\infty}\mathrm{d}_qt$$

$$=\frac{d(1-q)\left(q,\frac{dq}{c},\frac{c}{d},ce;q\right)_\infty}{(ac,ad,bc;q)_\infty}{}_2\Phi_1\left[\begin{matrix}ac,\frac{e}{b}\\ce\end{matrix};q,bd\right]$$

$$=\frac{d(1-q)\left(q,\frac{dq}{c},\frac{c}{d},ce;q\right)_\infty}{(bc;q)_\infty}\sum_{n=0}^{\infty}\frac{\left(\frac{e}{b};q\right)_n(bd)^n}{(q,ce;q)_n(acq^n,ad;q)_\infty}\tag{11}$$

由上一节的定理知

$$E(fD_q)\left\{\frac{1}{(at;q)_\infty}\right\}=\frac{1}{(at,ft;q)_\infty}$$

$$E(fD_q)\left\{\frac{1}{(acq^n,ad;q)_\infty}\right\}=\frac{(acdfq^n;q)_\infty}{(acq^n,ad,cfq^n,df;q)_\infty}$$

所以用 $E(fD_q)$ 作用式(11) 两边得

$$\int_c^d\frac{\left(\frac{qt}{c},\frac{qt}{d},et;q\right)_\infty}{(at,bt,ft;q)_\infty}\mathrm{d}_qt$$

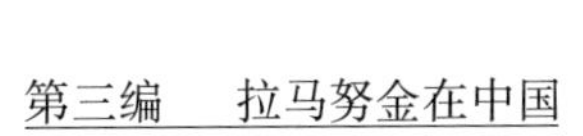

$$=\frac{d(1-q)\left(q,\frac{dq}{c},\frac{c}{d},ce,acdf;q\right)_\infty}{(bc,ac,ad,cf,df;q)_\infty}\cdot {}_3\Phi_2\left[\begin{matrix}\frac{e}{b},ac,cf\\ ce,acdf\end{matrix};q,bd\right] \tag{12}$$

写成通常 q - 级数的形式即为

$${}_3\Phi_2\left[\begin{matrix}\frac{e}{b},ac,fc\\ ce,acdf\end{matrix};q,bd\right]$$

$$=\frac{(ad,df;q)_\infty}{\left(\frac{d}{c},acdf;q\right)_\infty}{}_3\Phi_2\left[\begin{matrix}ac,bc,df\\ \frac{cq}{d},ce\end{matrix};q,q\right]+$$

$$\frac{(de,ac,bc,fc;q)_\infty}{\left(bd,\frac{c}{d},ce,acdf;q\right)_\infty}{}_3\Phi_2\left[\begin{matrix}ad,bd,fd\\ \frac{dq}{c},de\end{matrix};q,q\right] \tag{13}$$

§3　萨拉姆 - 卡利茨正交关系

由文献[3]知,若记

$$h_n(t\mid q)=\sum_{k=0}^{n}\frac{(q;q)_n t^k}{(q;q)_k(q;q)_{n-k}}$$

则有

$$\sum_{n=0}^{\infty}\frac{h_n(t\mid q)}{(q;q)_n}a^n=\frac{1}{(a,at;q)_\infty} \tag{1}$$

$$\int_{-\infty}^{+\infty}x^n\mathrm{d}\psi_t(x)=h_n(t\mid q) \tag{2}$$

其中

$$\mathrm{d}\psi_t(q^k)=\frac{q^k}{(t;q)_\infty\left(q,\frac{q}{t};q\right)_k}$$

$$\mathrm{d}\psi_t(tq^k)=\frac{q^k}{\left(\frac{1}{t};q\right)_\infty(q,tq;q)_k}$$

且 $t<0,0<q<1$. 这是一个重要的矩量问题，首先由萨拉姆和卡利茨发现. 萨拉姆和卡利茨引进了多项式 $U_n^t(x)$，由下式决定

$$\frac{(a,at;q)_\infty}{(ax;q)_\infty}=\sum_{n=0}^{\infty}U_n^t(x)\frac{a^n}{(q;q)_\infty}\tag{3}$$

下面推导关于 $U_n^t(x)$ 的正交关系. 在式(2)两边乘以 $\frac{a^n}{(q;q)_\infty}$，并求和，易得

$$\int_{-\infty}^{+\infty}\frac{1}{(ax;q)_\infty}\mathrm{d}\psi_t(x)=\frac{1}{(a,at;q)_\infty}$$

用 $E(bD_q)$ 作用上式两边并利用上一节的定理得

$$\int_{-\infty}^{+\infty}\frac{1}{(ax,bx;q)_\infty}\mathrm{d}\psi_t(x)=\frac{(abt;q)_\infty}{(a,at,b,bt;q)_\infty}$$

所以有

$$\int_{-\infty}^{+\infty}\frac{(a,at;q)_\infty(b,bt;q)_\infty}{(ax;q)_\infty(bx;q)_\infty}\mathrm{d}\psi_t(x)=(abt;q)_\infty\tag{4}$$

由文献[2]知 $(abt;q)_\infty=\sum_{n=0}^{\infty}\frac{q^{\frac{n(n-1)}{2}}}{(q;q)_n}(-abt)^n$，所以由此式及式(3)，从式(4)可得

$$\sum_{n=0}^{\infty}\sum_{m=0}^{\infty}\frac{a^nb^m}{(q;q)_n(q;q)_m}\int_{-\infty}^{+\infty}U_n^t(x)U_m^t(x)\mathrm{d}\psi_t(x)$$
$$=\sum_{n=0}^{\infty}\frac{q^{\frac{n(n-1)}{2}}}{(q;q)_n}(-abt)^n$$

比较上式两边 $(ab)^n$ 的系数得萨拉姆－卡利茨正交关

系

$$\int_{-\infty}^{+\infty} U_n^t(x) U_m^t(x) \mathrm{d}\psi_t(x) = (-t)^n q^{\frac{n(n-1)}{2}} (q;q)_n \delta_{nm} \tag{5}$$

我们的推导极大简化了萨拉姆与卡利茨的工作.

§4　阿斯基－罗伊积分的拓广

阿斯基—罗伊积分为[4]

$$\frac{1}{2\pi}\int_{-\pi}^{\pi} \frac{\left(\frac{\rho \mathrm{e}^{\mathrm{i}\theta}}{d}, \frac{qd\,\mathrm{e}^{-\mathrm{i}\theta}}{\rho}, \rho c\,\mathrm{e}^{-\mathrm{i}\theta}, \frac{q\mathrm{e}^{\mathrm{i}\theta}}{c\rho}; q\right)_\infty}{(a\mathrm{e}^{\mathrm{i}\theta}, b\mathrm{e}^{\mathrm{i}\theta}, c\mathrm{e}^{-\mathrm{i}\theta}, d\mathrm{e}^{-\mathrm{i}\theta}; q)_\infty} \mathrm{d}\theta$$

$$= \frac{\left(abcd, \rho\frac{c}{d}, \frac{dq}{\rho c}, \rho, \frac{q}{\rho}; q\right)_\infty}{(ad, ac, bc, bd, q; q)_\infty}$$

在上式两边除以$(abcd;q)_\infty$得

$$\frac{1}{2\pi}\int_{-\pi}^{\pi} \frac{\left(\frac{\rho \mathrm{e}^{\mathrm{i}\theta}}{d}, \frac{qd\,\mathrm{e}^{-\mathrm{i}\theta}}{\rho}, \rho c\,\mathrm{e}^{-\mathrm{i}\theta}, \frac{q\mathrm{e}^{\mathrm{i}\theta}}{c\rho}; q\right)_\infty}{(b\mathrm{e}^{\mathrm{i}\theta}, c\mathrm{e}^{-\mathrm{i}\theta}, d\mathrm{e}^{-\mathrm{i}\theta}, a\mathrm{e}^{\mathrm{i}\theta}, abcd; q)_\infty} \mathrm{d}\theta$$

$$= \frac{\left(\frac{\rho c}{d}, \frac{dq}{\rho c}, \rho, \frac{q}{\rho}; q\right)_\infty}{(ad, ac, bc, bd, q; q)_\infty} \tag{1}$$

用$E(fD_q)$作用上式两边,并注意到

$$E(fD_q)\left\{\frac{1}{(a\mathrm{e}^{\mathrm{i}\theta}, abcd; q)_\infty}\right\} = \frac{(abcdf\mathrm{e}^{\mathrm{i}\theta}; q)_\infty}{(a\mathrm{e}^{\mathrm{i}\theta}, f\mathrm{e}^{\mathrm{i}\theta}, abcd, bcdf; q)_\infty}$$

$$E(fD_q)\left\{\frac{1}{(ac, ad; q)_\infty}\right\} = \frac{(abdf; q)_\infty}{(ac, ad, fc, fd; q)_\infty}$$

立即有下面的定理.

定理

$$\frac{1}{2\pi}\int_{-\pi}^{\pi}\frac{\left(\frac{\rho e^{i\theta}}{d},\frac{qd e^{-i\theta}}{\rho},\rho c e^{-i\theta},\frac{qe^{i\theta}}{c\rho},abcdf e^{i\theta};q\right)_\infty}{(ae^{i\theta},be^{i\theta},fe^{i\theta},ce^{-i\theta},de^{-i\theta};q)_\infty}d\theta$$

$$=\frac{\left(\rho\frac{c}{d},\frac{dq}{\rho c},\rho,\frac{q}{\rho},abcd,fbcd,afcd;q\right)_\infty}{(q,ac,ad,bc,bd,fc,fd;q)_\infty}\tag{2}$$

上述定理是阿斯基－罗伊积分的一个拓广，因为只要在式(2)中令 $f=0$，上式就退化为阿斯基－罗伊积分.

参考文献

[1] ROMAN S. The theory of the umbral calculus (I)[J]. J. Math. Anal. Appl. ,1982,87:57-115.

[2] GASPER G,RAHMAN M. Basic Hypergeometric Series[M]. Cambridge:Cambridge University Press, 1990.

[3] Al-SALAM W,CARLITZ L. Some orthogonal q-polynomials[J]. Math. Nachr. ,1965,30:47-61.

[4] KALNINS E G,MILLER W,Jr. q-Series and orthogonal polynomials associated with Barnes' first lemma[J]. SIAM J. Math. Anal. ,1988,19(5): 1216-1231.

List of Conjectural Series for Powers of π and Other Constants[①]

第五章

Here I give the full list of my conjectures on series for powers of π and other important constants scattered in some of my public papers or my private diaries. The list contains 234 reasonable conjectural series. On the list there are 178 reasonable series for π^{-1}, four series for π^{2}, two series for π^{-2}, four series

① 孙智伟(Zhi-Wei Sun,Department of Mathematics,Nanjing University)的预印本论文:arXiv:1102.5649v47(含他猜测的234个级数等式).此文初稿于2011年2月18日公布于笔者的主页上,并被著名的Number Theory Web网站所链接.2011年2月28日,此文发布于著名的arXiv预印本网站,编号为arXiv:1102.5649.此后,随着猜测的级数等式的增多以及一些猜想被他人攻克,笔者多次修改扩展此文.2014年12月29日,arXiv公开了此文的第47版.考虑到此版被越来越多的专家引用,遂决定固定此版本,不再在arXiv上更新此文.本章收录的正是这个第47版,此文内容反映的是直到2014年底的状态,不包括2015年起猜测的级数等式或他人解决笔者此文中猜想的后续进展.

for π^4, two series for π^5, three series for π^6, seven series for $\zeta(3)$, one series for $\pi\zeta(3)$, two series for $\pi^2\zeta(3)$, one series for $\zeta(3)^2$, three series involving both $\zeta(3)^2$ and π^6, one series for $\zeta(5)$, three series involving both $\zeta(5)$ and $\zeta(2)\zeta(3)$, two series involving both $\pi\zeta(5)$ and $\pi^3\zeta(3)$, three series involving $\zeta(7)$, three series for $K=L\left(2,\left(\frac{\bullet}{3}\right)\right)$, one series for the Catalan constant G, two series for πG, one series involving both $\pi^3 G$ and $\pi^2\zeta(3)$, two series for πK, two series involving $L=L\left(4,\left(\frac{\bullet}{3}\right)\right)$, three series involving $\beta(4)=L\left(4,\left(\frac{-4}{\bullet}\right)\right)$, and four series for $\pi^2\log a$ with $a=2,3,\frac{\sqrt{5}+1}{2}$. The code of a conjectural series is underlined if and only if a complete proof of the identity is available.

§1 Series for Various Constants other than $\frac{1}{\pi}$

Conjecture 1 (i)(Z. W. Sun [S11, Conj. 1.4]) We have

$$\sum_{k=1}^{\infty}\frac{(10k-3)8^k}{k^3\binom{2k}{k}^2\binom{3k}{k}}=\frac{\pi^2}{2},\qquad(\underline{1.1})$$

$$\sum_{k=1}^{\infty}\frac{(11k-3)64^k}{k^3\binom{2k}{k}^2\binom{3k}{k}}=8\pi^2,\qquad(\underline{1.2})$$

$$\sum_{k=1}^{\infty}\frac{(35k-8)81^k}{k^3\binom{2k}{k}^2\binom{4k}{2k}}=12\pi^2, \tag{1.3}$$

$$\sum_{k=1}^{\infty}\frac{(15k-4)(-27)^{k-1}}{k^3\binom{2k}{k}^2\binom{3k}{k}}=K, \tag{1.4}$$

$$\sum_{k=1}^{\infty}\frac{(5k-1)(-144)^k}{k^3\binom{2k}{k}^2\binom{4k}{2k}}=-\frac{45}{2}K, \tag{1.5}$$

where

$$K:=L\left(2,\left(\frac{\cdot}{3}\right)\right)$$

$$=\sum_{k=1}^{\infty}\frac{\left(\frac{k}{3}\right)}{k^2}$$

$$=0.78130241289648629686718742962 4\cdots$$

with $(-)$ the Legendre sym bol.

(ⅱ)(Z. W. Sun [S13a, Conj. 8]) We have

$$\sum_{k=1}^{\infty}\frac{(28k^2-18k+3)(-64)^k}{k^5\binom{2k}{k}^4\binom{3k}{k}}=-14\zeta(3), \tag{1.6}$$

where $\zeta(3):=\sum_{n=1}^{\infty}\frac{1}{n^3}$.

(ⅲ)(Z. W. Sun [S11, Conj. 1.4]) We have

$$\sum_{n=0}^{\infty}\frac{18n^2+7n+1}{(-128)^n}\binom{2n}{n}^2\sum_{k=0}^{n}\binom{-\frac{1}{4}}{k}^2\binom{-\frac{3}{4}}{n-k}^2=\frac{4\sqrt{2}}{\pi^2} \tag{1.7}$$

and

$$\sum_{n=0}^{\infty}\frac{40n^2+26n+5}{(-256)^n}\binom{2n}{n}^2\sum_{k=0}^{n}\binom{n}{k}^2\binom{2k}{k}\binom{2(n-k)}{n-k}=\frac{24}{\pi^2}. \tag{1.8}$$

(ⅳ)(Z. W. Sun [S15, Conj. 1.1]) We have

$$\sum_{k=1}^{\infty}\frac{48^k}{k(2k-1)\binom{4k}{2k}\binom{2k}{k}}=\frac{15}{2}K, \tag{1.9}$$

where K is as in part (ⅰ).

(ⅴ)(Z. W. Sun [S15, Conj. 3.1 and 3.2]) For $n=1,2,3,\cdots$ let H_n denote the harmonic number $\sum_{k=1}^{n}\frac{1}{k}$. Then

$$\sum_{k=1}^{\infty}\frac{H_{2k}+\frac{2}{3k}}{k^2\binom{2k}{k}}=\zeta(3), \tag{1.10}$$

$$\sum_{k=1}^{\infty}\frac{H_{2k}+2H_k}{k^2\binom{2k}{k}}=\frac{5}{3}\zeta(3), \tag{1.11}$$

$$\sum_{k=1}^{\infty}\frac{H_{2k}+17H_k}{k^2\binom{2k}{k}}=\frac{5}{2}\sqrt{3}\pi K. \tag{1.12}$$

Also,

$$\sum_{k=1}^{\infty}\frac{2^k}{k^2\binom{2k}{k}}\left(H_{\lfloor k/2\rfloor}-(-1)^k\frac{2}{k}\right)=\frac{7}{4}\zeta(3), \tag{1.13}$$

$$\sum_{k=1}^{\infty}\frac{2^k}{k^2\binom{2k}{k}}\left(2H_{2k}-3H_k+\frac{2}{k}\right)=\frac{7}{4}\zeta(3), \tag{1.14}$$

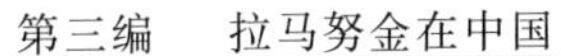

$$\sum_{k=1}^{\infty} \frac{2^k}{k^2\binom{2k}{k}}\left(6H_{2k}-11H_k+\frac{8}{k}\right)=2\pi G, \qquad (1.15)$$

$$\sum_{k=1}^{\infty} \frac{2^k}{k^2\binom{2k}{k}}\left(2H_{2k}-7H_k+\frac{2}{k}\right)=-\frac{\pi^2}{2}\log 2, \qquad (1.16)$$

$$\sum_{k=1}^{\infty} \frac{3^k}{k^2\binom{2k}{k}}\left(6H_{2k}-8H_k+\frac{5}{k}\right)=\frac{26}{3}\zeta(3), \qquad (1.17)$$

$$\sum_{k=1}^{\infty} \frac{3^k}{k^2\binom{2k}{k}}\left(6H_{2k}-10H_k+\frac{7}{k}\right)=2\sqrt{3}\pi K, \qquad (1.18)$$

$$\sum_{k=1}^{\infty} \frac{3^k}{k^2\binom{2k}{k}}\left(H_k+\frac{1}{2k}\right)=\frac{\pi^2}{3}\log 3, \qquad (1.19)$$

$$\sum_{k=1}^{\infty} \frac{L_{2k}}{k^2\binom{2k}{k}}\left(\frac{1}{k}+\frac{1}{k+1}+\cdots+\frac{1}{2k}\right)=\frac{41\zeta(3)+4\pi^2\log\phi}{25}, \qquad (1.20)$$

$$\sum_{k=1}^{\infty} \frac{v_k}{k^2\binom{2k}{k}}\left(\frac{1}{k}+\frac{1}{k+1}+\cdots+\frac{1}{2k}\right)=\frac{124\zeta(3)+\pi^2\log(5^5\phi^6)}{50}, \qquad (1.21)$$

where G denotes the Catalan constant $\sum_{k=0}^{\infty}\frac{(-1)^k}{(2k+1)^2}$, ϕ stands for the famous golden ratio $\frac{\sqrt{5}+1}{2}$, the

Lucas numbers $L_0, L_1, L_2, \cdots$ are given by
$L_0=2$, $L_1=1$, and $L_{n+1}=L_n+L_{n-1}$ for $n=1,2,3,\cdots$
and $v_0, v_1, v_2, \cdots$ are defined by
$v_0=2$, $v_1=5$, and $v_{n+1}=5(v_n-v_{n-1})$ for $n=1,2,3,\cdots$

(ⅵ)(Z. W. Sun [S15, Conj. 3.3 and 3.4])

$$\sum_{k=1}^{\infty}(-1)^{k-1}\frac{10H_k-\frac{3}{k}}{k^3\binom{2k}{k}}=\frac{\pi^4}{30}, \tag{1.22}$$

$$\sum_{k=1}^{\infty}(-1)^{k-1}\frac{H_{2k}+4H_k}{k^3\binom{2k}{k}}=\frac{2}{75}\pi^4, \tag{1.23}$$

$$\sum_{k=1}^{\infty}\frac{H_{2k}-H_k+\frac{2}{k}}{k^4\binom{2k}{k}}=\frac{11}{9}\zeta(5), \tag{1.24}$$

$$\sum_{k=1}^{\infty}\frac{3H_{2k}-102H_k+\frac{28}{k}}{k^4\binom{2k}{k}}=-\frac{55}{18}\pi^2\zeta(3), \tag{1.25}$$

$$\sum_{k=1}^{\infty}\frac{97H_{2k}-163H_k+\frac{227}{k}}{k^4\binom{2k}{k}}=\frac{165}{8}\sqrt{3}\pi L, \tag{1.26}$$

where

$$L:=L\left(4,\left(\frac{\bullet}{3}\right)\right)=\sum_{k=1}^{\infty}\frac{\left(\frac{k}{3}\right)}{k^4}.$$

We also have

$$\sum_{k=0}^{\infty}\frac{\binom{2k}{k}}{(2k+1)16^k}\left(3H_{2k+1}+\frac{4}{2k+1}\right)=8G, \tag{1.27}$$

$$\sum_{k=0}^{\infty}\frac{\binom{2k}{k}}{(2k+1)^2(-16)^k}\left(5H_{2k+1}+\frac{12}{2k+1}\right)=14\zeta(3), \tag{1.28}$$

$$\sum_{k=0}^{\infty}\frac{\binom{2k}{k}}{(2k+1)^3 16^k}\left(9H_{2k+1}+\frac{32}{2k+1}\right)$$
$$=40\beta(4)+\frac{5}{12}\pi\zeta(3), \tag{1.29}$$

where

$$\beta(4)=L\left(4,\left(\frac{-4}{\cdot}\right)\right)=\sum_{k=0}^{\infty}\frac{(-1)^k}{(2k+1)^4}.$$

(ⅶ)(Z. W. Sun [S15, Conj. 4.1 and 4.2]) Let $H_k^{(m)}$ denote $\sum_{0<j\leqslant k}\frac{1}{j^m}$. Then

$$\sum_{k=1}^{\infty}\frac{6H_{\lfloor\frac{k}{2}\rfloor}^{(2)}-\frac{(-1)^k}{k^2}}{k^2\binom{2k}{k}}=\frac{13}{1620}\pi^4. \tag{1.30}$$

Also

$$\sum_{k=1}^{\infty}\frac{H_k^{(3)}}{k^2\binom{2k}{k}}=\frac{\zeta(5)+2\zeta(2)\zeta(3)}{9}, \tag{1.31}$$

$$\sum_{k=1}^{\infty}\frac{(-1)^k}{k^3\binom{2k}{k}}\left(10\sum_{j=1}^{k}\frac{(-1)^j}{j^2}-\frac{(-1)^k}{k^2}\right)$$
$$=\frac{29\zeta(5)-2\zeta(2)\zeta(3)}{6}, \tag{1.32}$$

$$\sum_{k=1}^{\infty}\frac{1}{k^2\binom{2k}{k}}\left(24\sum_{j=1}^{k}\frac{(-1)^j}{j^3}-17\frac{(-1)^k}{k^3}\right)$$

$$=7\zeta(5)-6\zeta(2)\zeta(3), \tag{1.33}$$

$$\sum_{k=1}^{\infty}(-1)^{k-1}\frac{H_k^{(3)}+\frac{1}{5k^3}}{k^3\binom{2k}{k}}=\frac{2}{5}\zeta(3)^2, \tag{1.34}$$

$$\sum_{k=1}^{\infty}\frac{H_{k-1}^{(2)}-\frac{1}{k^2}}{k^4\binom{2k}{k}}=-\frac{313\pi^6}{612360}, \tag{1.35}$$

$$\sum_{k=1}^{\infty}\frac{3H_k^{(4)}-\frac{1}{k^4}}{k^2\binom{2k}{k}}=\frac{163\pi^6}{136080}, \tag{1.36}$$

$$\sum_{k=1}^{\infty}\frac{1}{k^4\binom{2k}{k}}\left(72\sum_{j=1}^{k}\frac{(-1)^j}{j^2}-\frac{(-1)^k}{k^2}\right)$$

$$=-\frac{31}{1134}\pi^6-\frac{34}{5}\zeta(3)^2, \tag{1.37}$$

$$\sum_{k=1}^{\infty}\frac{1}{k^2\binom{2k}{k}}\left(8\sum_{j=1}^{k}\frac{(-1)^j}{j^4}+\frac{(-1)^k}{k^4}\right)$$

$$=-\frac{97}{34020}\pi^6-\frac{22}{15}\zeta(3)^2, \tag{1.38}$$

$$\sum_{k=1}^{\infty}\frac{(-1)^k}{k^3\binom{2k}{k}}\left(40\sum_{0<j<k}\frac{(-1)^j}{j^3}-7\frac{(-1)^k}{k^3}\right)$$

$$=-\frac{367}{27216}\pi^6+6\zeta(3)^2. \tag{1.39}$$

(viii)(Z. W. Sun [S15, Conj. 4.3]) We have

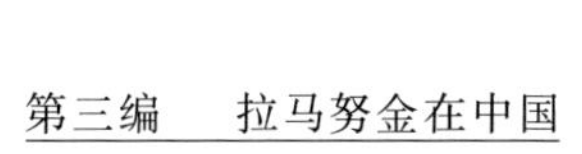

$$\sum_{k=1}^{\infty}\frac{33H_k^{(5)}+\frac{4}{k^5}}{k^2\binom{2k}{k}}$$

$$=-\frac{45}{8}\zeta(7)+\frac{13}{3}\zeta(2)\zeta(5)+\frac{85}{6}\zeta(3)\zeta(4),\tag{1.40}$$

$$\sum_{k=1}^{\infty}\frac{33H_k^{(3)}+\frac{8}{k^3}}{k^4\binom{2k}{k}}$$

$$=-\frac{259}{24}\zeta(7)-\frac{98}{9}\zeta(2)\zeta(5)+\frac{697}{18}\zeta(3)\zeta(4),\tag{1.41}$$

and

$$\sum_{k=1}^{\infty}\frac{(-1)^k}{k^3\binom{2k}{k}}\left(110\sum_{j=1}^{k}\frac{(-1)^j}{j^4}+29\frac{(-1)^k}{k^4}\right)$$

$$=\frac{223}{24}\zeta(7)-\frac{301}{6}\zeta(2)\zeta(5)+\frac{221}{2}\zeta(3)\zeta(4).\tag{1.42}$$

(ⅸ)(Z. W. Sun [S15, Conj. 5.1～5.3]) We have

$$\sum_{k=0}^{\infty}\frac{\binom{2k}{k}}{(2k+1)16^k}\sum_{j=0}^{k}\frac{1}{(2j+1)^3}=\frac{5}{18}\pi\zeta(3),\tag{1.43}$$

$$\sum_{k=0}^{\infty}\frac{\binom{2k}{k}}{(2k+1)^2(-16)^k}\sum_{j=0}^{k}\frac{(-1)^j}{(2j+1)^2}$$

$$=\frac{\pi^2 G}{10}+\frac{\pi\zeta(3)}{240}+\frac{27\sqrt{3}}{640}L, \qquad (1.44)$$

$$\sum_{k=0}^{\infty}\frac{\binom{2k}{k}}{(2k+1)8^k}\left(\sum_{j=0}^{k}\frac{(-1)^j}{2j+1}-2\frac{(-1)^k}{2k+1}\right)=-\frac{\sqrt{2}}{16}\pi^2, \qquad (1.45)$$

$$\sum_{k=0}^{\infty}\frac{\binom{2k}{k}}{(2k+1)16^k}\left(12\sum_{j=0}^{k}\frac{(-1)^j}{(2j+1)^2}-\frac{(-1)^k}{(2k+1)^2}\right)=4\pi G, \qquad (1.46)$$

$$\sum_{k=0}^{\infty}\frac{\binom{2k}{k}}{(2k+1)^2(-16)^k}\left(5\sum_{j=0}^{k}\frac{1}{(2j+1)^3}+\frac{1}{(2k+1)^3}\right)$$
$$=\frac{\pi^2}{2}\zeta(3), \qquad (1.47)$$

$$\sum_{k=0}^{\infty}\frac{\binom{2k}{k}}{(2k+1)16^k}\left(24\sum_{j=0}^{k}\frac{(-1)^j}{(2j+1)^3}-17\frac{(-1)^k}{(2k+1)^3}\right)=\frac{\pi^4}{12}, \qquad (1.48)$$

$$\sum_{k=0}^{\infty}\frac{\binom{2k}{k}}{(2k+1)^2(-16)^k}\left(40\sum_{j=0}^{k}\frac{(-1)^j}{(2j+1)^3}-47\frac{(-1)^k}{(2k+1)^3}\right)$$
$$=-\frac{85\pi^5}{3456}, \qquad (1.49)$$

$$\sum_{k=0}^{\infty}\frac{\binom{2k}{k}}{(2k+1)16^k}\left(3\sum_{j=0}^{k}\frac{1}{(2j+1)^4}-\frac{1}{(2k+1)^4}\right)=\frac{121\pi^5}{17280}, \qquad (1.50)$$

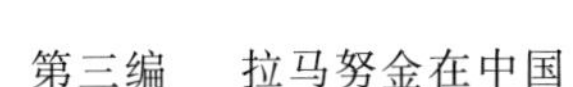

$$\sum_{k=0}^{\infty}\frac{\binom{2k}{k}}{(2k+1)^2(-16)^k}\left(5\sum_{j=0}^{k}\frac{1}{(2j+1)^4}-\frac{4}{(2k+1)^4}\right)$$
$$=\frac{7\pi^6}{7200}.\tag{1.51}$$

And

$$\sum_{k=0}^{\infty}\frac{\binom{2k}{k}}{(2k+1)16^k}\left(8\sum_{j=0}^{k}\frac{(-1)^j}{(2j+1)^4}+\frac{(-1)^k}{(2k+1)^4}\right)$$
$$=\frac{11}{120}\pi^2\zeta(3)+\frac{8}{3}\pi\beta(4),\tag{1.52}$$

$$\sum_{k=0}^{\infty}\frac{\binom{2k}{k}}{(2k+1)16^k}\left(\sum_{j=0}^{k}\frac{33}{(2j+1)^5}+\frac{4}{(2k+1)^5}\right)$$
$$=\frac{35}{288}\pi^3\zeta(3)+\frac{1003}{96}\pi\zeta(5),\tag{1.53}$$

$$\sum_{k=0}^{\infty}\frac{\binom{2k}{k}}{(2k+1)^2(-16)^k}\left(110\sum_{j=0}^{k}\frac{(-1)^j}{(2j+1)^4}+\right.$$
$$\left.29\frac{(-1)^k}{(2k+1)^4}\right)$$
$$=\frac{91}{96}\pi^3\zeta(3)+11\pi^2\beta(4)-\frac{301}{192}\pi\zeta(5),\tag{1.54}$$

$$\sum_{k=0}^{\infty}\frac{\binom{2k}{k}}{(2k+1)^3 16^k}\left(72\sum_{j=0}^{k}\frac{(-1)^j}{(2j+1)^2}-\frac{(-1)^k}{(2k+1)^2}\right)$$
$$=\frac{7}{3}\pi^3G+\frac{17}{40}\pi^2\zeta(3),\tag{1.55}$$

$$\sum_{k=0}^{\infty}\frac{\binom{2k}{k}}{(2k+1)^3 16^k}\left(\sum_{j=0}^{k}\frac{33}{(2j+1)^3}+\frac{8}{(2k+1)^3}\right)$$

$$=\frac{245}{216}\pi^3\zeta(3)-\frac{49}{144}\pi\zeta(5). \tag{1.56}$$

Remark (a) I announced (1.1) ~ (1.6) first by several messages to Number Theory Mailing List during March-April in 2010. My conjectural identity (1.2) was confirmed in [G] via applying a Barnes-integrals strategy of the WZ-method. In 2012 Kh. Hessami Pilehrood and T. Hessami Pilehrood [HP] proved my conjectural identity (1.4) by means of the Hurwitz zeta function. (1.1), (1.3) and (1.5) were recently confirmed by J. Guillera and M. Rogers [GR]. (1.9) was discovered on August 12, 2014. It is known that $\sum_{k=1}^{\infty}\frac{(-1)^{k-1}}{k^3\binom{2k}{k}}=\frac{2}{5}\zeta(3)$. A combination of (1.10) and (1.11) yields $\sum_{k=1}^{\infty}\frac{3H_k-\frac{1}{k}}{k^2\binom{2k}{k}}=\zeta(3)$ for which Mathematica 9 could yield a "proof" after running the FullSimplify command half an hour (see http://math.nju.edu.cn/~zwsun/zeta(3).txt for my detailed report). Combining (1.10) ~ (1.12) we find exact values of

$$\sum_{k=1}^{\infty}\frac{1}{k^3\binom{2k}{k}},\quad \sum_{k=1}^{\infty}\frac{H_k}{k^2\binom{2k}{k}}\text{ and }\sum_{k=1}^{\infty}\frac{H_{2k}}{k^2\binom{2k}{k}}.$$

Note that S. Ramanujan (cf. [BJ]) discovered that

$$\sum_{k=0}^{\infty}\frac{\binom{2k}{k}}{(2k+1)^2 8^k}=\frac{\pi}{4\sqrt{2}}\log 2+\frac{G}{\sqrt{2}}$$

and

$$\sum_{k=0}^{\infty}\frac{\binom{2k}{k}}{(2k+1)^2 16^k}=\frac{3\sqrt{3}}{4}K.$$

In 1985 I. J. Zucker [Z] proved the following remarkable identities:

$$\sum_{k=1}^{\infty}\frac{1}{k^3\binom{2k}{k}}=\frac{\sqrt{3}}{2}\pi K-\frac{4}{3}\zeta(3),$$

$$\sum_{k=1}^{\infty}\frac{1}{k^5\binom{2k}{k}}=\frac{9\sqrt{3}}{8}\pi L+\frac{\pi^2}{9}\zeta(3)-\frac{19}{3}\zeta(5),$$

$$\sum_{k=0}^{\infty}\frac{\binom{2k}{k}}{(2k+1)^3 16^k}=\frac{7}{216}\pi^3,$$

$$\sum_{k=0}^{\infty}\frac{\binom{2k}{k}}{(2k+1)^4 16^k}=\frac{\pi\zeta(3)}{12}+\frac{27\sqrt{3}}{64}L.$$

Also,(1.19) could be yielded by Mathematica 9 but it lacks a readable human proof. Concerning (1.20) and (1.21),we remark that (cf. [S15])

$$\sum_{k=1}^{\infty}\frac{L_{2k}}{k^2\binom{2k}{k}}=\frac{\pi^2}{5}$$

and

$$\sum_{k=1}^{\infty}\frac{v_k}{k^2\binom{2k}{k}}=\frac{2}{5}\pi^2.$$

(b) L. van Hamme [vH] investigated corresponding p-adic congruences for certain hypergeometric series involving the Gamma function or $\pi=\Gamma\left(\frac{1}{2}\right)^2$. Almost all of my conjectural series were motivated by their p-adic analogues that I found first. For example, (1.9) was motivated by my conjectural congruences

$$\sum_{k=1}^{p-1}\frac{\binom{4k}{2k+1}\binom{2k}{k}}{48^k}\equiv\frac{5}{12}p^2B_{p-2}\left(\frac{1}{3}\right)\pmod{p^3}$$

and

$$p^2\sum_{k=1}^{p-1}\frac{48^k}{k(2k-1)\binom{4k}{2k}\binom{2k}{k}}\equiv 4\left(\frac{p}{3}\right)+4p\pmod{p^2}$$

for any prime $p>3$, where $B_{p-2}(x)$ denotes the Bernoulli polynomial of degree $p-2$. Also, (1.31) and (1.43) are related to my conjectural congruences

$$\sum_{k=1}^{p-1}\frac{H_k^{(3)}}{k^2\binom{2k}{k}}\equiv\frac{29}{45}B_{p-5}\pmod{p},$$

$$\sum_{k=1}^{p-1}\frac{\binom{2k}{k}}{k}H_{k-1}^{(3)}\equiv\frac{2}{45}pB_{p-5}\pmod{p^2},$$

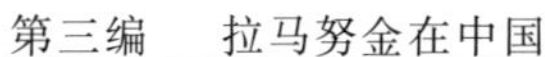

$$\sum_{k=0}^{\frac{p-3}{2}} \frac{\binom{2k}{k}}{(2k+1)16^k} \sum_{j=0}^{k} \frac{1}{(2j+1)^3}$$
$$\equiv \frac{7}{180}\left(\frac{-1}{p}\right) pB_{p-5} \pmod{p^2},$$

where p is any prime greater than 3. The reader may consult [S], [S11], [S13b], [S14a], [S14b], [S14c] and [S15] for many other congruences related to my conjectural series.

§ 2 Various Series for $\frac{1}{\pi}$

Conjecture 2 (ⅰ)([S13b]) Set

$$a_n(x) = \sum_{k=0}^{n} \binom{n}{k}^2 \binom{n+k}{k} x^{n-k} \quad (n=0,1,2,\cdots).$$

Then we have

$$\sum_{k=0}^{\infty} \frac{13k+4}{96^k} \binom{2k}{k} a_k(-8) = \frac{9\sqrt{2}}{2\pi}, \qquad (2.1)$$

$$\sum_{k=0}^{\infty} \frac{290k+61}{1152^k} \binom{2k}{k} a_k(-32) = \frac{99\sqrt{2}}{\pi}, \qquad (2.2)$$

$$\sum_{k=0}^{\infty} \frac{962k+137}{3840^k} \binom{2k}{k} a_k(64) = \frac{252\sqrt{5}}{\pi}. \qquad (2.3)$$

(ⅱ)(Z. W. Sun [S14c]) For $n=0,1,2,\cdots$ define

$$S_n^{(1)}(x) = \sum_{k=0}^{n} \binom{n}{k} \binom{2k}{k} \binom{2n-2k}{n-k} x^{n-k},$$

$$S_n^{(2)}(x) = \sum_{k=0}^{n} \binom{2k}{k}^2 \binom{2n-2k}{n-k} x^{n-k}.$$

Then we have

$$\sum_{k=0}^{\infty}\frac{12k+1}{400^k}\binom{2k}{k}S_k^{(1)}(16)=\frac{25}{\pi},\qquad(2.4)$$

$$\sum_{k=0}^{\infty}\frac{10k+1}{(-384)^k}\binom{2k}{k}S_k^{(1)}(-16)=\frac{8\sqrt{6}}{\pi},\qquad(2.5)$$

$$\sum_{k=0}^{\infty}\frac{170k+37}{(-3584)^k}\binom{2k}{k}S_k^{(1)}(64)=\frac{64\sqrt{14}}{3\pi},\qquad(2.6)$$

$$\sum_{k=0}^{\infty}\frac{476k+103}{(3600)^k}\binom{2k}{k}S_k^{(1)}(-64)=\frac{225}{\pi},\qquad(2.7)$$

$$\sum_{k=0}^{\infty}\frac{140k+19}{4624^k}\binom{2k}{k}S_k^{(1)}(64)=\frac{289}{3\pi},\qquad(2.8)$$

$$\sum_{k=0}^{\infty}\frac{1\,190k+163}{(-4608)^k}\binom{2k}{k}S_k^{(1)}(-64)=\frac{576\sqrt{2}}{\pi},\qquad(2.9)$$

$$\sum_{k=0}^{\infty}\frac{k-1}{72^k}\binom{2k}{k}S_k^{(2)}(4)=\frac{9}{\pi},\qquad(2.10)$$

$$\sum_{k=0}^{\infty}\frac{4k+1}{(-192)^k}\binom{2k}{k}S_k^{(2)}(4)=\frac{\sqrt{3}}{\pi},\qquad(2.11)$$

$$\sum_{k=0}^{\infty}\frac{k-2}{100^k}\binom{2k}{k}S_k^{(2)}(6)=\frac{50}{3\pi},\qquad(2.12)$$

$$\sum_{k=0}^{\infty}\frac{k}{(-192)^k}\binom{2k}{k}S_k^{(2)}(-8)=\frac{3}{2\pi},\qquad(2.13)$$

$$\sum_{k=0}^{\infty}\frac{6k-1}{256^k}\binom{2k}{k}S_k^{(2)}(12)=\frac{8\sqrt{3}}{\pi},\qquad(2.14)$$

$$\sum_{k=0}^{\infty}\frac{17k-224}{(-225)^k}\binom{2k}{k}S_k^{(2)}(-14)=\frac{1800}{\pi},\qquad(2.15)$$

$$\sum_{k=0}^{\infty}\frac{15k-256}{289^k}\binom{2k}{k}S_k^{(2)}(18)=\frac{2312}{\pi},\qquad(2.16)$$

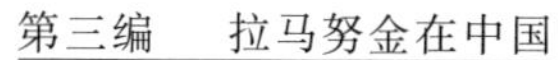

$$\sum_{k=0}^{\infty} \frac{20k-11}{(-576)^k}\binom{2k}{k}S_k^{(2)}(-32)=\frac{90}{\pi}, \quad (2.17)$$

$$\sum_{k=0}^{\infty} \frac{10k+1}{(-1536)^k}\binom{2k}{k}S_k^{(2)}(-32)=\frac{3\sqrt{6}}{\pi}, \quad (2.18)$$

$$\sum_{k=0}^{\infty} \frac{3k-2}{640^k}\binom{2k}{k}S_k^{(2)}(36)=\frac{5\sqrt{10}}{\pi}, \quad (2.19)$$

$$\sum_{k=0}^{\infty} \frac{12k+1}{1600^k}\binom{2k}{k}S_k^{(2)}(36)=\frac{75}{8\pi}, \quad (2.20)$$

$$\sum_{k=0}^{\infty} \frac{24k+5}{3136^k}\binom{2k}{k}S_k^{(2)}(-60)=\frac{49\sqrt{3}}{8\pi}, \quad (2.21)$$

$$\sum_{k=0}^{\infty} \frac{14k+3}{(-3072)^k}\binom{2k}{k}S_k^{(2)}(64)=\frac{6}{\pi}, \quad (2.22)$$

$$\sum_{k=0}^{\infty} \frac{20k-67}{(-3136)^k}\binom{2k}{k}S_k^{(2)}(-192)=\frac{490}{\pi}, \quad (2.23)$$

$$\sum_{k=0}^{\infty} \frac{7k-24}{3200^k}\binom{2k}{k}S_k^{(2)}(196)=\frac{125\sqrt{2}}{\pi}, \quad (2.24)$$

$$\sum_{k=0}^{\infty} \frac{5k-32}{(-6336)^k}\binom{2k}{k}S_k^{(2)}(-392)=\frac{495}{2\pi}, \quad (2.25)$$

$$\sum_{k=0}^{\infty} \frac{66k-427}{6400^k}\binom{2k}{k}S_k^{(2)}(396)=\frac{1000\sqrt{11}}{\pi}, \quad (2.26)$$

$$\sum_{k=0}^{\infty} \frac{34k-7}{(-18432)^k}\binom{2k}{k}S_k^{(2)}(-896)=\frac{54\sqrt{2}}{\pi}, \quad (2.27)$$

$$\sum_{k=0}^{\infty} \frac{24k-5}{18496^k}\binom{2k}{k}S_k^{(2)}(900)=\frac{867}{16\pi}. \quad (2.28)$$

Remark (ⅰ) Those $a_n(1)$ $(n=0,1,2,\cdots)$ were first introduced by R. Apéry in his study of the irrationality of $\zeta(2)$ and $\zeta(3)$. Identities related to the form $\sum_{k=0}^{\infty}(bk+c)\binom{2k}{k}\frac{a_k(1)}{m^k}=\frac{C}{\pi}$ were first studied by T. Sato in 2002.

(ii) I introduced the polynomials $S_n^{(1)}(x)$ and $S_n^{(2)}(x)$ during March 27-28, 2011. (2.4) ~ (2.23) and (2.24) ~ (2.28) were discovered during March 27-31, 2011 and Jan. 23-24, 2012 respectively. By Mathematica, we have

$$S_n^{(1)}(-1)=\begin{cases}\binom{n}{n/2}^2 & \text{if } 2\mid n,\\ 0 & \text{if } 2\nmid n.\end{cases}$$

I also noted that

$$S_n^{(1)}(1)=\sum_{k=0}^{\lfloor\frac{n}{2}\rfloor}\binom{n}{2k}\binom{2k}{k}^2 4^{n-2k}.$$

Identities of the form

$$\sum_{n=0}^{\infty}\frac{bn+c}{m^n}\binom{2n}{n}\sum_{k=0}^{\lfloor\frac{n}{2}\rfloor}\binom{n}{2k}\binom{2k}{k}^2 4^{n-2k}=\frac{C}{\pi}$$

were recently investigated in [CC].

(iii) In [S14c] I proved the following three identities via Ramanujan-type series for $\frac{1}{\pi}$ (cf. [B, pp. 353-354])

$$\sum_{k=0}^{\infty}\frac{k}{128^k}\binom{2k}{k}S_k^{(2)}(4)=\frac{\sqrt{2}}{\pi},$$

$$\sum_{k=0}^{\infty}\frac{8k+1}{576^k}\binom{2k}{k}S_k^{(2)}(4)=\frac{9}{2\pi},$$

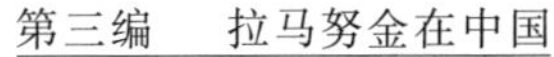

$$\sum_{k=0}^{\infty}\frac{8k+1}{(-4\,032)^k}\binom{2k}{k}S_k^{(2)}(4)=\frac{9\sqrt{7}}{8\pi}.$$

In December 2011 A. Meurman [M] confirmed my conjectural (2.10).

Conjecture 3 (i) (Discovered on April 1, 2011) Set

$$W_n(x):=\sum_{k=0}^{n}\binom{n+k}{2k}^2\binom{2k}{k}^2\binom{2n-2k}{n-k}x^{-(n+k)}$$

$$(n=0,1,2,\cdots).$$

Then

$$\sum_{k=0}^{\infty}(8k+3)W_k(-8)=\frac{28\sqrt{3}}{9\pi},\tag{3.1}$$

$$\sum_{k=0}^{\infty}(8k+1)W_k(12)=\frac{26\sqrt{3}}{3\pi},\tag{3.2}$$

$$\sum_{k=0}^{\infty}(24k+7)W_k(-16)=\frac{8\sqrt{3}}{\pi},\tag{3.3}$$

$$\sum_{k=0}^{\infty}(360k+51)W_k(20)=\frac{210\sqrt{3}}{\pi},\tag{3.4}$$

$$\sum_{k=0}^{\infty}(21k+5)W_k(-28)=\frac{63\sqrt{2}}{8\pi},\tag{3.5}$$

$$\sum_{k=0}^{\infty}(7k+1)W_k(32)=\frac{11\sqrt{2}}{3\pi},\tag{3.6}$$

$$\sum_{k=0}^{\infty}(195k+31)W_k(-100)=\frac{275\sqrt{6}}{8\pi},\tag{3.7}$$

$$\sum_{k=0}^{\infty}(39k+5)W_k(104)=\frac{91\sqrt{6}}{12\pi},\tag{3.8}$$

$$\sum_{k=0}^{\infty}(2856k+383)W_k(-196)=\frac{637\sqrt{3}}{\pi},\tag{3.9}$$

$$\sum_{k=0}^{\infty}(14280k+1681)W_k(200)=\frac{3350\sqrt{3}}{\pi}. \tag{3.10}$$

(ⅱ) (Discovered during April 7-10, 2011 and Oct. 6-7, 2012; (3.18), (3.24) ~ (3.25) and (3.28) appeared in [S13b]) Define

$$f_n^+(x):=\sum_{k=0}^{n}\binom{n}{k}^2\binom{2k}{n}x^{2k-n}$$

and

$$f_n^-(x):=\sum_{k=0}^{n}\binom{n}{k}^2\binom{2k}{n}(-1)^k x^{2k-n}$$

for $n=0,1,2,\cdots$. Then

$$\sum_{k=0}^{\infty}\frac{19k+3}{240^k}\binom{2k}{k}f_k^+(6)=\frac{35\sqrt{6}}{4\pi}, \tag{3.11}$$

$$\sum_{k=0}^{\infty}\frac{135k+8}{289^k}\binom{2k}{k}f_k^+(14)=\frac{6\ 647}{14\pi}, \tag{3.12}$$

$$\sum_{k=0}^{\infty}\frac{297k+41}{2\ 800^k}\binom{2k}{k}f_k^+(14)=\frac{325\sqrt{14}}{8\pi}, \tag{3.13}$$

$$\sum_{k=0}^{\infty}\frac{770k+79}{576^k}\binom{2k}{k}f_k^+(21)=\frac{468\sqrt{7}}{\pi}, \tag{3.14}$$

$$\sum_{k=0}^{\infty}\frac{209627k+22921}{46800^k}\binom{2k}{k}f_k^+(36)=\frac{58275\sqrt{26}}{4\pi}, \tag{3.15}$$

$$\sum_{k=0}^{\infty}\frac{322k+41}{2304^k}\binom{2k}{k}f_k^+(45)=\frac{3456\sqrt{7}}{35\pi}, \tag{3.16}$$

$$\sum_{k=0}^{\infty}\frac{205868k+18903}{439280^k}\binom{2k}{k}f_k^+(76)=\frac{1112650\sqrt{19}}{81\pi}, \tag{3.17}$$

$$\sum_{k=0}^{\infty}\frac{8851815k+1356374}{(-29584)^k}\binom{2k}{k}f_k^+(175)=\frac{1349770\sqrt{7}}{\pi},\tag{3.18}$$

$$\sum_{k=0}^{\infty}\frac{12980k-2303}{5616^k}\binom{2k}{k}f_k^+(300)=\frac{34398\sqrt{3}}{\pi},\tag{3.19}$$

$$\sum_{k=0}^{\infty}\frac{1391k+21}{28880^k}\binom{2k}{k}f_k^+(1156)=\frac{229957\sqrt{10}}{324\pi},\tag{3.20}$$

$$\sum_{k=0}^{\infty}\frac{68572k-34329}{20400^k}\binom{2k}{k}f_k^+(1176)=\frac{82450\sqrt{51}}{\pi},\tag{3.21}$$

$$\sum_{k=0}^{\infty}\frac{930886k-159493}{243360^k}\binom{2k}{k}f_k^+(12321)=\frac{5636826\sqrt{95}}{19\pi},\tag{3.22}$$

$$\sum_{k=0}^{\infty}\frac{182k+51}{48^k}\binom{2k}{k}f_k^-\left(\frac{15}{16}\right)=\frac{552}{5\pi},\tag{3.23}$$

$$\sum_{k=0}^{\infty}\frac{1054k+233}{480^k}\binom{2k}{k}f_k^-(8)=\frac{520}{\pi},\tag{3.24}$$

$$\sum_{k=0}^{\infty}\frac{224434k+32849}{5760^k}\binom{2k}{k}f_k^-(18)=\frac{93600}{\pi},\tag{3.25}$$

$$\sum_{k=0}^{\infty}\frac{170k+41}{(-48)^k}\binom{2k}{k}f_k^-\left(\frac{9}{8}\right)=\frac{78\sqrt{6}}{\pi},\tag{3.26}$$

$$\sum_{k=0}^{\infty}\frac{15470k+1063}{(-288)^k}\binom{2k}{k}f_k^-\left(\frac{225}{16}\right)=\frac{37044\sqrt{2}}{\pi}.\tag{3.27}$$

(ⅲ) ([S13b]) Define $g_n(x)=\sum_{k=0}^{n}\binom{n}{k}^2\binom{2k}{k}x^k$ for $n=0,1,2,\cdots$. Then

$$\sum_{k=0}^{\infty}\frac{16k+5}{18^{2k}}\binom{2k}{k}g_k(-20)=\frac{189}{25\pi}. \quad (3.28)$$

We also have

$$\sum_{n=0}^{\infty}\frac{21n+1}{64^n}\sum_{k=0}^{n}\binom{n}{k}\binom{2k}{n}\binom{2k}{k}\binom{2n-2k}{n-k}3^{2k-n}=\frac{64}{\pi}. \quad (3.29)$$

Remark (a) As May 20 is the day for Nanjing University, I offered \$520 (520 US dollars) for the first correct proof of (3.24). Later, M. Rogers and A. Straub [RS] won the prize, and they also discussed other series in Conjecture 3(ⅱ).

(b) For $n=0,1,2,\cdots$ define

$$f_n(x):=\sum_{k=0}^{n}\binom{n}{k}^2\binom{2k}{n}x^k$$
$$=\sum_{k=0}^{n}\binom{n}{k}\binom{2k}{k}\binom{k}{n-k}x^k.$$

Then

$$f_n(1)=\sum_{k=0}^{n}\binom{n}{k}^3,\quad f_n^+(x)=x^{-n}f_n(x^2)$$

and

$$f_n^-(x)=x^{-n}f_n(-x^2).$$

By [S16], $\sum_{k=0}^{n}\binom{n}{k}(-1)^k((-1)^k f_k(x))=g_n(x)$.

Thus, by the technique in Section 5, each of (3.11) ~ (3.27) has an equivalent form in term of

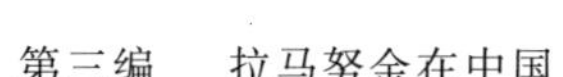

$g_k(x)$. Below are equivalent versions of (3.11) ~ (3.15), (3.17) ~ (3.18) and (3.24) ~ (3.25):

$$\sum_{k=0}^{\infty}\frac{720k+113}{38^{2k}}\binom{2k}{k}g_k(36)=\frac{2527\sqrt{15}}{12\pi},\tag{3.11$'$}$$

$$\sum_{k=0}^{\infty}\frac{17k+1}{4050^{k}}\binom{2k}{k}g_k(196)=\frac{15525}{98\sqrt{7}\pi},\tag{3.12$'$}$$

$$\sum_{k=0}^{\infty}\frac{3920k+541}{198^{2k}}\binom{2k}{k}g_k(196)=\frac{42471}{8\sqrt{7}\pi},\tag{3.13$'$}$$

$$\sum_{k=0}^{\infty}\frac{2352k+241}{110^{2k}}\binom{2k}{k}g_k(441)=\frac{39325}{6\sqrt{3}\pi},\tag{3.14$'$}$$

$$\sum_{k=0}^{\infty}\frac{18139680k+1983409}{1298^{2k}}\binom{2k}{k}g_k(1296)=\frac{109091059}{12\sqrt{2}\pi},\tag{3.15$'$}$$

$$\sum_{k=0}^{\infty}\frac{944607040k+86734691}{5778^{2k}}\binom{2k}{k}g_k(5776)=\frac{1071111195\sqrt{95}}{38\pi},\tag{3.17$'$}$$

$$\sum_{k=0}^{\infty}\frac{35819000k+5488597}{(-5177196)^{k}}\binom{2k}{k}g_k(30625)=\frac{3315222\sqrt{19}}{\pi},\tag{3.18$'$}$$

$$\sum_{k=0}^{\infty}\frac{5440k+1201}{62^{2k}}\binom{2k}{k}g_k(-64)=\frac{12493\sqrt{15}}{18\pi},\tag{3.24$'$}$$

$$\sum_{k=0}^{\infty} \frac{1505520k + 220333}{322^{2k}} \binom{2k}{k} g_k(-324)$$

$$= \frac{1684865\sqrt{5}}{6\pi}. \tag{3.25'}$$

Note that [CTYZ] contains some series for $\frac{1}{\pi}$ involving $f_k = f_k(1)$ or $g_k = g_k(1)$.

(c) Observe that

$$\sum_{k=0}^{n} \binom{n}{k} \binom{2k}{n} \binom{2k}{k} \binom{2n-2k}{n-k} (-1)^{n-k}$$

$$= \sum_{k=0}^{n} \binom{n}{k}^2 \binom{2k}{k} \binom{2n-2k}{n-k},$$

which can be proved by obtaining the same recurrence relation for both sides via the Zeilberger algorithm.

Conjecture 4 (Discovered during April 23-25 and May 7-16, 2011). (i) We have

$$\sum_{n=0}^{\infty} \frac{8n+1}{9^n} \sum_{k=0}^{n} \binom{-\frac{1}{3}}{k}^2 \binom{-\frac{2}{3}}{n-k}^2 = \frac{3\sqrt{3}}{\pi}, \tag{4.1}$$

$$\sum_{n=0}^{\infty} \frac{(2n-1)(-3)^n}{16^n} \sum_{k=0}^{n} \binom{2k}{k} \binom{2(n-k)}{n-k} \binom{-\frac{1}{3}}{k} \binom{-\frac{2}{3}}{n-k}$$

$$= \frac{16}{\sqrt{3}\pi}, \tag{4.2}$$

$$\sum_{n=0}^{\infty} \frac{10n+3}{16^n} \sum_{k=0}^{n} \binom{2k}{k} \binom{2(n-k)}{n-k} \binom{-\frac{1}{3}}{k} \binom{-\frac{2}{3}}{n-k}$$

$$= \frac{16\sqrt{3}}{5\pi}, \tag{4.3}$$

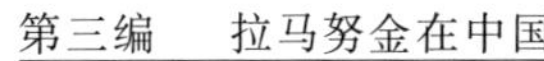

$$\sum_{n=0}^{\infty} \frac{8n+1}{(-20)^n} \sum_{k=0}^{n} \binom{2k}{k} \binom{2(n-k)}{n-k} \binom{-\frac{1}{3}}{k} \binom{-\frac{2}{3}}{n-k}$$

$$=\frac{4\sqrt{3}}{\pi}, \tag{4.4}$$

$$\sum_{n=0}^{\infty} \frac{168n+29}{108^n} \sum_{k=0}^{n} \binom{2k}{k} \binom{2(n-k)}{n-k} \binom{-\frac{1}{3}}{k} \binom{-\frac{2}{3}}{n-k}$$

$$=\frac{324\sqrt{3}}{7\pi}, \tag{4.5}$$

$$\sum_{n=0}^{\infty} \frac{162n+23}{(-112)^n} \sum_{k=0}^{n} \binom{2k}{k} \binom{2(n-k)}{n-k} \binom{-\frac{1}{3}}{k} \binom{-\frac{2}{3}}{n-k}$$

$$=\frac{48\sqrt{3}}{\pi}. \tag{4.6}$$

Also,

$$\sum_{n=0}^{\infty} \frac{(n-2)(-2)^n}{9^n} \sum_{k=0}^{n} \binom{2k}{k} \binom{2(n-k)}{n-k} \binom{-\frac{1}{4}}{k} \binom{-\frac{3}{4}}{n-k}$$

$$=\frac{6\sqrt{3}}{\pi}, \tag{4.7}$$

$$\sum_{n=0}^{\infty} \frac{16n+5}{12^n} \sum_{k=0}^{n} \binom{2k}{k} \binom{2(n-k)}{n-k} \binom{-\frac{1}{4}}{k} \binom{-\frac{3}{4}}{n-k} = \frac{8}{\pi}, \tag{4.8}$$

$$\sum_{n=0}^{\infty} \frac{12n+1}{(-16)^n} \sum_{k=0}^{n} \binom{2k}{k} \binom{2(n-k)}{n-k} \binom{-\frac{1}{4}}{k} \binom{-\frac{3}{4}}{n-k} = \frac{32}{3\pi}, \tag{4.9}$$

and

$$\sum_{n=0}^{\infty}\frac{(81n+32)8^n}{49^n}\sum_{k=0}^{n}\binom{2k}{k}\binom{2(n-k)}{n-k}\begin{bmatrix}-\frac{1}{4}\\k\end{bmatrix}\begin{bmatrix}-\frac{3}{4}\\n-k\end{bmatrix}$$

$$=\frac{14\sqrt{7}}{\pi},\tag{4.10}$$

$$\sum_{n=0}^{\infty}\frac{n(-8)^n}{81^n}\sum_{k=0}^{n}\binom{2k}{k}\binom{2(n-k)}{n-k}\begin{bmatrix}-\frac{1}{4}\\k\end{bmatrix}\begin{bmatrix}-\frac{3}{4}\\n-k\end{bmatrix}$$

$$=\frac{5}{4\pi}?\tag{4.11}$$

$$\sum_{n=0}^{\infty}\frac{324n+43}{320^n}\sum_{k=0}^{n}\binom{2k}{k}\binom{2(n-k)}{n-k}\begin{bmatrix}-\frac{1}{4}\\k\end{bmatrix}\begin{bmatrix}-\frac{3}{4}\\n-k\end{bmatrix}$$

$$=\frac{128}{\pi},\tag{4.12}$$

$$\sum_{n=0}^{\infty}\frac{320n+39}{(-324)^n}\sum_{k=0}^{n}\binom{2k}{k}\binom{2(n-k)}{n-k}\begin{bmatrix}-\frac{1}{4}\\k\end{bmatrix}\begin{bmatrix}-\frac{3}{4}\\n-k\end{bmatrix}$$

$$=\frac{648}{5\pi}.\tag{4.13}$$

(ⅱ) We have

$$\sum_{n=0}^{\infty}\frac{3n-1}{2^n}\sum_{k=0}^{n}\begin{bmatrix}-\frac{1}{3}\\k\end{bmatrix}\begin{bmatrix}-\frac{2}{3}\\n-k\end{bmatrix}\begin{bmatrix}-\frac{1}{6}\\k\end{bmatrix}\begin{bmatrix}-\frac{5}{6}\\n-k\end{bmatrix}=\frac{3\sqrt{6}}{2\pi}.\tag{4.14}$$

If we set

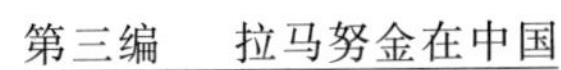

$$a_n = \sum_{k=0}^{n} (-1)^k \binom{-\frac{1}{3}}{k}^2 \binom{-\frac{2}{3}}{n-k}$$

$$= \sum_{k=0}^{n} (-1)^k \binom{-\frac{2}{3}}{k}^2 \binom{-\frac{1}{3}}{n-k}$$

$$= \frac{(-4)^n}{\binom{2n}{n}} \sum_{k=0}^{n} \binom{-\frac{2}{3}}{k} \binom{-\frac{1}{3}}{n-k} \binom{-\frac{1}{6}}{k} \binom{-\frac{5}{6}}{n-k},$$

then

$$\sum_{n=0}^{\infty} \frac{3n-2}{(-5)^n} \binom{2n}{n} a_n = \frac{3\sqrt{15}}{\pi}, \tag{4.15}$$

$$\sum_{n=0}^{\infty} \frac{32n+1}{(-100)^n} 9^n \binom{2n}{n} a_n = \frac{50}{\sqrt{3}\pi}, \tag{4.16}$$

$$\sum_{n=0}^{\infty} \frac{81n+13}{50^n} \binom{2n}{n} a_n = \frac{75\sqrt{3}}{4\pi}, \tag{4.17}$$

$$\sum_{n=0}^{\infty} \frac{96n+11}{(-68)^n} \binom{2n}{n} a_n = \frac{6\sqrt{51}}{\pi}, \tag{4.18}$$

$$\sum_{n=0}^{\infty} \frac{15n+2}{121^n} \binom{2n}{n} a_n = \frac{363\sqrt{15}}{250\pi}, \tag{4.19}$$

$$\sum_{n=0}^{\infty} \frac{160n+17}{(-324)^n} \binom{2n}{n} a_n = \frac{16}{\sqrt{3}\pi}, \tag{4.20}$$

$$\sum_{n=0}^{\infty} \frac{6144n+527}{(-4100)^n} \binom{2n}{n} a_n = \frac{150\sqrt{123}}{\pi}, \tag{4.21}$$

$$\sum_{n=0}^{\infty} \frac{1500000n+87659}{(-1000004)^n} \binom{2n}{n} a_n = \frac{16854\sqrt{267}}{\pi}. \tag{4.22}$$

(ⅲ) For $n=0,1,2,\cdots$ set

$$b_n = \sum_{k=0}^{n} (-1)^k \binom{-\frac{1}{4}}{k}^2 \binom{-\frac{3}{4}}{n-k}$$
$$= \sum_{k=0}^{n} (-1)^k \binom{-\frac{3}{4}}{k}^2 \binom{-\frac{1}{4}}{n-k}$$
$$= \frac{(-4)^n}{\binom{2n}{n}} \sum_{k=0}^{n} \binom{-\frac{1}{8}}{k} \binom{-\frac{5}{8}}{k} \binom{-\frac{3}{8}}{n-k} \binom{-\frac{7}{8}}{n-k}.$$

Then

$$\sum_{n=0}^{\infty} \frac{16n+1}{(-20)^n} \binom{2n}{n} b_n = \frac{4\sqrt{5}}{\pi}, \tag{4.23}$$

$$\sum_{n=0}^{\infty} \frac{(3n-1)4^n}{(-25)^n} \binom{2n}{n} b_n = \frac{25}{3\sqrt{3}\pi}, \tag{4.24}$$

$$\sum_{n=0}^{\infty} \frac{6n+1}{32^n} \binom{2n}{n} b_n = \frac{8\sqrt{6}}{9\pi}, \tag{4.25}$$

$$\sum_{n=0}^{\infty} \frac{81n+23}{49^n} 8^n \binom{2n}{n} b_n = \frac{49}{2\pi}, \tag{4.26}$$

$$\sum_{n=0}^{\infty} \frac{192n+19}{(-196)^n} \binom{2n}{n} b_n = \frac{196}{3\pi}, \tag{4.27}$$

and

$$\sum_{n=0}^{\infty} \frac{162n+17}{320^n} \binom{2n}{n} b_n = \frac{16\sqrt{10}}{\pi}, \tag{4.28}$$

$$\sum_{n=0}^{\infty} \frac{1296n+113}{(-1300)^n} \binom{2n}{n} b_n = \frac{100\sqrt{13}}{\pi}, \tag{4.29}$$

$$\sum_{n=0}^{\infty} \frac{4802n+361}{9600^n} \binom{2n}{n} b_n = \frac{800\sqrt{2}}{\pi}, \tag{4.30}$$

$$\sum_{n=0}^{\infty} \frac{162n+11}{39200^n} \binom{2n}{n} b_n = \frac{19600}{121\sqrt{22}\pi}. \tag{4.31}$$

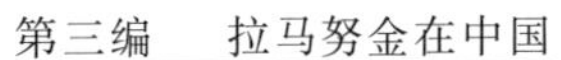

(iv) For $n=1,2,\cdots$ set

$$c_n := \sum_{k=0}^{n}(-1)^k \binom{-\frac{1}{6}}{k}^2 \binom{-\frac{5}{6}}{n-k}$$

$$= \sum_{k=0}^{n}(-1)^k \binom{-\frac{5}{6}}{k}^2 \binom{-\frac{1}{6}}{n-k}$$

$$= \frac{(-4)^n}{\binom{2n}{n}} \sum_{k=0}^{n} \binom{-\frac{1}{12}}{k} \binom{-\frac{7}{12}}{k} \binom{-\frac{5}{12}}{n-k} \binom{-\frac{11}{12}}{n-k}$$

Then we have

$$\sum_{n=0}^{\infty} \frac{125n+13}{121^n} \binom{2n}{n} c_n = \frac{121}{2\sqrt{3}\pi}, \tag{4.32}$$

$$\sum_{n=0}^{\infty} \frac{(125n-8)16^n}{(-189)^n} \binom{2n}{n} c_n = \frac{27\sqrt{7}}{\pi}, \tag{4.33}$$

$$\sum_{n=0}^{\infty} \frac{(125n+24)27^n}{392^n} \binom{2n}{n} c_n = \frac{49}{\sqrt{2}\pi}, \tag{4.34}$$

$$\sum_{n=0}^{\infty} \frac{512n+37}{(-2052)^n} \binom{2n}{n} c_n = \frac{27\sqrt{19}}{\pi}, \tag{4.35}$$

$$\sum_{n=0}^{\infty} \frac{(512n+39)27^n}{(-2156)^n} \binom{2n}{n} c_n = \frac{49\sqrt{11}}{\pi}, \tag{4.36}$$

$$\sum_{n=0}^{\infty} \frac{(1331n+109)2^n}{1323^n} \binom{2n}{n} c_n = \frac{1323}{4\pi}. \tag{4.37}$$

Remark (i) I [S11a] proved the following three identities:

$$\sum_{n=0}^{\infty} \frac{n}{4^n} \sum_{k=0}^{n} \binom{-\frac{1}{4}}{k}^2 \binom{-\frac{3}{4}}{n-k}^2 = \frac{4\sqrt{3}}{9\pi},$$

$$\sum_{n=0}^{\infty}\frac{9n+2}{(-8)^n}\sum_{k=0}^{n}\binom{-\frac{1}{4}}{k}^2\binom{-\frac{3}{4}}{n-k}^2=\frac{4}{\pi},$$

$$\sum_{n=0}^{\infty}\frac{9n+1}{64^n}\sum_{k=0}^{n}\binom{-\frac{1}{4}}{k}^2\binom{-\frac{3}{4}}{n-k}^2=\frac{64}{7\sqrt{7}\pi}.$$

On May 15, 2011 I observed that if $x+y+1=0$ then

$$\sum_{k=0}^{n}(-1)^k\binom{x}{k}^2\binom{y}{n-k}=\sum_{k=0}^{n}(-1)^k\binom{y}{k}^2\binom{x}{n-k},$$

which can be easily proved since both sides satisfy the same recurrence relation by the Zeilberger algorithm. Also,

$$\sum_{k=0}^{n}\binom{-\frac{1}{3}}{k}\binom{-\frac{2}{3}}{n-k}\binom{-\frac{1}{6}}{k}\binom{-\frac{5}{6}}{n-k}=\sum_{k=0}^{n}\binom{n}{k}\binom{2k}{k}\frac{a_k}{4^k},$$

$$\sum_{k=0}^{n}\binom{-\frac{1}{8}}{k}\binom{-\frac{3}{8}}{k}\binom{-\frac{5}{8}}{n-k}\binom{-\frac{7}{8}}{n-k}=\sum_{k=0}^{n}\binom{n}{k}\binom{2k}{k}\frac{b_k}{4^k},$$

$$\sum_{k=0}^{n}\binom{-\frac{1}{12}}{k}\binom{-\frac{5}{12}}{k}\binom{-\frac{7}{12}}{n-k}\binom{-\frac{11}{12}}{n-k}$$
$$=\sum_{k=0}^{n}\binom{n}{k}\binom{2k}{k}\frac{c_k}{4^k}.$$

Thus, each of (4.15) ~ (4.37) has an equivalent form since

$$\sum_{n=0}^{\infty}\frac{bn+c}{m^n}\sum_{k=0}^{n}\binom{n}{k}(-1)^k f(k)$$

$$=\frac{m}{(m-1)^2}\sum_{k=0}^{\infty}\frac{bmk+b+(m-1)c}{(1-m)^k}f(k)$$

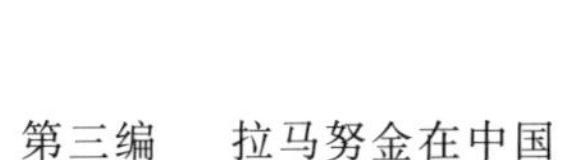

if both series in the equality converge absolutely. For example, (4.22) holds if and only if

$$\sum_{n=0}^{\infty}\frac{16854n+985}{(-250000)^n}\sum_{k=0}^{n}\binom{-\frac{1}{3}}{k}\binom{-\frac{2}{3}}{n-k}\binom{-\frac{1}{6}}{k}\binom{-\frac{5}{6}}{n-k}$$

$$=\frac{4500000}{89\sqrt{267}\,\pi}.$$

(ii) (4.1) and (4.14) appeared as conjectures in [S13b]. In December 2011 G. Almkvist and A. Aycock released the preprint [AA] in which they proved all the conjectured formulas in Conj. 4 except (4.14), with the right-hand side of (4.11) corrected as $\frac{162}{49\sqrt{7}\,\pi}$.

Conjecture 5 (Z. W. Sun [S14c]) Define

$$s_n(x):=\sum_{k=0}^{n}\binom{n}{k}\binom{n+2k}{2k}\binom{2k}{k}x^{-(n+k)} \text{ for } n=0,1,2,\cdots.$$

Then

$$\sum_{k=0}^{\infty}(7k+2)\binom{2k}{k}s_k(-9)=\frac{9\sqrt{3}}{5\pi}, \qquad (5.1)$$

$$\sum_{k=0}^{\infty}(9k+2)\binom{2k}{k}s_k(-20)=\frac{4}{\pi}, \qquad (5.2)$$

$$\sum_{k=0}^{\infty}(95k+13)\binom{2k}{k}s_k(36)=\frac{18\sqrt{15}}{\pi}, \qquad (5.3)$$

$$\sum_{k=0}^{\infty}(310k+49)\binom{2k}{k}s_k(-64)=\frac{32\sqrt{15}}{\pi}, \qquad (5.4)$$

$$\sum_{k=0}^{\infty}(495k+53)\binom{2k}{k}s_k(196)=\frac{70\sqrt{7}}{\pi}, \quad (5.5)$$

$$\sum_{k=0}^{\infty}(13685k+1474)\binom{2k}{k}s_k(-324)=\frac{1944\sqrt{5}}{\pi}, \quad (5.6)$$

$$\sum_{k=0}^{\infty}(3245k+268)\binom{2k}{k}s_k(1296)=\frac{1215}{\sqrt{2}\pi}, \quad (5.7)$$

$$\sum_{k=0}^{\infty}(6420k+443)\binom{2k}{k}s_k(5776)=\frac{1292\sqrt{95}}{9\pi}. \quad (5.8)$$

Also,

$$\sum_{n=0}^{\infty}\frac{357n+103}{2160^n}\binom{2n}{n}\sum_{k=0}^{n}\binom{n}{k}\binom{n+2k}{2k}\binom{2k}{k}(-324)^{n-k}=\frac{90}{\pi}, \quad (5.9)$$

$$\sum_{n=0}^{\infty}\frac{n}{3645^n}\binom{2n}{n}\sum_{k=0}^{n}\binom{n}{k}\binom{n+2k}{2k}\binom{2k}{k}486^{n-k}=\frac{10}{3\pi}. \quad (5.10)$$

Remark (5.1) ~ (5.9) and (5.10) were discovered during June 16 ~ 17, 2011 and on Jan. 18, 2012 respectively. I would like to offer \$90 for the first rigorous proof of (5.9) (which first appeared in Conjecture 1.7 of [S13b]), and \$105 for the first complete proof of my following related conjecture: For any prime $p>5$, we have

$$\sum_{n=0}^{p-1}\frac{357n+103}{2160^n}\binom{2n}{n}\sum_{k=0}^{n}\binom{n}{k}\binom{n+2k}{2k}\binom{2k}{k}(-324)^{n-k}$$

$$\equiv p\left(\frac{-1}{p}\right)\left(54+49\left(\frac{p}{15}\right)\right)\pmod{p^2},$$

and

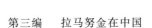

$$\sum_{n=0}^{p-1}\frac{\binom{2n}{n}}{2\,160^n}\sum_{k=0}^{n}\binom{n}{k}\binom{n+2k}{2k}\binom{2k}{k}(-324)^{n-k}$$

$$\equiv\begin{cases}4x^2-2p \pmod{p^2} \\ \text{if}\left(\frac{-1}{p}\right)=\left(\frac{p}{3}\right)=\left(\frac{p}{5}\right)=\left(\frac{p}{7}\right)=1,\ p=x^2+105y^2; \\ 2x^2-2p \pmod{p^2} \\ \text{if}\left(\frac{-1}{p}\right)=\left(\frac{p}{7}\right)=1,\ \left(\frac{p}{3}\right)=\left(\frac{p}{5}\right)=-1,\ 2p=x^2+105y^2; \\ 2p-12x^2 \pmod{p^2} \\ \text{if}\left(\frac{-1}{p}\right)=\left(\frac{p}{3}\right)=\left(\frac{p}{5}\right)=\left(\frac{p}{7}\right)=-1,\ p=3x^2+35y^2; \\ 2p-6x^2 \pmod{p^2} \\ \text{if}\left(\frac{-1}{p}\right)=\left(\frac{p}{7}\right)=-1,\ \left(\frac{p}{3}\right)=\left(\frac{p}{5}\right)=1,\ 2p=3x^2+35y^2; \\ 20x^2-2p \pmod{p^2} \\ \text{if}\left(\frac{-1}{p}\right)=\left(\frac{p}{5}\right)=1,\ \left(\frac{p}{3}\right)=\left(\frac{p}{7}\right)=-1,\ p=5x^2+21y^2; \\ 10x^2-2p \pmod{p^2} \\ \text{if}\left(\frac{-1}{p}\right)=\left(\frac{p}{3}\right)=1,\ \left(\frac{p}{5}\right)=\left(\frac{p}{7}\right)=-1,\ 2p=5x^2+21y^2; \\ 28x^2-2p \pmod{p^2} \\ \text{if}\left(\frac{-1}{p}\right)=\left(\frac{p}{5}\right)=-1,\ \left(\frac{p}{3}\right)=\left(\frac{p}{7}\right)=1,\ p=7x^2+15y^2; \\ 14x^2-2p \pmod{p^2} \\ \text{if}\left(\frac{-1}{p}\right)=\left(\frac{p}{3}\right)=-1,\ \left(\frac{p}{5}\right)=\left(\frac{p}{7}\right)=1,\ 2p=7x^2+15y^2; \\ 0 \pmod{p^2} \\ \text{if}\left(\frac{-105}{p}\right)=-1.\end{cases}$$

(Note that the imaginary quadratic field $\mathbf{Q}(\sqrt{-105})$ has class number eight.) In fact, for all series for $\frac{1}{\pi}$ that I found, I had such conjectures on congruences. See [S13b] for my philosophy about series for $\frac{1}{\pi}$.

Conjecture 6 (i) ([S13b]) We have

$$\sum_{n=0}^{\infty}\frac{114n+31}{26^{2n}}\binom{2n}{n}\sum_{k=0}^{n}\binom{n}{k}^2\binom{n+k}{k}(-27)^k=\frac{338\sqrt{3}}{11\pi}, \tag{6.1}$$

$$\sum_{n=0}^{\infty}\frac{930n+143}{28^{2n}}\binom{2n}{n}\sum_{k=0}^{n}\binom{n}{k}^2\binom{n+k}{k}27^k=\frac{980\sqrt{3}}{\pi}. \tag{6.2}$$

(ii) ((6.3) ~ (6.7) and (6.8) ~ (6.13) were discovered on Jan. 12, 2012 and Nov. 16, 2014 respectively) Set

$$P_n(x)=\sum_{k=0}^{n}\binom{2k}{k}^2\binom{k}{n-k}x^{n-k}\quad \text{for } n=0,1,2,\cdots.$$

Then we have

$$\sum_{k=0}^{\infty}\frac{14k+3}{8^{2k}}\binom{2k}{k}P_k(-7)=\frac{16\sqrt{7}}{3\pi}, \tag{6.3}$$

$$\sum_{k=0}^{\infty}\frac{255k+56}{13^{2k}}\binom{2k}{k}P_k(14)=\frac{2028}{\sqrt{7}\pi}, \tag{6.4}$$

$$\sum_{k=0}^{\infty}\frac{308k+59}{20^{2k}}\binom{2k}{k}P_k(21)=\frac{250\sqrt{7}}{3\pi}, \tag{6.5}$$

$$\sum_{k=0}^{\infty}\frac{1932k+295}{44^{2k}}\binom{2k}{k}P_k(45)=\frac{363\sqrt{7}}{\pi}, \tag{6.6}$$

$$\sum_{k=0}^{\infty}\frac{890358k+97579}{176^{2k}}\binom{2k}{k}P_k(-175)=\frac{116160\sqrt{7}}{\pi},\tag{6.7}$$

$$\sum_{k=0}^{\infty}\frac{130k+41}{384^k}\binom{2k}{k}P_k(-196)=\frac{112}{\pi},\tag{6.8}$$

$$\sum_{k=0}^{\infty}\frac{46k+13}{(-400)^k}\binom{2k}{k}P_k(196)=\frac{175\sqrt{6}}{9\pi},\tag{6.9}$$

$$\sum_{k=0}^{\infty}\frac{510k+143}{784^k}\binom{2k}{k}P_k(-396)=\frac{294\sqrt{2}}{\pi},\tag{6.10}$$

$$\sum_{k=0}^{\infty}\frac{42k+11}{(-800)^k}\binom{2k}{k}P_k(396)=\frac{75}{2\pi},\tag{6.11}$$

$$\sum_{k=0}^{\infty}\frac{1848054k+309217}{78400^k}\binom{2k}{k}P_k(-39204)=\frac{970200}{\pi},\tag{6.12}$$

$$\sum_{k=0}^{\infty}\frac{171465k+28643}{(-78416)^k}\binom{2k}{k}P_k(39204)=\frac{16731\sqrt{29}}{\pi}.\tag{6.13}$$

(ⅲ) (Z. W. Sun [S14b, (1.8)]) Define

$$s_n=\sum_{k=0}^{n}5^k\binom{2k}{k}^2\binom{2(n-k)}{n-k}^2\Big/\binom{n}{k}\quad\text{for } n=0,1,2,\cdots.$$

Then we have

$$\sum_{k=0}^{\infty}\frac{28k+5}{576^k}\binom{2k}{k}s_k=\frac{9}{\pi}(2+\sqrt{2}).\tag{6.14}$$

Remark (ⅰ) W. Zudilin [Zu] confirmed (6.1) and (6.2).

(ⅱ) (6.14) was discovered on Jan. 14, 2012. It is known that $\binom{n}{k}\mid\binom{2k}{k}\binom{2(n-k)}{n-k}$ for all $k=0,\cdots,$

n. Recall that the Catalan-Larcombe-French numbers $P_0, P_1, \cdots$ are given by

$$P_n = \sum_{k=0}^{n} \frac{\binom{2k}{k}^2 \binom{2(n-k)}{n-k}^2}{\binom{n}{k}} = 2^n P_n(-4)$$

$$= 2^n \sum_{k=0}^{\lfloor \frac{n}{2} \rfloor} \binom{n}{2k} \binom{2k}{k}^2 4^{n-2k}$$

and these numbers satisfy the recurrence relation

$$(k+1)^2 P_{k+1} = (24k(k+1)+8)P_k - 128k^2 P_{k-1} \quad (k=1,2,3,\cdots).$$

Note that

$$\sum_{k=0}^{n} (-1)^k \frac{\binom{2k}{k}^2 \binom{2(n-k)}{n-k}^2}{\binom{n}{k}} = \begin{cases} 4^n \binom{n}{\frac{n}{2}}^2 & \text{if } 2 \mid n, \\ 0 & \text{if } 2 \nmid n. \end{cases}$$

The sequence $\{s_n\}_{n\geqslant 0}$ can also be defined by $s_0 = 1$, $s_1 = 24$, $s_2 = 976$ and the recurrence relation

$$\begin{aligned} &51200(n+1)^2(n+3)s_n \\ &-1920(4n^3+24n^2+46n+29)s_{n+1} \\ &+8(n+2)(41n^2+205n+255)s_{n+2} \\ &-3(n+2)(n+3)^2 s_{n+3} = 0. \end{aligned}$$

A sequence of polynomials $\{P_n(q)\}_{n\geqslant 0}$ with integer coefficients is said to be *q-logconvex* if for each $n = 1,2,3,\cdots$ all the coefficients of the polynomial $P_{n-1}(q)P_{n+1}(q) - P_n(q)^2 \in \mathbf{Z}[q]$ are nonnegative. In view of Conjectures 2 and 3, on May 7, 2011 I conjectured that $\{P_n(q)\}_{n\geqslant 0}$ is q-logconvex

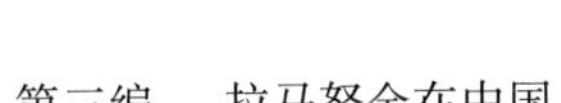

if $P_n(q)$ has one of the following forms:

$$\sum_{k=0}^{n}\binom{n}{k}^2\binom{n+k}{k}q^k,\ \sum_{k=0}^{n}\binom{n}{k}\binom{2k}{k}\binom{2(n-k)}{n-k}q^k,$$

$$\sum_{k=0}^{n}\binom{n}{k}^2\binom{2k}{k}\binom{2(n-k)}{n-k}q^k,\ \sum_{k=0}^{n}\binom{n+k}{2k}\binom{2k}{k}^2\binom{2(n-k)}{n-k}q^k.$$

For polynomials of the third form, this was later confirmed by D. Q. J. Dou and A. X. Y. Ren [DR].

§ 3　Series for $\frac{1}{\pi}$ Involving Generalized Central Trinomial Coefficients

For $b,c\in\mathbf{Z}$ and $n=0,1,2,\cdots$, the *generalized central trinomial coefficient* $T_n(b,c)$ denotes the coefficient of x^n in the expansion of $(x^2+bx+c)^n$. It is easy to see that

$$T_n(b,c)=\sum_{k=0}^{\lfloor\frac{n}{2}\rfloor}\binom{n}{2k}\binom{2k}{k}b^{n-2k}c^k$$

$$=\sum_{k=0}^{\lfloor\frac{n}{2}\rfloor}\binom{n}{k}\binom{n-k}{k}b^{n-2k}c^k$$

An efficient way to compute $T_n(b,c)$ is to use the initial values

$$T_0(b,c)=1,\ T_1(b,c)=b$$

and the recursion

$$(n+1)T_{n+1}(b,c)=(2n+1)bT_n(b,c)-n(b^2-4c)T_{n-1}(b,c)$$
$$(n=1,2,\cdots).$$

In view of the Laplace-Heine asymptotic formula for Legendre polynomials, I [S14a] noted that for any positive reals b and c we have

$$T_n(b,c) \sim \frac{(b+2\sqrt{c})^{\frac{n+1}{2}}}{2\sqrt[4]{c}\sqrt{n\pi}}$$

as $n \to +\infty$. For any real numbers b and $c<0$, I [S14a] conjectured that

$$\lim_{n\to\infty} \sqrt[n]{|T_n(b,c)|} = \sqrt{b^2-4c}$$

which was later confirmed by S. Wagner [Wa].

In Jan. ~ Feb. 2011, I introduced a number of series for $\frac{1}{\pi}$ of the following new types with a,b,c,d,m integers and $mbcd(b^2-4c)$ nonzero.

Type Ⅰ: $\sum_{k=0}^{\infty}(a+dk)\binom{2k}{k}^2\frac{T_k(b,c)}{m^k}$.

Type Ⅱ: $\sum_{k=0}^{\infty}(a+dk)\binom{2k}{k}\binom{3k}{k}\frac{T_k(b,c)}{m^k}$.

Type Ⅲ: $\sum_{k=0}^{\infty}(a+dk)\binom{4k}{2k}\binom{2k}{k}\frac{T_k(b,c)}{m^k}$.

Type Ⅳ: $\sum_{k=0}^{\infty}(a+dk)\binom{2k}{k}^2\frac{T_{2k}(b,c)}{m^k}$.

Type Ⅴ: $\sum_{k=0}^{\infty}(a+dk)\binom{2k}{k}\binom{3k}{k}\frac{T_{3k}(b,c)}{m^k}$.

During October 1 ~ 3, 2011, I introduced two new kinds of series for $\frac{1}{\pi}$:

Type Ⅵ: $\sum_{k=0}^{\infty}(a+dk)\frac{T_k(b,c)^3}{m^k}$,

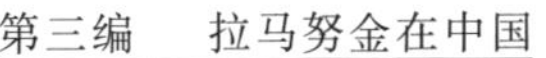

Type Ⅶ: $\sum_{k=0}^{\infty}(a+dk)\binom{2k}{k}\frac{T_k(b,c)^2}{m^k}$,

where a,b,c,d,m are integers and $mbcd(b^2-4c)$ is nonzero.

Recall that a series $\sum_{k=0}^{\infty}a_k$ is said to converge at a geometric rate with ratio r if $\lim_{k\to+\infty}\frac{a_{k+1}}{a_k}=r\in(0,1)$.

Conjecture Ⅰ (Z. W. Sun [S14b]) We have the following identities:

$$\sum_{k=0}^{\infty}\frac{30k+7}{(-256)^k}\binom{2k}{k}^2T_k(1,16)=\frac{24}{\pi}, \qquad (\text{Ⅰ}1)$$

$$\sum_{k=0}^{\infty}\frac{30k+7}{(-1024)^k}\binom{2k}{k}^2T_k(34,1)=\frac{12}{\pi}, \qquad (\text{Ⅰ}2)$$

$$\sum_{k=0}^{\infty}\frac{30k-1}{4096^k}\binom{2k}{k}^2T_k(194,1)=\frac{80}{\pi}, \qquad (\text{Ⅰ}3)$$

$$\sum_{k=0}^{\infty}\frac{42k+5}{4096^k}\binom{2k}{k}^2T_k(62,1)=\frac{16\sqrt{3}}{\pi}. \qquad (\text{Ⅰ}4)$$

Remark The series (Ⅰ1) ~ (Ⅰ4) converge at geometric rates with ratios $-\frac{9}{16}$, $-\frac{9}{16}$, $\frac{49}{64}$, $\frac{1}{4}$ respectively.

Conjecture Ⅱ (Z. W. Sun [S14b]) We have

$$\sum_{k=0}^{\infty}\frac{15k+2}{972^k}\binom{2k}{k}\binom{3k}{k}T_k(18,6)=\frac{45\sqrt{3}}{4\pi}, \qquad (\text{Ⅱ}1)$$

$$\sum_{k=0}^{\infty}\frac{91k+12}{10^{3k}}\binom{2k}{k}\binom{3k}{k}T_k(10,1)=\frac{75\sqrt{3}}{2\pi}, \qquad (\text{Ⅱ}2)$$

$$\sum_{k=0}^{\infty} \frac{15k-4}{18^{3k}} \binom{2k}{k} \binom{3k}{k} T_k(198,1) = \frac{135\sqrt{3}}{2\pi},$$

(Ⅱ3)

$$\sum_{k=0}^{\infty} \frac{42k-41}{30^{3k}} \binom{2k}{k} \binom{3k}{k} T_k(970,1) = \frac{525\sqrt{3}}{\pi},$$

(Ⅱ4)

$$\sum_{k=0}^{\infty} \frac{18k+1}{30^{3k}} \binom{2k}{k} \binom{3k}{k} T_k(730,729) = \frac{25\sqrt{3}}{\pi},$$

(Ⅱ5)

$$\sum_{k=0}^{\infty} \frac{6930k+559}{102^{3k}} \binom{2k}{k} \binom{3k}{k} T_k(102,1) = \frac{1445\sqrt{6}}{2\pi},$$

(Ⅱ6)

$$\sum_{k=0}^{\infty} \frac{222105k+15724}{198^{3k}} \binom{2k}{k} \binom{3k}{k} T_k(198,1) = \frac{114345\sqrt{3}}{4\pi},$$

(Ⅱ7)

$$\sum_{k=0}^{\infty} \frac{390k-3967}{102^{3k}} \binom{2k}{k} \binom{3k}{k} T_k(39202,1) = \frac{56355\sqrt{3}}{\pi},$$

(Ⅱ8)

$$\sum_{k=0}^{\infty} \frac{210k-7157}{198^{3k}} \binom{2k}{k} \binom{3k}{k} T_k(287298,1) = \frac{114345\sqrt{3}}{\pi},$$

(Ⅱ9)

and

$$\sum_{k=0}^{\infty} \frac{45k+7}{24^{3k}} \binom{2k}{k} \binom{3k}{k} T_k(26,729) = \frac{8}{3\pi}(3\sqrt{3}+\sqrt{15}),$$

(Ⅱ10)

$$\sum_{k=0}^{\infty} \frac{9k+2}{(-5400)^k} \binom{2k}{k} \binom{3k}{k} T_k(70,3645) = \frac{15\sqrt{3}+\sqrt{15}}{6\pi},$$

(Ⅱ11)

$$\sum_{k=0}^{\infty}\frac{63k+11}{(-13500)^k}\binom{2k}{k}\binom{3k}{k}T_k(40,1458)$$
$$=\frac{25}{12\pi}(3\sqrt{3}+4\sqrt{6}).\qquad (\text{II}12)$$

Remark The series (II1) ~ (II12) converge at geometric rates with ratios

$$\frac{9+\sqrt{6}}{18},\frac{81}{250},\frac{25}{27},\frac{243}{250},\frac{98}{125},\frac{13}{4913},\frac{25}{35937}$$

$$\frac{9801}{9826},\frac{71825}{71874},\frac{5}{32},-\frac{35+27\sqrt{5}}{100},-\frac{20+27\sqrt{2}}{250}$$

respectively.

Conjecture III (Z. W. Sun [S14b]) We have the following formulae:

$$\sum_{k=0}^{\infty}\frac{85k+2}{66^{2k}}\binom{4k}{2k}\binom{2k}{k}T_k(52,1)=\frac{33\sqrt{33}}{\pi},\qquad (\text{III}1)$$

$$\sum_{k=0}^{\infty}\frac{28k+5}{(-96^2)^k}\binom{4k}{2k}\binom{2k}{k}T_k(110,1)=\frac{3\sqrt{6}}{\pi},\qquad (\text{III}2)$$

$$\sum_{k=0}^{\infty}\frac{40k+3}{112^{2k}}\binom{4k}{2k}\binom{2k}{k}T_k(98,1)=\frac{70\sqrt{21}}{9\pi},\qquad (\text{III}3)$$

$$\sum_{k=0}^{\infty}\frac{80k+9}{264^{2k}}\binom{4k}{2k}\binom{2k}{k}T_k(257,256)=\frac{11\sqrt{66}}{2\pi},\qquad (\text{III}4)$$

$$\sum_{k=0}^{\infty}\frac{80k+13}{(-168^2)^k}\binom{4k}{2k}\binom{2k}{k}T_k(7,4096)$$
$$=\frac{14\sqrt{210}+21\sqrt{42}}{8\pi},\qquad (\text{III}5)$$

and

$$\sum_{k=0}^{\infty}\frac{760k+71}{336^{2k}}\binom{4k}{2k}\binom{2k}{k}T_k(322,1)=\frac{126\sqrt{7}}{\pi},\tag{Ⅲ6}$$

$$\sum_{k=0}^{\infty}\frac{10k-1}{336^{2k}}\binom{4k}{2k}\binom{2k}{k}T_k(1442,1)=\frac{7\sqrt{210}}{4\pi},\tag{Ⅲ7}$$

$$\sum_{k=0}^{\infty}\frac{770k+69}{912^{2k}}\binom{4k}{2k}\binom{2k}{k}T_k(898,1)=\frac{95\sqrt{114}}{4\pi},\tag{Ⅲ8}$$

$$\sum_{k=0}^{\infty}\frac{280k-139}{912^{2k}}\binom{4k}{2k}\binom{2k}{k}T_k(12098,1)=\frac{95\sqrt{399}}{\pi},\tag{Ⅲ9}$$

$$\sum_{k=0}^{\infty}\frac{84370k+6011}{10416^{2k}}\binom{4k}{2k}\binom{2k}{k}T_k(10402,1)=\frac{3689\sqrt{434}}{4\pi},\tag{Ⅲ10}$$

$$\sum_{k=0}^{\infty}\frac{8840k-50087}{10416^{2k}}\binom{4k}{2k}\binom{2k}{k}T_k(1684802,1)=\frac{7378\sqrt{8463}}{\pi},\tag{Ⅲ11}$$

$$\sum_{k=0}^{\infty}\frac{11657240k+732103}{39216^{2k}}\binom{4k}{2k}\binom{2k}{k}T_k(39202,1)=\frac{80883\sqrt{817}}{\pi},\tag{Ⅲ12}$$

$$\sum_{k=0}^{\infty}\frac{3080k-58871}{39216^{2k}}\binom{4k}{2k}\binom{2k}{k}T_k(23990402,1)=\frac{17974\sqrt{2451}}{\pi}.\tag{Ⅲ13}$$

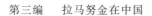

Remark　The series (Ⅲ1) ~ (Ⅲ13) converge at geometric rates with ratios

$$\frac{96}{121},\ -\frac{7}{9},\ \frac{25}{49},\ \frac{289}{1089},\ -\frac{15}{49},\ \frac{9}{49},\ \frac{361}{441}$$

$$\frac{25}{361},\ \frac{3025}{3249},\ \frac{289}{47089},\ \frac{421201}{423801},\ \frac{1089}{667489},\ \frac{5997601}{6007401}$$

respectively. I thank Prof. Qing-Hu Hou (at Nankai University) for helping me check (Ⅲ9) numerically.

Conjecture Ⅳ (Z. W. Sun [S14b])　We have

$$\sum_{k=0}^{\infty}\frac{26k+5}{(-48^2)^k}\binom{2k}{k}^2 T_{2k}(7,1)=\frac{48}{5\pi},\quad (Ⅳ1)$$

$$\sum_{k=0}^{\infty}\frac{340k+59}{(-480^2)^k}\binom{2k}{k}^2 T_{2k}(62,1)=\frac{120}{\pi},\quad (Ⅳ2)$$

$$\sum_{k=0}^{\infty}\frac{13940k+1559}{(-5760^2)^k}\binom{2k}{k}^2 T_{2k}(322,1)=\frac{4320}{\pi},\quad (Ⅳ3)$$

$$\sum_{k=0}^{\infty}\frac{8k+1}{96^{2k}}\binom{2k}{k}^2 T_{2k}(10,1)=\frac{10\sqrt{2}}{3\pi},\quad (Ⅳ4)$$

$$\sum_{k=0}^{\infty}\frac{10k+1}{240^{2k}}\binom{2k}{k}^2 T_{2k}(38,1)=\frac{15\sqrt{6}}{4\pi},\quad (Ⅳ5)$$

$$\sum_{k=0}^{\infty}\frac{14280k+899}{39200^{2k}}\binom{2k}{k}^2 T_{2k}(198,1)=\frac{1155\sqrt{6}}{\pi},\quad (Ⅳ6)$$

$$\sum_{k=0}^{\infty}\frac{120k+13}{320^{2k}}\binom{2k}{k}^2 T_{2k}(18,1)=\frac{12\sqrt{15}}{\pi},\quad (Ⅳ7)$$

$$\sum_{k=0}^{\infty}\frac{21k+2}{896^{2k}}\binom{2k}{k}^2 T_{2k}(30,1)=\frac{5\sqrt{7}}{2\pi},\quad (Ⅳ8)$$

$$\sum_{k=0}^{\infty}\frac{56k+3}{24^{4k}}\binom{2k}{k}^{2}T_{2k}(110,1)=\frac{30\sqrt{7}}{\pi},\quad (\text{Ⅳ}9)$$

$$\sum_{k=0}^{\infty}\frac{56k+5}{48^{4k}}\binom{2k}{k}^{2}T_{2k}(322,1)=\frac{72\sqrt{7}}{5\pi},\quad (\text{Ⅳ}10)$$

$$\sum_{k=0}^{\infty}\frac{10k+1}{2800^{2k}}\binom{2k}{k}^{2}T_{2k}(198,1)=\frac{25\sqrt{14}}{24\pi},\quad (\text{Ⅳ}11)$$

$$\sum_{k=0}^{\infty}\frac{195k+14}{10400^{2k}}\binom{2k}{k}^{2}T_{2k}(102,1)=\frac{85\sqrt{39}}{12\pi},\quad (\text{Ⅳ}12)$$

$$\sum_{k=0}^{\infty}\frac{3230k+263}{46800^{2k}}\binom{2k}{k}^{2}T_{2k}(1298,1)=\frac{675\sqrt{26}}{4\pi},\quad (\text{Ⅳ}13)$$

$$\sum_{k=0}^{\infty}\frac{520k-111}{5616^{2k}}\binom{2k}{k}^{2}T_{2k}(1298,1)=\frac{1326\sqrt{3}}{\pi},\quad (\text{Ⅳ}14)$$

$$\sum_{k=0}^{\infty}\frac{280k-149}{20400^{2k}}\binom{2k}{k}^{2}T_{2k}(4898,1)=\frac{330\sqrt{51}}{\pi},\quad (\text{Ⅳ}15)$$

$$\sum_{k=0}^{\infty}\frac{78k-1}{28880^{2k}}\binom{2k}{k}^{2}T_{2k}(5778,1)=\frac{741\sqrt{10}}{20\pi},\quad (\text{Ⅳ}16)$$

$$\sum_{k=0}^{\infty}\frac{57720k+3967}{439280^{2k}}\binom{2k}{k}^{2}T_{2k}(5778,1)=\frac{2890\sqrt{19}}{\pi},\quad (\text{Ⅳ}17)$$

$$\sum_{k=0}^{\infty}\frac{1615k-314}{243360^{2k}}\binom{2k}{k}^{2}T_{2k}(54758,1)=\frac{1989\sqrt{95}}{4\pi},\quad (\text{Ⅳ}18)$$

$$\sum_{k=0}^{\infty}\frac{34k+5}{4608^k}\binom{2k}{k}^2 T_{2k}(10,-2)=\frac{12\sqrt{6}}{\pi},$$

(Ⅳ19)

$$\sum_{k=0}^{\infty}\frac{130k+1}{1161216^k}\binom{2k}{k}^2 T_{2k}(238,-14)=\frac{288\sqrt{2}}{\pi},$$

(Ⅳ20)

$$\sum_{k=0}^{\infty}\frac{2380k+299}{(-16629048064)^k}\binom{2k}{k}^2 T_{2k}(9918,-19)=\frac{860\sqrt{7}}{3\pi}.$$

(Ⅳ21)

Remark The series (Ⅳ1) ~ (Ⅳ21) converge at geometric rates with ratios

$$-\frac{9}{16},-\frac{64}{225},-\frac{81}{1600},\frac{1}{4},\frac{4}{9},\frac{1}{2401},\frac{1}{16},\frac{1}{49},\frac{49}{81},$$

$$\frac{81}{256},\frac{4}{49},\frac{1}{625},\frac{1}{81},\frac{625}{729},\frac{2401}{2601},$$

$$\frac{83521}{130321},\frac{1}{361},\frac{1874161}{2313441},\frac{3}{8},\frac{25}{32},-\frac{175}{1849}$$

respectively. I conjecture that (Ⅳ1) ~ (Ⅳ18) have exhausted all identities of the form

$$\sum_{k=0}^{\infty}(a+dk)\frac{\binom{2k}{k}^2 T_{2k}(b,1)}{m^k}=\frac{C}{\pi}$$

with $a, d, m\in\mathbf{Z}$, $b\in\{1,3,4,\cdots\}$, $d>0$, and C^2 positive and rational.

Conjecture Ⅴ (Z. W. Sun [S14b]) We have the formula

$$\sum_{k=0}^{\infty}\frac{1638k+277}{(-240)^{3k}}\binom{2k}{k}\binom{3k}{k}T_{3k}(62,1)=\frac{44\sqrt{105}}{\pi}.$$

(Ⅴ1)

Remark The series (Ⅴ1) converges at a geometric rate with ratio $-\frac{64}{125}$.

Note that [CWZ1] contains complete proofs of (Ⅰ2),(Ⅰ4),(Ⅱ1),(Ⅱ11),(Ⅲ3) and (Ⅲ5). Also, a detailed proof of (Ⅳ4) was given in [WZ]. The most crucial parts of such proofs involve modular equations, so (in my opinion) a complete proof should contain all the details involving modular equation.

Conjecture Ⅵ (Z. W. Sun [S14b]) We have the following formulae:

$$\sum_{k=0}^{\infty}\frac{66k+17}{(2^{11}3^{3})^{k}}T_{k}^{3}(10,11^{2})=\frac{540\sqrt{2}}{11\pi},\qquad (Ⅵ1)$$

$$\sum_{k=0}^{\infty}\frac{126k+31}{(-80)^{3k}}T_{k}^{3}(22,21^{2})=\frac{880\sqrt{5}}{21\pi},\qquad (Ⅵ2)$$

$$\sum_{k=0}^{\infty}\frac{3990k+1147}{(-288)^{3k}}T_{k}^{3}(62,95^{2})=\frac{432}{95\pi}(195\sqrt{14}+94\sqrt{2}).\qquad (Ⅵ3)$$

Remark The series (Ⅵ1) ~ (Ⅵ3) converge at geometric rates with ratios

$$\frac{16}{27},\ -\frac{64}{125},\ -\frac{343}{512}$$

respectively. I would like to offer $300 as the prize for the person (not joint authors) who can provide first rigorous proofs of all the three identities (Ⅵ1) ~ (Ⅵ3).

Conjecture Ⅶ (Z. W. Sun [S14b]) We have the following formulae:

$$\sum_{k=0}^{\infty}\frac{221k+28}{450^k}\binom{2k}{k}T_k^2(6,2)=\frac{2700}{7\pi},\quad (\text{Ⅷ}1)$$

$$\sum_{k=0}^{\infty}\frac{24k+5}{28^{2k}}\binom{2k}{k}T_k^2(4,9)=\frac{49}{9\pi}(\sqrt{3}+\sqrt{6}),$$

(Ⅷ2)

$$\sum_{k=0}^{\infty}\frac{560k+71}{22^{2k}}\binom{2k}{k}T_k^2(5,1)=\frac{605\sqrt{7}}{3\pi},\quad (\text{Ⅷ}3)$$

$$\sum_{k=0}^{\infty}\frac{3696k+445}{46^{2k}}\binom{2k}{k}T_k^2(7,1)=\frac{1587\sqrt{7}}{2\pi},$$

(Ⅷ4)

$$\sum_{k=0}^{\infty}\frac{56k+19}{(-108)^k}\binom{2k}{k}T_k^2(3,-3)=\frac{9\sqrt{7}}{\pi},\quad (\text{Ⅷ}5)$$

$$\sum_{k=0}^{\infty}\frac{450296k+53323}{(-5177196)^k}\binom{2k}{k}T_k^2(171,-171)$$

$$=\frac{113535\sqrt{7}}{2\pi},\quad (\text{Ⅷ}6)$$

$$\sum_{k=0}^{\infty}\frac{2800512k+435257}{434^{2k}}\binom{2k}{k}T_k^2(73,576)$$

$$=\frac{10406669}{2\sqrt{6}\pi}.\quad (\text{Ⅷ}7)$$

Remark　The series (Ⅷ1) ~ (Ⅷ7) converge at geometric rates with ratios

$$\frac{88+48\sqrt{2}}{225},\frac{25}{49},\frac{49}{121},\frac{81}{529},-\frac{7}{9},-\frac{175}{7569},\frac{14641}{47089}$$

respectively. W. Zudilin [Zu] discussed (Ⅷ1) and (Ⅷ2) ~ (Ⅷ6) with the help of S. Cooper's work [Co].

§ 4 Historical Notes on the 61 Series in Section 3

I discovered most of those conjectural series for $\frac{1}{\pi}$ in Section 3 during Jan. and Feb. in 2011. Series of type Ⅵ and Ⅶ were introduced in October 2011. All my conjectural series in Section 2 came from a combination of my philosophy, intuition, inspiration, experience and computation.

In the evening of Jan. 1, 2011 I figured out the asymptotic behavior of $T_n(b, c)$ with b and c positive. (Few days later I learned the Laplace-Heine asymptotic formula for Legendre polynomials and hence knew that my conjectural main term of $T_n(b, c)$ as $n \to +\infty$ is indeed correct.)

The story of new series for $\frac{1}{\pi}$ began with (Ⅰ1) which was found in the early morning of Jan. 2, 2011 immediately after I waked up in bed. On Jan. 4 I announced this via a message to Number Theory Mailing List as well as the initial version of [S14b] posted to arxiv. In the subsequent two weeks I communicated with some experts on π-series and wanted to know whether they could prove my conjectural (Ⅰ1). On Jan. 20, it seemed clear that series like (Ⅰ1) could not be easily proved by the current known methods used to establish

Ramanujan-type series for $\frac{1}{\pi}$.

Then, I discovered (Ⅱ1) on Jan. 21 and (Ⅲ3) on Jan. 29. On Feb. 2 I found (Ⅳ1) and (Ⅳ4). Then, I discovered (Ⅳ2) on Feb. 5. When I waked up in the early morning of Feb. 6, I suddenly realized a (conjectural) criterion for the existence of series for $\frac{1}{\pi}$ of type Ⅳ with $c=1$. Based on this criterion, I found (Ⅳ3),(Ⅳ5) ~ (Ⅳ10) and (Ⅳ12) on Feb. 6, (Ⅳ11) on Feb. 7, (Ⅳ13) on Feb. 8, (Ⅳ14) ~ (Ⅳ16) on Feb. 9, and (Ⅳ17) on Feb. 10. On Feb. 14 I discovered (Ⅰ2) ~ (Ⅰ4) and (Ⅲ4). I found the sophisticated (Ⅲ5) on Feb. 15. As for series of type Ⅳ, I discovered the largest example (Ⅳ18) on Feb. 16, and conjectured that (Ⅳ1) ~ (Ⅳ18) in Conj. Ⅳ have exhausted all those series for $\frac{1}{\pi}$ of type Ⅳ with $c=1$. On Feb. 18 I found (Ⅱ2), (Ⅱ5) ~ (Ⅱ7), (Ⅱ10) and (Ⅱ12).

On Feb. 21 I informed many experts on π-series (including Gert Almkvist) my list of the 34 conjectural series for $\frac{1}{\pi}$ of types Ⅰ ~ Ⅳ and predicted that there are totally about 40 such series. On Feb. 22 I found (Ⅱ11) and (Ⅱ3) ~ (Ⅱ4); on the same day, motivated by my conjectural (Ⅱ2), (Ⅱ5) ~ (Ⅱ7), (Ⅱ10) and (Ⅱ12) discovered on Feb 18, G. Almkvist found the following two series of type Ⅱ that I missed:

$$\sum_{k=0}^{\infty}\frac{42k+5}{18^{3k}}\binom{2k}{k}\binom{3k}{k}T_k(18,1)=\frac{54\sqrt{3}}{5\pi}\quad (A1)$$

and

$$\sum_{k=0}^{\infty}\frac{66k+7}{30^{3k}}\binom{2k}{k}\binom{3k}{k}T_k(30,1)=\frac{50\sqrt{2}}{3\pi}.\quad (A2)$$

On Feb. 22, Almkvist also pointed out that my conjectural identity (Ⅱ2) can be used to compute an arbitrary decimal digit of $\frac{\sqrt{3}}{\pi}$ without computing the earlier digits.

On Feb. 23 I discovered (Ⅴ1), which is the unique example of series for $\frac{1}{\pi}$ of type Ⅴ that I can find.

On Feb. 25 and Feb. 26, I found (Ⅱ8) and (Ⅱ9) respectively. These two series converge very slowly.

On August 11, I discovered (Ⅲ6) ~ (Ⅲ9) that I missed during Jan. ~ Feb. (Ⅲ10) ~ (Ⅲ13) were found by me on Sept. 21, 2011. Note that (Ⅲ13) converges very slow.

On Oct. 1, I discovered (Ⅵ2) and (Ⅵ3), then I found (Ⅵ1) on the next day.

I figured out (Ⅶ1) ~ (Ⅶ4), (Ⅶ5) and (Ⅶ6) on Oct. 3, 4 and 5 respectively. On Oct. 13, 2011 I discovered (Ⅶ7).

On Oct. 16 James Wan informed me the

preprints [CWZ1] and [WZ] on my conjectural series of types Ⅰ ~ Ⅴ. I admit that these two papers contain complete proofs of (Ⅰ2), (Ⅰ4), (Ⅱ1), (Ⅱ11), (Ⅲ3), (Ⅲ5) and (Ⅳ4). Note also that [CWZ2] was motivated by the authors' study of my conjectural (Ⅲ5).

On Oct. 7, 2012, I found (Ⅳ19) ~ (Ⅳ21) which involve $T_{2k}(b, c)$ with $c < 0$.

My paper [S14b] containing the 61 series in Section 3 was finally published in 2014.

§5 A Technique for Producing more Series for $\frac{1}{\pi}$

For a sequence $a_0, a_1, a_2, \cdots$ of complex numbers, define

$$a_n^* = \sum_{k=0}^{n}\binom{n}{k}(-1)^k a_k \quad \text{for all } n \in \mathbf{N} = \{0, 1, 2, \cdots\}$$

and call $\{a_n^*\}_{n\in\mathbf{N}}$ the dual sequence of $\{a_n\}_{n\in\mathbf{N}}$. It is well known that $(a_n^*)^* = a_n$ for all $n \in \mathbf{N}$.

There are many series for $\frac{1}{\pi}$ of the form

$$\sum_{k=0}^{\infty}(bk+c)\frac{\binom{2k}{k}a_k}{m^k} = \frac{C}{\pi}$$

where a_k, b, c, C and $m \neq 0$ are real numbers (see Sections 2 ~ 3 for many such series). On March 10, 2011, I realized that if $|m-4| > 4$ then

$$\sum_{n=0}^{\infty}(bmn+2b+(m-4)c)\frac{\binom{2n}{n}a_n^*}{(4-m)^n}$$

$$=(m-4)\sqrt{\frac{m-4}{m}}\sum_{k=0}^{\infty}(bk+c)\frac{\binom{2k}{k}a_k}{m^k}. \tag{5.1}$$

(For the reason, see [S14c, Section 1].) Thus, if $m>8$ or $m<0$ then

$$\sum_{k=0}^{\infty}(bk+c)\frac{\binom{2k}{k}a_k}{m^k}=\frac{C}{\pi}$$

$$\Rightarrow\sum_{k=0}^{\infty}(bmk+2b+(m-4)c)\frac{\binom{2k}{k}a_k^*}{(4-m)^k}$$

$$=\frac{(m-4)C}{\pi}\sqrt{\frac{m-4}{m}}. \tag{5.2}$$

Example Let $a_n=\binom{2n}{n}T_n(1,16)$ for all $n\in\mathbf{N}$. Then

$$a_n^*=\sum_{k=0}^{n}\binom{n}{k}\binom{2k}{k}(-1)^kT_k(1,16) \text{ for } n=0,1,2,\cdots.$$

Thus, by (5.2), the identity (I1) in Section 3 implies that

$$\sum_{k=0}^{\infty}(48k+11)\frac{\binom{2k}{k}a_k^*}{260^k}=\frac{39\sqrt{65}}{8\pi}.$$

References

[AA]　ALMKVIST G, AYCOCK A. Proof of some conjectural formulas for $\frac{1}{\pi}$ by Z. W. Sun, preprint, arXiv:1112.3259.

[B]　BERNDT B C. Ramanujan's Notebooks: Part Ⅳ. New York: Springer, 1994.

[BJ]　BERNDT B C, JOSHI P T. Chapter 9 of Ramanujan's Second Notebook: Infinite Series Identities, Transformations, and Evaluations. Amer. Math. Soc., 1983.

[CC]　CHAN H H, COOPER S. Rational analogues of Ramanujan's series for $\frac{1}{\pi}$. Math. Proc. Cambridge Philos. Soc., 2012, 153: 361-383.

[CTYZ]　CHAN H H, TANIGAWA Y, YANG Y, et al. New analogues of Clausen's identities arising from the theory of modular forms. Adv. in Math., 2011, 228: 1294-1314.

[CWZ1]　CHAN H H, WAN J, ZUDILIN W. Legendre polynomials and Ramanujan-type series for $\frac{1}{\pi}$. Israel J. Math., 2013, 194: 183-207.

[CWZ2]　CHAN H H, WAN J, ZUDILIN W. Complex series for $\frac{1}{\pi}$. Ramanujan J., 2012, 29:

135-144.

[Co] COOPER S. Sporadic sequences, modular forms and new series for $\frac{1}{\pi}$. Ramanujan J., 2012, 29:163-183.

[DR] DOU D Q J, REN A X Y. On the q-log-convexity conjecture of Sun. Utilitas Math., to appear.

[G] GUILLERA J. WZ-proofs of "divergent" Ramanujan-type series, in: Advances in Combinatorics (eds. Kotsireas I, Zima E). Springer, 2013:187-195.

[GR] GUILLERA J, ROGERS M. Ramanujan series upside-down. J. Austral. Math. Soc., 2014, 97:78-106.

[HP] HESSAMI PILEHROOD K, HESSAMI PILEHROOD T. Bivariate identities for values of the Hurwitz zeta function and supercongruences. Electron. J. Combin., 2012, 18: #P35, 30pp.

[M] MEURMAN A. A class of slowly converging series for $\frac{1}{\pi}$, preprint, arXiv:1112.3259, Appendix.

[RS] ROGERS M, STRAUB A. A solution of Sun's $520 challenge concerning $\frac{520}{\pi}$. Int. J. Number Theory, 2013, 9: 1273-1288.

[S] SUN Z W. Open conjectures on congruences, preprint, arXiv:0911.5665.

[S11] SUN Z W. Super congruences and Euler numbers. Sci. China Math., 2011, 54: 2509-2535.

[S13a] SUN Z W. Products and sums divisible by central binomial coefficients. Electron. J. Combin., 2013, 20(1): #P9, 1-14.

[S13b] SUN Z W. Conjectures and results on x^2 mod p^2 with $4p = x^2 + dy^2$, in: Y. Ouyang, C. Xing, F. Xu and P. Zhang (eds.), Number Theory and Related Area, Adv. Lect. Math., Vol. 27, Higher Education Press & International Press, Beijing-Boston, 2013, pp. 149-197.

[S14a] SUN Z W. p-adic congruences motivated by series. J. Number Theory, 2014, 134:181-196.

[S14b] SUN Z W. On sums related to central binomial and trinomial coefficients, in: M. B. Nathanson (ed.), Combinatorial and Additive Number Theory: CANT 2011 and 2012, Springer Proc. in Math. & Stat., Vol. 101, Springer, New York, 2014, pp. 257-312.

[S14c] SUN Z W. Some new series for $\frac{1}{\pi}$ and related congruences. Nanjing Univ. J. Math. Biquarterly, 2014, 131(2):150-164.

[S15] SUN Z W. New series for some special values of L-functions. Nanjing Univ. J. Math. Biquarterly, 2015, 32(2):189-218. See also arXiv:1010.4298v6.

[S16] SUN Z W. Congruences involving $g_n(x)=\sum_{k=0}^{n}\binom{n}{k}^2\binom{2k}{k}$. Ramanujan J., 2016, 40(3):511-533. See also arXiv:1407.0967.

[vH] VAN HAMME L. Some conjectures concerning partial sums of generalized hypergeometric series, in: p-adic Functional Analysis (Nijmegen, 1996), pp. 223-236, Lecture Notes in Pure and Appl. Math., Vol. 192, Dekker, 1997.

[Wa] WAGNER S. Asymptotics of generalized trinomial coefficients, preprint, arXiv:1205.5402.

[WZ] WAN J, ZUDILIN W. Generating functions of Legendre polynomials: a tribute to Fred Brafman. J. Approx. Theory, 2012, 164:488-503.

[Z] ZUCKER I J. On the series $\sum_{k=1}^{\infty}\binom{2k}{k}^{-1}k^{-n}$ and related sums. J. Number Theory, 1985, 20:92-102.

[Zu] ZUDILIN W. A generating function of the squares of Legendre polynomials. Bull. Austral. Math. Soc., 2014, 89:125-131.

拆数——导出拉马努金的一个积分

第六章

2020年1月黄之教授写了一篇长文.他首先得到了一系列恒等式,并以证明拉马努金的一个积分作为结尾,即

$$\int_0^{\infty}\frac{\mathrm{d}x}{(1+x^2)(1+r^2x^2)(1+r^4x^2)\cdots}$$

$$=\frac{\pi}{2}\cdot\frac{1}{1+r+r^3+r^6+r^{10}+\cdots}$$

它被列举在哈代1936年8月31日的演讲稿上.

为清楚计,举几个拆数为和的例子,即将正整数 n 写成某种要求下的和的方式的数目.例如:

将10写成一些不同奇数(指正的)的和,有几种方法.

$(1+x)(1+x^3)(1+x^5)$ 的展开式里 x^n 前的系数告诉我们有几种方法将 n 写成1,3,5之和(不能重复,可以用一部分,例如只用1,3等).

$(1+x)(1+x^3)^4(1+x^5)^3$ 的展开式中 x^n 的系数则告诉我们有几种方法将 n 写成 1,3,5 之和(其中 1 最多用 1 次,3 最多用 4 次,5 最多用 3 次).

$$\frac{1}{(1-x^2)(1-x^4)}(1+x^5)=\sum x^{2k}\sum x^{4k}(1+x^5)$$

的展开式中 x^n 的系数又告诉我们用至多一个 5 和若干个 2 或者 4 来表示 n 的方法数.(也有可能不用 2 或者 4,求和号内 k 遍历非负整数.)

那么一些非凡的结果,下面将看到来自代数的变形,或者说,如何展开.

结论 1

$$\prod_{k\geqslant 1}\frac{1}{(1-x^{2k-1}z)}=1+\frac{xz}{1-x^2}+\frac{x^2z^2}{(1-x^2)(1-x^4)}+\cdots \tag{1}$$

其中,复数 x 满足 $|x|<1$,而变量 z 则满足 $z\neq x^{-(2k-1)}$,$k=1,2,\cdots$,以下类似的不提.

黄之教授说:其实我不太关心它何时收敛.式(1)是他从所需要的结果里臆想的,可喜的是,它确实是成立的,下面证明它,而本章往后的恒等式都是如同下述证明这样获得的.

证明 令 $F(z)=\prod\limits_{k\geqslant 1}\frac{1}{(1-x^{2k-1}z)}$,再设其幂级数为

$$F(z)=a_0+a_1z+a_2z^2+\cdots$$

其中,系数都是 x 的函数.而

$$F(x^2z)=\frac{1}{(1-x^3z)(1-x^5z)\cdots}$$

故 $F(x^2z)=(1-xz)F(z)$,即

$$a_0+a_1x^2z+a_2x^4z^2+\cdots$$

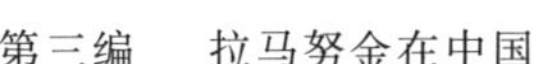

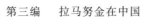

$$=(1-xz)(a_0+a_1z+a_2z^2+\cdots)$$
$$=a_0+(a_1-a_0x)z+(a_2-a_1x)z^2$$

比较系数,得递推式

$$a_1x^2=a_1-a_0x$$
$$a_2x^4=a_2-a_1x$$
$$\vdots$$
$$a_nx^{2n}=a_n-a_{n-1}x,n=1,2,\cdots$$

即

$$a_n=\frac{x}{1-x^{2n}}a_{n-1},n=1,2,\cdots$$

取 $z=0$,显然有 $a_0=1$,故易得

$$a_n=\frac{x^n}{(1-x^2)(1-x^4)\cdots(1-x^{2n})},n=1,2,\cdots$$

证毕.

在(1) 中令 $z=1$,有

$$\prod_{k\geqslant1}\frac{1}{(1-x^{2k-1})}=1+\frac{x}{1-x^2}+\frac{x^2}{(1-x^2)(1-x^4)}+\cdots \tag{2}$$

即

$$\prod_{k\geqslant1}\frac{1}{(1-x^{2k-1})}=1+x\sum x^{2k}+x^2\sum x^{2k}\sum x^{4k}+\cdots \tag{3}$$

式(3) 表明:把 n 写成奇数之和的方法数,等于用 $t\in\mathbf{Z}_+$ 与一些不大于 $2t$ 的偶数之和来表示 n 的方法数(可以不含偶数,这里指正偶数,下文类似的不再申明).例如

$$5=1+1+1+1+1=1+1+3=5$$
$$5=1+(2+2)=3+2=5$$

在此,顺便提一下欧拉的一个经典结果.由于

$$\begin{aligned}&\frac{1}{(1-x)(1-x^3)(1-x^5)\cdots}\\=&\frac{(1-x^2)(1-x^4)(1-x^6)\cdots}{(1-x)(1-x^2)(1-x^3)\cdots}\\=&(1+x)(1+x^2)(1+x^3)\cdots\end{aligned}$$

故

$$\prod_{k\geqslant 1}\frac{1}{(1-x^{2k-1})}=\prod_{k\geqslant 1}(1+x^k)\tag{4}$$

式(4)表明:将 n 写成奇数之和的方法数,等于将 n 写成不同整数之和的方法数.例如

$$5=1+4=2+3=5$$

结论 2

$$\begin{aligned}&\prod_{k\geqslant 1}(1+x^k z)\\=&1+\frac{xz}{1-x}+\frac{x^3z^2}{(1-x)(1-x^2)}+\\&\frac{x^6z^3}{(1-x)(1-x^2)(1-x^3)}+\cdots\end{aligned}\tag{5}$$

其中 0,1,3,6,… 形如$\frac{n(n+1)}{2}$,在初等数论中把这种数称为三角数.

证明 令 $F(z)=\prod\limits_{k\geqslant 1}(1+x^kz)=a_0+a_1z+a_2z^2+\cdots$,则易有

$$F(z)=(1+xz)F(xz)$$

$$\begin{aligned}&a_0+a_1z+a_2z^2+\cdots\\=&a_0+(a_1x+a_0x)z+(a_2x^2+a_1x^2)z^2+\cdots\end{aligned}$$

比较系数得递推关系

$$a_n=a_nx^n+a_{n-1}x^n$$

$$a_n=\frac{x^n}{1-x^n}a_{n-1}$$

由于 $a_0=1$,故易得

$$a_n=\frac{x^{\frac{n(n+1)}{2}}}{(1-x)(1-x^2)\cdots(1-x^n)}$$

证毕.

在式(5)中令 $z=x^{-\frac{1}{2}}$,随后又以 x^2 代替 x,得到

$$\prod_{k\geqslant 1}(1+x^{2k-1})$$
$$=1+\frac{x}{1-x^2}+\frac{x^4}{(1-x^2)(1-x^4)}+$$
$$\frac{x^9}{(1-x^2)(1-x^4)(1-x^6)}+\cdots \tag{6}$$

再将 x 换为 $-x$,得

$$\prod_{k\geqslant 1}(1-x^{2k-1})$$
$$=1-\frac{x}{1-x^2}+\frac{x^4}{(1-x^2)(1-x^4)}-$$
$$\frac{x^9}{(1-x^2)(1-x^4)(1-x^6)}+\cdots \tag{7}$$

式(6)表明:将 n 写成不同奇数之和的方法数,等于用一个平方数 $s^2(s\in\mathbf{Z}_+)$ 和一些不大于 $2s$ 的偶数之和来表示 n 的方法数.例如

$$11=1+3+7=11$$
$$11=1^2+(2+2+2+2+2)=3^2+2$$

在式(5)中,用 $x^{-\frac{1}{2}}z$ 来代替 z,随后又以 x^2 代替 x,有

$$\prod_{k\geqslant 1}(1+x^{2k-1}z)$$
$$=1+\frac{xz}{1-x^2}+\frac{x^4z^2}{(1-x^2)(1-x^4)}+$$
$$\frac{x^9z^3}{(1-x^2)(1-x^4)(1-x^6)}+\cdots \tag{8}$$

以 $-z$ 代替 z，得

$$
\begin{aligned}
&\prod_{k\geqslant 1}(1-x^{2k-1}z)\\
&=1-\frac{xz}{1-x^2}+\frac{x^4z^2}{(1-x^2)(1-x^4)}-\\
&\quad\frac{x^9z^3}{(1-x^2)(1-x^4)(1-x^6)}+\cdots
\end{aligned}
\tag{9}
$$

由式(9) 和式(1)，得

$$
\begin{aligned}
&\left[1-\frac{xz}{1-x^2}+\frac{x^4z^2}{(1-x^2)(1-x^4)}-\right.\\
&\quad\left.\frac{x^9z^3}{(1-x^2)(1-x^4)(1-x^6)}+\cdots\right]\cdot\\
&=\left[1+\frac{xz}{1-x^2}+\frac{x^2z^2}{(1-x^2)(1-x^4)}+\right.\\
&\quad\left.\frac{x^3z^3}{(1-x^2)(1-x^4)(1-x^6)}+\cdots\right]=1
\end{aligned}
$$

再取 $z=1$，得

$$
\begin{aligned}
&\left[1-\frac{x}{1-x^2}+\frac{x^4}{(1-x^2)(1-x^4)}-\right.\\
&\quad\left.\frac{x^9}{(1-x^2)(1-x^4)(1-x^6)}+\cdots\right]\cdot\\
&=\left[1+\frac{x}{1-x^2}+\frac{x^2}{(1-x^2)(1-x^4)}+\right.\\
&\quad\left.\frac{x^3}{(1-x^2)(1-x^4)(1-x^6)}+\cdots\right]=1
\end{aligned}
\tag{10}
$$

式(10) 表明了这样的结论：

(1) 将 n 表为一个平方数 $s^2(s\in\mathbf{Z}_+)$ 与一些不大于 $2s$ 的偶数之和的方法数记为 $M(n)$；

(2) 将 n 表为一个整数 $t(t\in\mathbf{Z}_+)$ 与一些不大于 $2t$ 的偶数之和的方法数记为 $N(n)$.

例如

$$9=1^2+(2+2+2+2)=3^2$$

$$M(9)=2$$

$$\begin{aligned}9&=1+(2+2+2+2)\\&=3+(2+2+2)\\&=3+(2+4)\\&=3+6\\&=5+(2+2)\\&=5+4\\&=7+2\\&=9\end{aligned}$$

$$N(9)=8$$

并规定 $M(0)=N(0)=1$，则对任意的 $m\in\mathbf{Z}_+$，有

$$\sum_{i+j=m,i,j\geqslant 0}(-1)^i M(i)N(j)=0$$

结论 3　一个能产生很多恒等式的经典结果

$$\left[1+\frac{x}{(1-x)(1-xz)}+\frac{x^2}{(1-x)(1-x^2)(1-xz)(1-x^2z)}+\cdots\right]\cdot\prod_{k\geqslant 1}(1-zx^k)=\frac{1-xz+x^3z^2-x^6z^3+x^{10}z^4-\cdots}{\prod_{k\geqslant 1}(1-x^k)}\tag{11}$$

证明　令

$$F(z)=1+\frac{x}{(1-x)(1-xz)}+\frac{x^2}{(1-x)(1-x^2)(1-xz)(1-x^2z)}+\cdots$$

则

$$F(zx)=1+\frac{x}{(1-x)(1-x^2z)}+\frac{x^2}{(1-x)(1-x^2)(1-x^2z)(1-x^3z)}+\cdots$$

容易得到

$$\begin{aligned}
&F(z)-F(zx)\\
=&\frac{x\cdot xz(1-x)}{(1-x)(1-xz)(1-x^2z)}+\frac{x^2\cdot xz(1-x^2)}{(1-x)(1-x^2)(1-xz)(1-x^2z)(1-x^3z)}+\cdots\\
=&\frac{x^2z}{(1-xz)(1-x^2z)}+\frac{x^3z}{(1-x)(1-xz)(1-x^2z)(1-x^3z)}+\cdots\\
=&\frac{x^2z}{(1-xz)(1-x^2z)}\left[1+\frac{x}{(1-x)(1-x^3z)}+\cdots\right]
\end{aligned}$$

即

$$\begin{aligned}
&F(z)-F(zx)\\
=&\frac{x^2z}{(1-xz)(1-x^2z)}F(zx^2)
\end{aligned}$$

再定义函数

$$G(z)=F(z)\prod_{k\geqslant 1}(1-zx^k)$$

设

$$G(z)=a_0+a_1z+a_2z^2+a_3z^3+\cdots$$

则

$$\begin{aligned}
a_0&=G(0)=F(0)\\
&=1+\frac{x}{1-x}+\frac{x^2}{(1-x)(1-x^2)}+\cdots\\
&=\frac{1}{(1-x)(1-x^2)(1-x^3)\cdots}
\end{aligned}$$

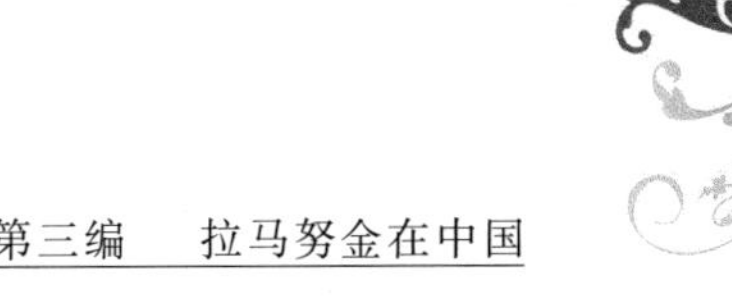

$$
\begin{aligned}
&G(z)-(1-zx)G(zx)\\
&=F(z)\prod_{k\geqslant 1}(1-zx^{k})-(1-zx)F(zx)\prod_{k\geqslant 1}(1-zx^{k+1})\\
&=\left[\prod_{k\geqslant 1}(1-zx^{k})\right]\left[F(z)-F(zx)\right]\\
&=\left[\prod_{k\geqslant 1}(1-zx^{k})\right]\frac{x^{2}z}{(1-xz)(1-x^{2}z)}F(zx^{2})\\
&=zx^{2}F(zx^{2})\prod_{k\geqslant 3}(1-zx^{n})\\
&=zx^{2}G(zx^{2})
\end{aligned}
$$

即

$$G(z)-(1-zx)G(zx)=zx^{2}G(zx^{2})$$

两边展开,得

$$
\begin{aligned}
&(a_0+a_1z+a_2z^2+a_3z^3+\cdots)-\\
&(1-zx)(a_0+a_1xz+a_2x^2z^2+a_3x^3z^3+\cdots)\\
=\ &zx^2(a_0+a_1x^2z+a_2x^4z^2+a_3x^6z^3+\cdots)
\end{aligned}
$$

比较系数,得

$$a_n-(a_nx^n-xa_{n-1}x^{n-1})=x^2a_{n-1}x^{2n-2}$$

则有 $a_n=-a_{n-1}x^n, n\geqslant 1$.

由于

$$a_0=\frac{1}{\prod\limits_{k\geqslant 1}(1-x^k)}$$

由此递推得系数的表达式

$$a_n=\frac{(-1)^n x^{\frac{n(n+1)}{2}}}{\prod\limits_{k\geqslant 1}(1-x^k)}$$

故

$$G(z)=\frac{1-xz+x^3z^2-x^6z^3+x^{10}z^4-\cdots}{\prod\limits_{k\geqslant 1}(1-x^k)}$$

也就是

$$\left[1+\frac{x}{(1-x)(1-xz)}+\frac{x^2}{(1-x)(1-x^2)(1-xz)(1-x^2z)}+\cdots\right]\cdot\prod_{k\geqslant 1}(1-zx^k)$$
$$=\frac{1-xz+x^3z^2-x^6z^3+x^{10}z^4-\cdots}{\prod_{k\geqslant 1}(1-x^k)}$$

证毕.

在式(11) 中令 $z=x^{-\frac{1}{2}}$,随后以 x^2 代替 x,得

$$\left[1+\frac{x^2}{(1-x)(1-x^2)}+\frac{x^4}{(1-x)(1-x^2)(1-x^3)(1-x^4)}+\cdots\right]\cdot\prod_{k\geqslant 1}(1-x^k)$$
$$=1-x+x^4-x^9+\cdots$$

又在式(11) 中令 $z=-1$,得

$$\left[1+\frac{x}{(1-x^2)}+\frac{x^2}{(1-x^2)(1-x^4)}+\cdots\right]\cdot\prod_{k\geqslant 1}(1-x^{2k})$$
$$=1+x+x^3+x^6+x^{10}+\cdots \tag{12}$$

由式(2) 和式(12) 得

$$\frac{\prod_{k\geqslant 1}(1-x^{2k})}{\prod_{k\geqslant 1}(1-x^{2k-1})}=1+x+x^3+x^6+x^{10}+\cdots \tag{13}$$

结合式(4)又可以有

$$\prod_{k\geqslant 1}(1+x^k)=\frac{1+x+x^3+x^6+x^{10}+\cdots}{\prod_{k\geqslant 1}(1-x^{2k})} \tag{14}$$

式(14)表明:将 n 写成不同整数之和的方法数,等于用一个三角数和一些偶数之和来表示 n 的方法数.例如

$$7=1+6=2+5=3+4=1+2+4=7$$

$$\begin{aligned}7&=1+6=1+(2+4)\\&=1+(2+2+2)\\&=3+4=3+(2+2)\end{aligned}$$

用式(10)除以式(12)得

$$\begin{aligned}&\left[1-\frac{x}{1-x^2}+\frac{x^4}{(1-x^2)(1-x^4)}-\right.\\&\left.\frac{x^9}{(1-x^2)(1-x^4)(1-x^6)}+\cdots\right]\cdot\\&\prod_{k\geqslant 1}\frac{1}{(1-x^{2k})}\\=&\frac{1}{1+x+x^3+x^6+x^{10}+\cdots}\end{aligned} \tag{15}$$

结论 4　两个积分

$$\int_0^\infty\frac{\mathrm{d}x}{\prod_{k=1}^{n}(r_k^m x^m+1)}=\frac{\pi}{m\sin\frac{\pi}{m}}\sum_{k=1}^{n}\frac{r_k^{mn-m-1}}{\prod_{i\neq k}(r_k^m-r_i^m)} \tag{16}$$

其中 $m>1$,$r_k(k=1,2,\cdots,n)$ 是 n 个互不相同的正数.另外

$$\int_0^\infty\frac{\mathrm{d}x}{\prod_{k=1}^{n}(x^m+r_k^m)}=\frac{\pi}{m\sin\frac{\pi}{m}}\sum_{k=1}^{n}\frac{1}{r_k^{m-1}\prod_{i\neq k}(r_k^m-r_i^m)} \tag{17}$$

式(16)和式(17)的实质相同,下面只证明式(16).并且在此只需要证明 m 为大于1的整数时的情形,一般情况在此省略.

通过将 $\frac{1}{x^m+1}$ 写成部分分式之和

$$\frac{1}{x^m+1}=\sum_{k=1}^{m}\frac{-m^{-1}\mathrm{e}^{\frac{2k-1}{m}\pi\mathrm{i}}}{x-\mathrm{e}^{\frac{2k-1}{m}\pi\mathrm{i}}}$$

通过复函数(此过程略)得到

$$\int_0^{\infty}\frac{\mathrm{d}x}{x^m+1}=\frac{\pi}{m\sin\frac{\pi}{m}}\tag{18}$$

利用式(18)则有

$$\int_0^{\infty}\frac{\mathrm{d}x}{p^mx^m+1}=\frac{\pi}{pm\sin\frac{\pi}{m}}\tag{19}$$

其中 $p>0$,事实上(18)和(19)两式对一切大于1的实数 m 都成立.

积分(16)的证明 仍然是部分分式的方法,设

$$\begin{aligned}f(x)&=\frac{1}{(r_1^mx^m+1)(r_2^mx^m+1)\cdots(r_n^mx^m+1)}\\&=\frac{a_1}{r_1^mx^m+1}+\frac{a_2}{r_2^mx^m+1}+\cdots+\frac{a_n}{r_n^mx^m+1}\end{aligned}$$

对任意的 $1\leqslant k\leqslant n$,以 $r_k^mx^m+1$ 乘上式,并令 $x\to -r_k^{-m}$,得

$$a_k=\frac{1}{\prod\limits_{i\neq k}(-r_i^mr_k^{-m}+1)}$$

即

$$a_k=\frac{r_k^{(n-1)m}}{\prod\limits_{i\neq k}(r_k^m-r_i^m)}$$

则由式(19)有

$$\int_0^{\infty} f(x)\mathrm{d}x = \sum_{k=1}^{n}\int_0^{\infty} \frac{a_k}{r_k^m x^m + 1}\mathrm{d}x$$

$$= \sum_{k=1}^{n} a_k \frac{\pi}{r_k m \sin \frac{\pi}{m}}$$

$$= \frac{\pi}{m\sin \frac{\pi}{m}} \sum_{k=1}^{n} \frac{r_k^{mn-m-1}}{\prod\limits_{i\neq k}(r_k^m - r_i^m)}$$

证毕.

结论 5　拉马努金的积分

$$\int_0^{\infty} \frac{\mathrm{d}x}{(1+x^2)(1+r^2x^2)(1+r^4x^2)\cdots}$$

$$= \frac{\pi}{2}\cdot\frac{1}{1+r+r^3+r^6+r^{10}+\cdots}$$

现在很容易证明这个积分.

证明　等号左端是式(16)的特例,取 $m=2, r_k = r^{k-1}, k=1,2,\cdots,n$,则式(16)的左端就是

$$\int_0^{\infty} \frac{\mathrm{d}x}{\prod\limits_{k=1}^{n}(1+r^{2(k-1)}x^2)}$$

$$= \frac{\pi}{2}\sum_{k=1}^{n} \frac{r^{(2n-3)(k-1)}}{\prod\limits_{i\neq k}(r^{2(k-1)} - r^{2(i-1)})}$$

再令 $n\to\infty$,有

$$\int_0^{\infty} \frac{\mathrm{d}x}{(1+x^2)(1+r^2x^2)(1+r^4x^2)\cdots}$$

$$= \lim_{n\to\infty}\frac{\pi}{2}\Big[\frac{1}{(1-r^2)(1-r^4)\cdots} +$$

$$\frac{r^{2n-3}}{(r^2-1)(r^2-r^4)(r^2-r^6)\cdots} + \cdots +$$

$$\left.\frac{r^{k(2n-3)}}{(r^{2k}-1)(r^{2k}-r^2)\cdots(r^{2k}-r^{2k-2})(r^{2k}-r^{2k+2})\cdots}+\cdots\right]$$

$$=\frac{\pi}{2}\left[\frac{1}{(1-r^2)(1-r^4)\cdots}+\right.$$

$$\frac{r}{(r^2-1)(1-r^2)(1-r^4)\cdots}+\cdots+$$

$$\frac{r^4}{(r^4-1)(r^2-1)(1-r^2)(1-r^4)\cdots}+$$

$$\left.\left.\frac{r^{k^2}}{(r^{2k}-1)(r^{2k-2}-1)\cdots(r^2-1)(1-r^2)(1-r^4)\cdots}+\cdots\right]\right|_{n\to\infty}$$

$$=\frac{\pi}{2}\prod_{k\geqslant 1}\frac{1}{(1-r^{2k})}\left[1+\frac{r}{(r^2-1)}+\right.$$

$$\frac{r^4}{(r^4-1)(r^2-1)}+\cdots+$$

$$\left.\frac{r^{k^2}}{(r^{2k}-1)(r^{2k-2}-1)\cdots(r^2-1)}+\cdots\right]$$

$$=\frac{\pi}{2}\prod_{k\geqslant 1}\frac{1}{(1-r^{2k})}\cdot\left[1-\frac{r}{(1-r^2)}+\right.$$

$$\frac{r^4}{(1-r^2)(1-r^4)}-$$

$$\left.\frac{r^9}{(1-r^2)(1-r^4)(1-r^6)}+\cdots\right]$$

$$=\frac{\pi}{2}\cdot\frac{1}{1+r+r^3+r^6+r^{10}+\cdots}$$

其中最后一步就是式(15),证毕.

式(10)的一般情况,即它上面一式,事实上可以化为

$$\left[1+\frac{x^{-1}z}{1-x^{-2}}+\frac{x^{-2}z^2}{(1-x^{-2})(1-x^{-4})}+\right.$$

$$\left.\frac{x^{-3}z^3}{(1-x^{-2})(1-x^{-4})(1-x^{-6})}+\cdots\right]\cdot$$

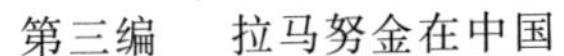

$$\left[1+\frac{xz}{1-x^{2}}+\frac{x^{2}z^{2}}{(1-x^{2})(1-x^{4})}+\frac{x^{3}z^{3}}{(1-x^{2})(1-x^{4})(1-x^{6})}+\cdots\right]=1 \tag{20}$$

式(20)的左端在一切$|z|\leqslant 1$,$|x|\neq 1$时收敛,若记

$$f(x)=1+\frac{xz}{1-x^{2}}+\frac{x^{2}z^{2}}{(1-x^{2})(1-x^{4})}+\frac{x^{3}z^{3}}{(1-x^{2})(1-x^{4})(1-x^{6})}+\cdots$$

则

$$f(x)f\left(\frac{1}{x}\right)=1$$

前文所述中得到的一些关于拆数的结论,比如式(3)(6)(10)(14)(15),特别是式(10)(14),黄之教授觉得这是数的隐藏得很深的性质,若是用对应、组合的方式去寻求那些关系,该如何建立呢?

最后,当$n\to\infty$时,积分(16)应该在拆数为和上有所表示,而且,还应该更进一步去考虑分母中是一般重因式的情形,黄之教授表示:这些就放到今后再来考虑吧.